普通高等教育机电大类应用型系列规划教材

单片机原理与应用技术

主　编　陈玉楼

副主编　刘邦先

U0350881

科　学　出　版　社

北　京

内 容 简 介

本书根据"高等教育机电专业教学计划和教学大纲"编写。采用项目(任务)驱动、仿真实例的方法,介绍了 AT89C51 单片机的基础知识、应用技术和设计方法,全书用 C 语言编程,浅显易懂、思路清晰。通过对单片机的认识、KEIL C51 软件的使用、PROTEUS 软件仿真了解,学习了 C 语言的基本知识和编程软件的应用。仿真项目有 LED 彩灯控制、数码管显示、键盘检测、简易计算器设计、简易频率计设计、歌曲演奏、电子钟设计、A/D 转换应用、D/A 转换应用、单片机的双机通信、多级通信、与 PC 机通信等,介绍了单片机基本结构、常见接口 I/O 控制方法,掌握单片机的中断、定时、串行口的原理与应用,了解 A/D、D/A 转换应用、液晶、实时时钟等典型器件的使用。

本书可作为高等教育机电类专业教材,也可以作为高职院校、成人高校、广播电视大学、高等自学教材使用,或作为自学使用。

图书在版编目(CIP)数据

单片机原理与应用技术 / 陈玉楼主编. —北京:科学出版社,2015.6
普通高等教育机电大类应用型系列规划教材
ISBN 978-7-03-045009-8

Ⅰ. ①单⋯　Ⅱ. ①陈⋯　Ⅲ. ①单片微型计算机—高等学校—教材
Ⅳ. ①TP368.1

中国版本图书馆 CIP 数据核字(2015)第 130821 号

责任编辑:于海云 / 责任校对:郭瑞芝
责任印制:霍 兵 / 封面设计:迷底书装

科 学 出 版 社 出版
北京东黄城根北街 16 号
邮政编码:100717
http://www.sciencep.com

三河市骏杰印刷有限公司 印刷
科学出版社发行 各地新华书店经销
＊

2015 年 6 月第 一 版　开本:787×1092　1/16
2015 年 6 月第一次印刷　印张:18
字数:426 000
定价:**42.00 元**
(如有印装质量问题,我社负责调换)

普通高等教育机电大类应用型系列规划教材

编 委 会

主任委员

贾积身　河南机电高等专科学校副校长

副主任委员

赵玉奇　河南化工职业学院副院长

王庆海　河南机电职业学院副院长

张占杰　洛阳职业技术学院教务处长

郭天松　河南工业贸易职业学院教务处副处长

委　　员（以姓名笔画为序）

王东辉　河南职业技术学院机电工程系副主任

朱跃峰　开封大学机械与汽车工程学院院长

张凌云　鹤壁职业技术学院机电工程学院院长

赵　军　济源职业技术学院机电工程系主任

胡修池　黄河水利职业技术学院机电工程系主任

娄　琳　漯河职业技术学院机电工程系主任

前　　言

为全面贯彻落实《关于深化高等学校创新创业教育改革的实施意见》，全面部署深化高校创新创业教育改革工作。落实立德树人根本任务，主动适应经济发展新常态，以推进素质教育为主题，以提高人才培养质量为核心，以完善条件和政策保障为支撑，促进高等教育与科技、经济、社会紧密结合，加快培养规模宏大、富有创新精神、勇于投身实践的创新创业人才队伍。科学出版社组织一批学术水平高、教学经验丰富、实践能力强的老师与企业一线专家，共同编写了机电类专业课程的系列教材，涉及机械制造、电气控制、计算机控制、液压与气动、传感器检测、光机电一体化等专业知识领域。

在本书编写过程中，贯彻了以下原则：

一、以适应社会需要为目标，以培养技术应用能力为主线设计学生的知识、能力、素质结构和培养方案，使学生具有基础理论适度(管用、够用、适度)、技术应用能力强、知识面较宽、素质高等特点。

二、以"应用"为主线构建课程和教学内容体系，采用项目引领、任务驱动加强锻炼学生动手能力，相关知识、知识要点为支撑的编写思路，处理理论与实训技能的关系，有助于学生迅速掌握理论知识，并提高应用能力。

三、仿真实训的主要目的是培养学生的技术应用能力，在课程中占较大比重，尽量采用仿真动画的效果，来降低学习难度，提高学习兴趣。

四、突出教材的实用性，兼顾先进性，缩短与企业需要的距离，更好满足企业需求。

本书由陈玉楼(项目六、十)、刘邦先(项目八、九)、李雪林(项目七)、宋芳(项目四、五)、郑丽敏(项目二)、韩华(项目一、三)参加编写，席玉清主审全书。

在教材的编写过程中，得到有关院校的大力支持，参加教材编的人员作了大量工作，在此表示衷心感谢！同时，希望广大读者对教材不足之处提出宝贵意见和建议，以便今后加以完善。

编者

2015 年 6 月

目　　录

项目一 认识单片机

本项目知识要点

(1) 理解单片机的基本概念。

(2) 了解单片机的特点、应用、技术现状和发展趋势。

(3) 理解单片机的存储器地址分配。

(4) 理解单片机的片内结构。

(5) 理解 MCS-51 的外部引脚功能。

(6) 掌握单片机 4 个并行口的主要用途。

重点 单片机的概念、微型计算机系统的基本组成。

难点 单片机的原理与结构。

任务一 单片机基础知识概述

一、什么是单片机

单片机是单片微型计算机(Monolithic Microcomputer 或 Single Chip Microcomputer)的简称，是一种集成在一个芯片上的微型计算机系统。它是微型计算机的一个分支，它与计算机系统的主要区别在于其结构、组成以及应用领域不同。

单片机把组成微型计算机的各种功能部件，包括中央处理器(Central Processing Unit, CPU)、随机存取存储器(Random Access Memory, RAM)、只读存储器(Read-only Memory, ROM)、基本输入/输出(Input/Output)接口电路、定时/计数器(Time/Count)、中断控制、系统时钟及系统总线等部件都集成在一块芯片上，构成一个完整的微型计算机硬件。虽然单片机只是一个芯片，但从组成和功能上看，它已具有微型计算机系统的含义。图 1.1.1 是不同封装形式的单片机示意图，其中黑色的是外壳，保护着里面的半导体芯片，针状部分是它的引脚。单片机内部结构如图 1.1.2 所示。单片机在早期的自动化生产控制领域中应用得十分广泛，因此单片机也称为微控制器(Microcontroller Unit, MCU)。

单片机将微型计算机的各主要部分集成在一块芯片上，大大缩短了系统内信号的传送距离，从而提高了系统的可靠性及运行速度，因而在工业测控领域中，单片机系统是最理想的控制系统。

单片机的设计目标主要是增强"控制"能力，满足实时控制方面的需要。因此，它在硬件结构、指令系统、I/O 端口、功率消耗及可靠性等方面均有其独特之处，其最显著的特点之一就是具有非常有效的控制功能，又因为它最早被用在工业控制领域，因此，单片机又常常被称为微控制器。单片机比专用处理器更适合应用于嵌入式系统，因此它得到了更多的应用。

现代人类生活中所用的几乎每件电子和机械产品中都会集成有单片机：手机、电话、计算器、家用电器、电子玩具、掌上电脑等都配有 1～2 块单片机；个人电脑中也有为数不少的单片机在工作；汽车上的电控设备一般配备 40 多块单片机；复杂的工业控制系统上甚至可能有数百台单片机在同时工作。

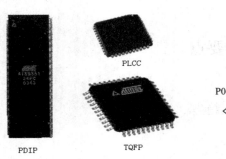

图 1.1.1　不同封装形式的单片机芯片

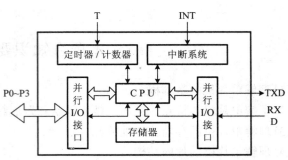

图 1.1.2　单片机内部结构示意图

二、单片机的发展过程

单片机的出现主要是针对工业自动化生产与控制领域。单片机的设计是基于一个芯片上的计算机部件的集成化。

单片机的历史及发展的四个阶段如下。

第一阶段（1974～1976 年）：单片机初级阶段。双片的形式，且功能比较简单。

第二阶段（1976～1978 年）：低性能单片机阶段。以 Intel 公司制造的 MCS-48 单片机为代表。

第三阶段（1978～1982）：高性能单片机阶段。其代表为 Intel 公司的 MCS-51 系列、Motorola 公司的 6801 系列等。

第四阶段（1982～现在）：8 位单片机巩固发展及 16 位单片机、32 位单片机推出阶段。

单片机的应用不仅仅局限于自动控制领域。进入 20 世纪 90 年代后，高性能单片机的嵌入功能在日常消费电子产品中也得到了广泛的应用。如 Intel i960 系列以及后来 ARM 公司的单片机系列，32 位单片机迅速取代了 16 位单片机的高端地位，并且进入主流市场，形成一个独立的嵌入式结构体系。目前，高端的 32 位单片机的主频已经超过 300MHz，性能接近 20世纪 90 年代中期的专用处理器，而且一些作为掌上电脑和手机使用的核心处理单片机可以直接运行专用的 Windows 和 Linux 操作系统。

单片机的运行与计算机一样，也需要必要的硬件和软件。程序是单片机系统的软件，通过程序下载到单片机内部 ROM 中，就可以让单片机运行，从而实现微型计算机的基本功能。虽然单片机不能加载复杂的操作系统，但单片机是一种程序简单芯片化的计算机，各功能部件在芯片中的布局和结构达到最优化，抗干扰能力加强，工作也相对稳定。

在实际应用中，通常很难将单片机直接和被控对象进行电气连接，必须外加各种扩展接口电路、外部设备、被控对象等硬件以及软件，才能构成一个单片机应用系统。

单片机系统具有体积小、功耗低、扩展灵活、微型化和使用方便等优点，在家用电器方面也有着广泛的应用。单片机系统能够完成电子系统的输入和自动操作，非常适合用于对家用电器的智能控制。嵌入单片机的家用电器实现了智能化，是传统型家用电器的更新换代。单片机现已广泛应用于全自动洗衣机、空调、电视机、微波炉、电冰箱以及各种视听设备中。

另外，集中显示系统、动力监测控制系统、自动驾驶系统、通信系统和运行监视各种仪表等装置中都离不开单片机。单片机在机器人、汽车、航空航天、军事等领域也有广泛的应用。

三、单片机的分类

单片机按不同方式分类如下：

按应用领域可分为家电类、工控类、通信类等。

按总线结构可分为总线型与非总线型。

按结构体系可分为冯·诺依曼结构和哈佛结构。

按字长、位数可分为 4 位机、8 位机、16 位机、32 位机。

按指令体系可分为复杂指令体系(Complex Instruction Set Computer，CISC)和精简指令体系(Reduced Instruction Set Computer，RISC)。

四、单片机的特点与应用范围

单片机的结构形式及其采用的半导体工艺，使得单片机具有以下特点与适用范围。

1. 特点

(1)优异的性价比。一块单片机芯片价格在几元至几十元之间，比较便宜。

(2)集成度高、体积小、可靠性高。

(3)控制能力强。为了满足工业控制的要求，单片机的指令系统均有丰富的转移指令、I/O口的逻辑操作和位处理功能。

(4)低功耗、低电压，便于生产便携式产品。

(5)外部总线增加 I^2C 等串行总线方式，进一步缩小了体积，简化了结构。

2. 适用领域

单片机极高的可靠性、微型性和智能性(只要编写不同的程序后就能够完成不同的控制工作)使其成为工业控制领域中普遍采用的智能化控制工具，并深深地渗入到人们的日常生活中，以下是一些应用举例。

(1)工业控制领域。单片机广泛用于工业生产过程的自动控制、物理量的自动检测与处理、工业机器人、电机控制、数据传输等领域。

(2)智能仪表。仪表中引入单片机，使仪表智能化，提高测试的精度和自动化水平。

(3)电信领域。单片机在程控交换机、手机、电话机、智能调制/解调器等方面的应用也很广泛。

(4)军用导航领域。单片机应用在宇宙飞船、电子干扰、导弹控制、智能武器装置、鱼雷制导控制、航天航空的导航等军用领域。

(5)日常生活中的应用。目前家用电器已普遍采用单片机代替传统的控制电路。例如，单片机广泛用于洗衣机、电冰箱、空调、微波炉和智能家具等产品中。

五、典型单片机的产品介绍

1. MCS-51 系列单片机

MCS-51 系列单片机是 Intel 公司在 1980 年推出的高性能 8 位单片机。在目前单片机市场中，8 位单片机仍占主导地位。MCS-51 系列单片机以其良好的性价比，仍是目前单片机开发和应用的主流机型。

MCS-51 可分为两个子系列，共 4 种类型，如表 1.1.1 所示。按资源的配置数量，MCS-51 系列分为 51 和 52 两个子系列，其中 51 子系列是基本型，52 子系列属于增强型。

表 1.1.1　MCS-51 系列单片机分类

资源配置 子系列	片内 ROM 的形式				片内 ROM 容量	片内 RAM 容量	定时器与 计数器	中断 源
	无	ROM	EPROM	E²PROM				
8x51 系列	8031	8051	8751	8951	4KB	128B	2x16	5
8xC51 系列	80C31	80C51	87C51	89C51	4KB	128B	2x16	5
8x52 系列	8032	8052	8752	8952	8KB	256B	3x16	6
8xC52 系列	80C232	80C252	87C252	89C252	8KB	256B	3x16	7

80C51 系列单片机是在 MCS-51 系列的基础上发展起来的。早期的 80C51 只是 MCS-51 系列众多芯片中的一类，但是随着后来的发展，80C51 已经形成独立的系列，并且成为当前 8 位单片机的典型代表。

80C51 与 8051 的比较如下：

（1）MCS-51 系列芯片采用 HMOS 工艺，而 80C51 芯片则采用 CHMOS 工艺。CHMOS 工艺是 COMS 和 HMOS 的结合。

（2）80C51 芯片具有 COMS 低功耗的特点。例如，8051 芯片的功耗为 630mW，而 80C51 的功耗只有 120mW。这样低的功耗，用一粒纽扣电池就可以工作。低功耗对单片机在便携式、手提式或野外作业的仪器仪表设备上使用十分有利。

（3）从 80C51 功能增强方面进行分析，为进一步降低功耗，80C51 芯片增加了待机和掉电保护两种工作方式，以保证单片机在掉电情况下能以最低的消耗电流维持。

（4）在 80C51 系列芯片中，内部程序存储器除了 ROM 型和 EPROM 型外，还有 E²PROM 型，例如，89C51 就有 4KB E²PROM。并且随着集成技术的提高，80C51 系列片内程序存储器的容量也越来越大，目前已有 64KB 的芯片。另外，许多 80C51 芯片还具有程序存储器保密机制，以防止应用程序泄密或被复制。

2. MCS-96 系列单片机

MCS-96 系列单片机是 Intel 公司在 1983 年推出的 16 位单片机。它与 8 位机相比，具有集成度高、运算速度快等特点。它的内部除了有常规的 I/O 接口、定时器/计数器、全双工串行口外，还有高速 I/O 部件、多路 A/D 转换和脉宽调制输出（PWM）等电路，其指令系统比 MCS-51 更加丰富。

3. Atmel 公司单片机

Atmel 公司于 1992 年推出了全球第一个 3V 超低压 Flash 存储器，并于 1994 年以 E^{2}PROM 技术与 Intel 公司的 80C31 内核进行技术交换，从此拥有了 80C31 内核的使用权，并将 Atmel 特有的 Flash 技术与 80C31 内核结合在一起，生产出 AT89C51 系列单片机。

Atmel 公司的 8 位单片机有 AT89 和 AT90 系列。AT89 系列与 51 系列完全兼容，具有 8KB 的闪速存储器（Flash Memory），采用静态时钟方式；AT90 系列采用增强精简指令集结构，大多数指令仅需要一个晶振周期，运行速度快。

Atmel 公司的 AT89C51 系列单片机均以 MCS-51 系列单片机作为内核，同时，该系列各种型号的产品又具有十分突出的个体特色，已经成为广大 MCS-51 系列单片机用户进行电子设计与开发的优选单片机品种。

AT89C51 系列单片机是一种低功耗高性能 CMOS 型 8 位单片机，它除了具有与 MCS-51 系列单片机完全兼容的若干特性外，最为突出的优点就是其片内集成了 4KB 的 Flash PEROM（Programmable Erasable Read Only Memory）用来存放应用程序，这个 Flash 程序存储器除允许用一般的编程器离线编程外，还允许在应用系统中实现在线编程，并且提供了对程序进行三级加密保护的功能。AT89C51 系列单片机的另一个特点是工作速度更高，晶振频率可高达 24MHz，1 个机器周期仅 500ns，比 MCS-51 系列单片机快了 1 倍。AT89C51 系列单片机除了 40 脚 DIP 封装形式外，还提供了 TQFP、SOIC 和 PQFP 等多种封装形式的产品，它同时提供商业级、工业级、汽车用产品和军用级等四类产品。

任务二　MCS-51 系列单片机的基本结构

MCS-51 系列单片机是美国 Intel 公司 1980 年推出的高性能 8 位单片微型计算机，较原来的 MCS-48 系列结构更为先进，功能增强，它包括 51 和 52 两个子系列。

在 51 系列中，主要有 8031、8051、8751 三种机型，它们的指令系统与芯片引脚完全兼容，仅片内 ROM 有所不同。51 子系列的主要特点如下。

(1) 8 位 CPU。

(2) 片内带振荡器，振荡频率 f_{osc} 范围为 1.2～12MHz；可有时钟输出。

(3) 128B 的片内数据存储器。

(4) 4KB 的片内程序存储器（8031 无）。

(5) 程序存储器的寻址范围为 64K 字节。

(6) 片外数据存储器的寻址范围为 64K 字节。

(7) 21 个专用寄存器。

(8) 4 个 8 位并行 I/O 接口：P0、P1、P2、P3。

(9) 1 个全双工串行 I/O 接口，可多机通信。

(10) 3 个 16 位定时器/计数器。

(11) 中断系统有 5 个中断源，可编程为两个优先级。

(12) 111 条指令，含乘法指令和除法指令。

(13) 有强的位寻址、位处理能力。

（14）片内采用总线结构。

（15）用单一＋5V 电源。

52 子系列主要有 8032、8052 两种机型。与 51 子系列的不同之处在于：片内数据存储器增至 256 个字节；片内程序存储器增至 8KB（8032 无）；有 3 个 16 位定时器/计数器；有 6 个中断源。其他性能均与 51 子系列相同。

一、89C51 引脚功能

89C51 单片机有 40 个引脚，用 HMOS 或 CHMOS 制造，通常采用双列直插式封装（DIP）。低功耗、采用 CHMOS 制造的机型（在型号中间加"C"字作识别，如 80C31、80C51、87C51）也有用方型封装结构的。下面以 AT89C51 为例介绍 51 系列兼容单片机的引脚功能，89C51 的引脚和封装如图 1.2.1 所示。现将各引脚分别说明如下。

1. 主电源引脚 Vcc 和 Vss

Vcc（40 脚）：接＋5V 电源正端，正常操作和对 EPROM 编程及验证时均接+5V 电源。

Vss（20 脚）：GND 接地。

2. XTAL1（19 脚）和 XTAL2（18 脚）

XTAL1 和 XTAL2 为接外部晶振的两个引脚。当使用内部时钟时，这两个引脚端外接石英晶体和微调电容；当采用外部时钟时，其接外部时钟脉冲信号。 XTAL1 引脚接地，XTAL2 作为外部振荡信号的输入端。

3. 控制信号引脚：RST/VPD、ALE/$\overline{PROG}$、$\overline{PSEN}$、$\overline{EA}$/Vpp

（1）RST/VPD（9 脚）。单片机复位/备用电源引脚，具有单片机复位和备用电源引入双重功能。

（2）ALE/$\overline{PROG}$（30 脚）。地址锁存允许信号输出/编程脉冲输入双重功能引脚。

当访问片外存储器时，该引脚是地址锁存信号，每机器周期该信号出现两次，其下降沿用于控制锁存 P0 口输出的低 8 位地址；当不访问外部存储器时，ALE 引脚周期性地输出固定频率脉冲信号（1/6 振荡器频率），因此，它可用作外部时钟或外部定时脉冲使用。应注意的是：当访问片外数据存储器时，将跳过一个 ALE 脉冲；ALE 端可以驱动（吸收或输出电流）8 个 LSTTL 负载。对于含有 EPROM 的单片机（8751），片内 EPROM 编程期间，此引脚用于输入专门的编程脉冲和编程电源（$\overline{PROG}$）。

（3）$\overline{PSEN}$（29 脚）。输出访问片外程序存储器的读选通信号或称为片外取指信号输出端。

在访问外部 ROM 时，$\overline{PSEN}$ 信号定时输出脉冲，作为外部 ROM 的选通信号。CPU 从片外程序存储器取指令或常数期间，每个机器周期该信号两次有效（低电平），以通过数据总线 P0 口读回指令或常数。每当访问片外数据存储器时，这两次有效的 $\overline{PSEN}$ 信号将不会出现。该端有效（低电平），实现外部 ROM 单元的读操作，同样可驱动 8 个 LSTTL 负载。

（4）$\overline{EA}$/Vpp（31 脚）。片内片外程序存储器选择/片内固化编程电压输入双重功能引脚。当 $\overline{EA}$ 输入高电平时，CPU 可先访问片内 ROM 4KB 的地址范围，若超出 4KB 地址，将自动转向执行片外 ROM；当 $\overline{EA}$ 输入低电平时，无论片内是否有程序存储器，CPU 只能访问片外程序存储器。

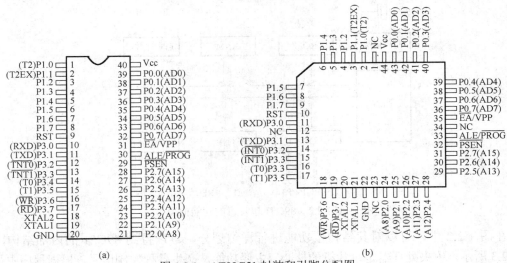

图 1.2.1　AT89C51 封装和引脚分配图

4. 输入/输出引脚 P0、P1、P2、P3

89C51 有 32 个 I/O 端口，构成四个 8 位双向端口。P0、P1、P2、P3 为 8 位双向口线，P0.0～P0.7 对应 39～32 脚；P1.0～P1.7 对应 1～8 脚；P2.0～P2.7 对应 21～28 脚；P3.0～P3.7 对应 10～17 脚，P3 具有双重功能。

P0.0～P0.7：P0 口的 8 个引脚。在不接片外存储器与不扩展 I/O 接口时，可作为准双向输入/输出接口。在接有片外存储器或扩展 I/O 接口时，P0 口分时复用为低 8 位地址总线和双向数据总线。

P1.0～P1.7：P1 口的 8 个引脚。可作为准双向 I/O 接口使用。对于 52 子系列，P1.0 与 P1.1 还有第二种功能：P1.0 可用作定时器/计数器 2 的计数脉冲输入端 T2；P1.1 可用作定时器/计数器 2 的外部控制端 T2EX。

P2.0～P2.7：P2 口的 8 个引脚。可作为准双向 I/O 接口；在接有片外存储器或扩展 I/O 接口且寻址范围超过 256 个字节时，P2 口用作高 8 位地址总线。

P3.0～P3.7：P3 口的 8 个引脚。除作为准双向 I/O 接口使用外，还具有第二种功能。

综上所述，对 MCS-51 系列单片机的引脚可归纳出下列两点：

(1) 单片机功能多，引脚数少，许多引脚都具有第二功能。

(2) 单片机对外呈三总线形式。由 P2、P0 组成 16 位地址总线（A0～A15）；P0 分时复用为数据总线（D0～D7）；由 ALE、$\overline{\text{PSEN}}$、RST、$\overline{\text{EA}}$ 与 P3 口中的 INT0、INT1、T0、T1、WR、RD 共 10 个引脚组成控制总线。因是 16 位地址线，使片外存储器的寻址范围达到 64KB。

二、89C51 的内部结构

51 系列单片机在内部结构上基本相同，其中不同型号的单片机只不过在个别模块和功能方面有些区别。AT89C51 单片机内部硬件结构框图如图 1.2.2 所示。它由一个 8 位中央处理器 (CPU)、一个 256B 片内 RAM 及 4KB Flash ROM、21 个特殊功能寄存器、4 个 8 位并行 I/O 口、两个 16 位定时/计数器、一个串行 I/O 口以及中断系统等部分组成。各功能部件通过片内单一总线联成一个整体，集成在一块芯片上。

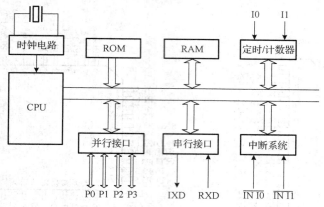

图 1.2.2　89C51 单片机的功能框图

在图 1.2.2 中，可以对其结构按功能进行详细划分，可以得到 89C51 的内部结构，如图 1.2.3 所示。中央处理器是单片机的核心，主要功能是产生各种控制信号，根据程序中每一条指令的具体功能，控制寄存器和输入/输出端口的数据传送，进行数据的算术运算、逻辑运算以及位操作等处理。MCS-51 系列单片机的 CPU 字长是 8 位，能处理 8 位二进制数或代码，也可处理一位二进制数据。单片机的 CPU 从功能上一般可以分为运算器和控制器两部分。

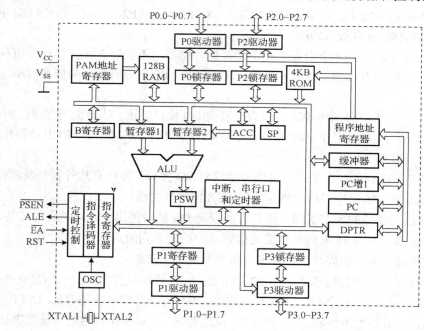

图 1.2.3　89C51 单片机内部结构图

1. 运算器

运算器主要由算术逻辑运算部件 ALU、累加器 ACC、寄存器 B、程序状态字寄存器 PSW 及专门用于位操作的布尔处理机等组成，它能实现数据的算术逻辑运算、位变量处理和数据的传送操作。

运算器可以对半字节(4 位)、单字节等数据进行操作。例如，能完成加、减、乘、除、加 1、减 1、BCD 码十进制调整、比较等算术运算以及与、或、异或、求补、循环等逻辑操作，操作结果的状态信息送至状态寄存器。

8051 运算器还有一个布尔处理器，用来处理位操作。它是以进位标志位 C 为累加器，可执行置位、复位、取反、等于 1 转移、等于 0 转移、等于 1 转移且清 0 以及进位标志位与其他可寻址的位之间进行数据传送等位操作，也能使进位标志位与其他可位寻址的位之间进行逻辑与、或操作。

2. 控制器

控制器是单片机内部按一定时序协调工作的控制核心，是分析和执行指令的部件。控制器主要由程序计数器 PC、指令寄存器 IR、指令译码器 ID、数据指针 DPTR、堆栈指针 SP、振荡器与定时控制电路、中断控制、串行口控制和定时器等构成。

1）程序计数器（Program Counter，PC）

PC 是一个 16 位专用寄存器，由两个 8 位计数器 PCH 和 PCL 组成，用来存放下一条指令的地址，也可以通过跳转等指令改变。程序计数器 PC 具有自动加 1 的功能。当 CPU 要取指令时，PC 的内容首先送至地址总线上，然后从存储器中取出指令，从该地址的存储单元中取指令后，PC 内容则自动加 1，指向下一条指令的地址，以保证程序按顺序执行。在执行转移、子程序调用指令和中断响应时例外，PC 的内容不再加 1，而是由指令或中断响应过程自动给 PC 置入新的地址。单片机复位时，PC 自动清零，即装入地址 0000H，从而保证了复位后，程序可以从 0000H 地址开始执行。

2）指令寄存器 IR

指令寄存器是一个 8 位的寄存器，用于暂存待执行的指令，等待译码。CPU 执行指令时，由程序存储器中读取的指令代码送入指令寄存器，经译码后由定时与控制电路发出相应的控制信号，完成指令功能。

3）指令译码器 ID

指令译码器是对指令寄存器中的指令进行译码，将指令转变为执行此指令所需要的电信号。根据译码器输出的信号，再经定时控制电路定时地产生执行该指令所需要的各种控制信号，完成指令的功能。

4）数据指针 DPTR

DPTR 是一个 16 位专用地址指针寄存器，通常在访问外部数据存储器时作为地址指针使用，是单片机中唯一一个供用户使用的 16 位寄存器，具体介绍见后续存储器部分。

5）堆栈指针 SP

堆栈指针 SP 是一个 8 位特殊功能寄存器，用于指出堆栈栈顶的地址，在调用子程序或进入中断程序前保存一些重要数据及程序返回地址，具体介绍见后续存储器部分。

此外，中断控制器、串行口控制器、定时器和振荡器与定时控制电路等，会在后续项目中作具体介绍。

三、89C51 单片机存储器的配置

MCS-51 存储器结构与常见的微型计算机的配置方式不同，它把程序存储器和数据存储器分开，各有自己的寻址系统，控制信号和功能。程序存储器用来存放程序和始终要保留的常

数，如所编程序经汇编后的机器码。数据存储器通常用来存放程序运行中所需要的常数或变量，如做加法时的加数和被加数、做乘法时的乘数和被乘数、模/数转换时实时记录的数据等。

从物理地址空间看，MCS-51 有四个存储器地址空间，即片内程序存储器和片外程序存储器以及片内数据存储器和片外数据存储器。

MCS-51 系列各芯片的存储器在结构上有些区别，但区别不大，从应用设计的角度可分为如下几种情况：片内有程序存储器和片内无程序存储器、片内有数据存储器且存储单元够用和片内有数据存储器且存储单元不够用。

1. 程序存储器

程序存储器用来存放程序、原始数据及表格等。程序存储器以程序计数器 PC 作地址指针，通过 16 位地址总线，可寻址的地址空间为 64KB。片内、片外统一编址。

1）片内有程序存储器且存储空间足够

在 8051/8751 片内，带有 4KB ROM/EPROM 程序存储器（内部程序存储器），4KB 可存储约两千多条指令，对于一个小型的单片机控制系统来说就足够了，不必另加程序存储器，若不够还可选 8K 或 16K 内存的单片机芯片，如 89C52 等，总之，尽量不要扩展外部程序存储器，这会增加成本、增大产品体积。

2）片内有程序储器且存储空间不够

若开发的单片机系统较复杂，片内程序存储器存储空间不够用，可外扩展程序存储器，具体扩展多大的芯片要计算一下，由两个条件决定：一是看程序容量大小，二是看扩展芯片容量大小，64KB 总容量减去内部 4KB 即为外部能扩展的最大容量，2764 容量为 8KB、27128 容量为 16KB、27256 容量为 32KB、27512 容量为 64KB。具体扩展方法见存储器扩展。若再不够就只能换芯片，选 16 位芯片或 32 位芯片都可以。定了芯片后就要算好地址，再将 $\overline{EA}$ 引脚接高电平，使程序从内部 ROM 开始执行，当 PC 值超出内部 ROM 的容量时，会自动转向外部程序存储器空间。

对 8051/8751 而言，外部程序存储器地址空间为 1000H～FFFFH。对于这类单片机，若把 $\overline{EA}$ 接低电平，可用于调试程序，即把要调试的程序放在与内部 ROM 空间重叠的外部程序存储器内，进行调试和修改。调试好后再分两段存储，再将 $\overline{EA}$ 接高电平，就可运行整个程序。

3）片内无程序存储器

8031 芯片无内部程序存储器，需要外部扩展 EPROM 芯片，地址为 0000H～FFFFH 的都是外部程序存储器空间，在设计时 $\overline{EA}$ 应始终接低电平，使系统只从外部程序储器中取指令。MCS-51 单片机复位后程序计数器 PC 的内容为 0000H ，因此系统从 0000H 单元开始取指，并执行程序，它是系统执行程序的起始地址，通常在该单元中存放一条跳转指令，而用户程序从跳转地址开始存放程序。

2. 数据存储器

51 系列单片机的数据存储器用于存放运算的中间结果、数据暂存和缓冲、标志位等。数据存储器在物理上和逻辑上都分为两个地址空间：一个是片内 256B 的 RAM，另一个是片外最大可扩充 64KB 的 RAM。片内 RAM 的访问可通过定义数据类型即可，如 data、bdata、idata，片外 RAM 的访问可把数据定义为 pdata 或 xdata。数据存储器由通用工作寄存器区、可位寻址区、通用 RAM 区和特殊功能寄存器区等四个部分组成，其结构如图 1.2.4 所示。

工作寄存区共 32 个单元，分为 4 组，每组由 8 个通用寄存器 R0～R7 组成。由于寄存器常用于存放操作数和中间结果等，它们的功能及使用不作预先规定，因此称为通用工作寄存器。在任何一个时刻，CPU 只能使用其中的一组寄存器，正在使用的寄存器称为当前寄存器。到底使用哪一组，由程序状态寄存器 PSW 中 RS1、RS0 位的状态组合决定。工作区的设置与工作寄存器的地址见表 1.2.1。单片机上电或复位后，RS1=0H、RS0=0H，CPU 默认选中的是第 0 区的 8 个单元为当前工作寄存器。

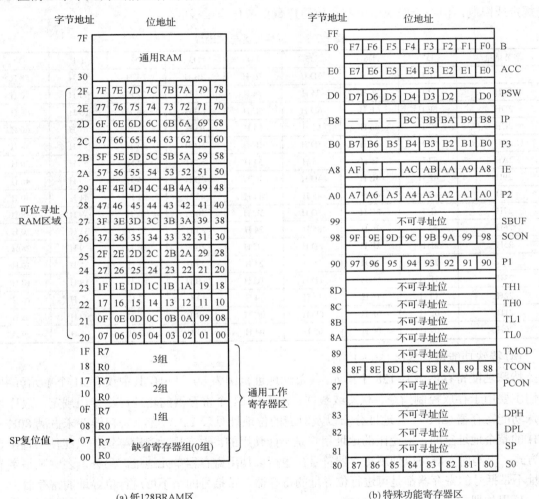

(a) 低128BRAM区　　　　　(b) 特殊功能寄存器区

图 1.2.4　片内数据存储器的结构

1) 工作寄存器区 (00H～1FH)

表 1.2.1　工作寄存器地址表

区号	RS1(PSW.4)	RS0(PSW.3)	R0	R1	R2	R3	R4	R5	R6	R7
0	0	0	00H	01H	02H	03H	04H	05H	06H	07H
1	0	1	08H	09H	0AH	0BH	0CH	0DH	0EH	0FH
2	1	0	10H	11H	12H	13H	14H	15H	16H	17H
3	1	1	18H	19H	1AH	1BH	1CH	1DH	1EH	1FH

2)位寻址区(20H~2FH)

位寻址区作为一般的 RAM 单元，共 16 个字节，既可以作为一般 RAM 单元使用，进行字节操作，又可以用位寻址方式访问这 16 个字节的 128 个位，因此，该区称为位寻址区。位寻址区分布如表 1.2.2 所示。

3)用户 RAM 区(30H~7FH)

通用 RAM 区共有 80 个单元，其单元地址为 30H~7FH。对用户 RAM 区的使用没有任何规定或限制，但在一般应用中常存放用户数据或作为堆栈区使用。

表 1.2.2　位寻址区与位地址

字节地址	D7	D6	D5	D4	D3	D2	D1	D0
2FH	7F H	7E H	7D H	7C H	7B H	7A H	79 H	78 H
2EH	77 H	76 H	75 H	74 H	73 H	72 H	71 H	70 H
2DH	6F H	6E H	6D H	6C H	6B H	6A H	69 H	68 H
2CH	67 H	66 H	65 H	64 H	63 H	62 H	61 H	60 H
2BH	5F H	5E H	5D H	5C H	5B H	5A H	59 H	58 H
2AH	57 H	56 H	55 H	54 H	53 H	52 H	51 H	50 H
29H	4F H	4E H	4D H	4C H	4B H	4A H	49 H	46 H
28H	47 H	46 H	45 H	44 H	43 H	42 H	41 H	40 H
27H	3F H	3E H	3D H	3C H	3B H	3A H	39 H	38 H
26H	37 H	36 H	35 H	34 H	33 H	32 H	31 H	30 H
25H	2F H	2E H	2D H	2C H	2B H	2A H	29 H	28 H
24H	27 H	26 H	25 H	24 H	23 H	22 H	21 H	20 H
23H	1F H	1E H	1D H	1C H	1B H	1A H	19 H	18 H
22H	17 H	16 H	15 H	14 H	13 H	12 H	11 H	10 H
21H	0F H	0E H	0D H	0C H	0B H	0A H	09 H	08 H
20H	07 H	06 H	05 H	04 H	03 H	02 H	01 H	00 H

(4)特殊功能寄存器区(80~FFH)

特殊功能寄存器区共 128 个单元，其单元地址范围为 80~FFH，其中仅有 21 个单元可用，它们主要用于存放控制指令、状态或数据。由于这 21 个寄存器的功能已作专门规定，故称为特殊功能寄存器(SFR)，其地址分布以及对应的位地址见表 1.2.3。专用寄存器并未占满 80H~FFH 的整个地址空间，对空闲的地址用户是不能使用的。对专用功寄存器操作只能使用直接寻址方式，书写时，既可以使用寄存器符号，也可以使用寄存器单元地址。另外，表中凡是字节地址不带括号的寄存器都是可进行位寻址的寄存器，带括号的是不可进行位寻址的寄存器。

1)累加器(Accumulator，ACC)

ACC 是一个 8 位的寄存器，简称 A。它通过暂存器与 ALU 相连，它是 CPU 工作中使用最频繁的寄存器，用来存放一个操作数或中间结果。大部分单操作数指令的操作取自累加器，很多双操作数指令中的一个操作数取自累加器。加、减、乘、除算术运算指令的运算结果都存放在累加器 A 或 A、B 寄存器对中。在一般指令中用"A"表示，在位操作和栈操作指令中用"ACC"表示。

2)B 寄存器

B 寄存器是一个 8 位的寄存器，主要用于乘除运算。在乘除法指令中用于暂存数据。用来存放一个操作数和存放运算后的部分结果。乘法指令的两个操作数分别取自累加器 A 和寄存器 B，其中 B 为乘数，乘积的高 8 位存放于寄存器 B 中。除法指令中，被除数取自 A，除数取自 B，除法结果的商数存放于 A，余数存放于 B 中。在其他指令中，B 可以作为 RAM 中的一个单元来使用。

3）数据指针 DPTR

DPTR 是一个 16 位的专用地址指针寄存器。编程时 DPTR 既可以作为 16 位寄存器使用，也可以拆成两个独立的 8 位寄存器，即 DPH（高 8 位）和 DPL（低 8 位），分别占据 83H 和 82H 两个地址。DPTR 通常在访问外部数据存储器时作为地址指针使用，用于存放外部数据存储器的存储单元地址。由于外部数据存储器的寻址范围为 64K，故把 DPTR 设计为 16 位，通过 DPTR 寄存器间接寻址方式可以访问 0000H～FFFFH 全部 64K 的外部数据存储器空间。89C51 单片机可以外接 64K 字节的数据存储器和 I/O 端口，可以对它们使用 DPTR 来间接寻址。

表 1.2.3　89C51 特殊功能寄存器地址表

SFR	MSB			位地址/位定义				LSB	字节地址
B	F7 H	F6 H	F5 H	F4 H	F3 H	F2 H	F1 H	F0H	F0H
ACC	E7 H	E6 H	E5 H	E4 H	E3 H	E2 H	E1 H	E0 H	E0H
PSW	D7 H	D6 H	D5 H	D4 H	D3 H	D2 H	D1 H	D0 H	D0H
	Cy	AC	F0	RS1	RS0	OV	F1	P	
IP	BF H	BE H	BD H	BC H	BB H	BA H	B9 H	B8 H	B8H
	/	/	/	PS	PT1	PX1	PT0	PX0	
P3	B7 H	B6 H	B5 H	B4 H	B3 H	B2 H	B1 H	B0 H	F0H
	P3.7	P3.6	P3.5	P3.4	P3.3	P3.2	P3.1	P3.0	
IE	AF H	AE H	AD H	AC H	AB H	AA H	A9 H	A8 H	A8H
	EA	/	/	ES	ET1	EX1	ET0	EX0	
P2	A7 H	A6 H	A5 H	A4 H	A3 H	A2 H	A1 H	A0 H	A0H
	P2.7	P2.6	P2.5	P2.4	P2.3	P2.2	P2.1	P2.0	
SBUF									(99H)
SCON	9F H	9E H	9D H	9C H	9B H	9A H	99 H	98 H	98H
	SM0	SM1	SM2	REN	TB8	RB8	TI	RI	
P1	97 H	96 H	95 H	94 H	93 H	92 H	91 H	90 H	90H
	P1.7	P1.6	P1.5	P1.4	P1.3	P1.2	P1.1	P1.0	
TH1									(8DH)
TH0									(8CH)
TL1									(8BH)
TL0									(8AH)
TMOD	GATE	C/$\overline{T}$	M1	M0	GATE	C/$\overline{T}$	M1	M0	(89H)
TCON	8F H	8E H	8D H	8C H	8B H	8A H	89 H	88 H	88H
	TF1	TR1	TF0	TR0	IE1	IT1	IE0	IT0	
PCON	SMOD	/	/	/	GF1	GF0	PD	IDL	(87H)
DPH									(83H)
DPL									(82H)
SP									(81H)
P0	87 H	86 H	85 H	84 H	83 H	82 H	81 H	80 H	80H
	P0.7	P0.6	P0.5	P0.4	P0.3	P0.2	P0.1	P0.0	

4）堆栈指针（Stack Pointer，SP）

堆栈是 RAM 中一个特殊的存储区，用来暂存数据和地址，它是按先进后出、后进先出的原则存取数据的。堆栈共有两种操作：进栈和出栈。为了正确存取堆栈区的数据，需要一个寄存器来指示最后进入堆栈的数据所在存储单元的地址，堆栈指针就是为此而设计的。SP 总是指向堆栈顶端的存储单元。

89C51 单片机的堆栈是向上生成的，即进栈时，SP 的内容是增加的，出栈时，SP 的内容是减少的。数据进栈和出栈操作过程如图 1.2.5 所示。系统复位后，SP 初始化为 07H，使得堆栈实际上从 08H 单元开始。由于 08H～1FH 单元分属于工作寄存器的 1～3 区，若程序中要用到这些区，则最好把 SP 值改为 1FH 或更大的值。SP 的初始值越小，堆栈深度就可以越深，堆栈指针的值可以由软件改变，因此堆栈在内部 RAM 中的位置比较灵活。一般在内部 RAM 的 30H～7FH 单元中开辟堆栈。除用软件直接改变 SP 值外，在执行 PUSH、POP 指令、各种子程序调用、中断响应、子程序返回（RET）和中断返回（RETI）等指令时，SP 值将自动调整。SP 的内容一经确定，堆栈的位置也就跟着确定了，由于可初始化为不同值，因此堆栈位置是浮动的。

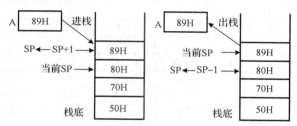

图 1.2.5　数据进栈和出栈操作过程

5）程序状态字寄存器（Program Status Word，PSW）

PSW 是一个 8 位的专用寄存器，用于存放程序运行中的各种状态信息，它可以进行位寻址。PSW 中一些位的状态是根据程序运行结果，由硬件自动设置的，而另外一些位则使用软件方法设定。PSW 的位状态可以用专门的指令进行测试，也可以用指令读出。一些条件转移指令将根据 PSW 某些位的状态，进行程序转移。

PSW 各位的定义如表 1.2.4 所示。

表 1.2.4　PSW 各位的定义

D7(PSW.7)	D6(PSW.6)	D5(PSW.5)	D4(PSW.4)	D3(PSW.3)	D2(PSW.2)	D1(PSW.1)	D0(PSW.0)
Cy	AC	F0	RS1	RS0	OV	F1	P

（1）Cy（PSW.7）进位标志。Cy 是 PSW 中最常见的标志位。其功能有二：一是存放算术运算的进位标志，在进行加或减运算时，如果操作结果最高位有进位或借位，Cy 由硬件置"1"，否则清"0"；二是在进行位操作时，Cy 又可以被认为是位累加器，它的作用相当 CPU 中的累加器 A。

（2）AC（PSW.6）辅助进位标志。当进行加或减运算而产生由低 4 位数（BCD 码一位）向高 4 位数进位或借位时，AC 将被硬件置"1"，否则就被清"0"。在进行十进制调整指令时，将借助 AC 状态进行判断。AC 位被用于 BCD 码调整时的判断位。详见 DAA 指令。

（3）F0（PSW.5）用户标志位。F0 是用户定义的一个状态标记，用软件来使它置位或清零。该标志位状态一经设定，可由软件测试 F0，以控制程序的流向。

（4）RS1、RS0（PSW.4、PSW.3）工作寄存器区选择位。这两位通过软件置"0"或"1"来选择当前工作寄存器区。被选中的寄存器即为当前通用寄存器组，但单片机上电或复位后，RS1 RS0=00。通用寄存器共有 4 组，RS0 与 RS1 取值和它对应关系为：

①RS1 RS0 为 0 0，选中第 0 组，地址为 00H～07H；②RS1 RS0 为 0 1，选中第 1 组，地址为 08H～0FH；③RS1 RS0 为 1 0，选中第 2 组，地址为 10H～17H；④RS1 RS0 为 1 1，选中第 3 组，地址为 18H～1FH。

（5）OV（PSW.2）溢出标志位。当进行算术运算时，如果产生溢出，则由硬件将 OV 位置"1"，否则清"0"。当执行有符号数的加法指令或减法指令时，溢出标志 OV 的逻辑表达式为：V=Cy6⊕Cy7 式中，Cy6 表示 D6 位有无向 D7 位的进位或借位，有为"1"，否则为"0"；Cy7 表示 D7 位有无向 Cy 位进位或借位，有为"1"，否则为"0"。因此溢出标志位在硬件上可以通过一个异或门获得。

（6）F1（PSW.1）用户标志位。作用同 F0。

（7）P（PSW.0）奇偶标志位。每个指令周期都由硬件来置位或清"0"，以表示累加器 A 中 1 的位数的奇偶数。若 1 的位数为奇数，P 置"1"，否则 P 清"0"。

P 标志位对串行通信中的数据传输有重要的意义，在串行通信中常用奇偶校验的办法来检验数据传输的可靠性。在发送端可根据 P 的值对数据的奇偶位置位或清零。通信协议中规定采用奇校验的办法，则 P=0 时，应对数据（假定由 A 取得）的奇偶位置位，否则清"0"。

任务三　单片机最小系统

单片机本身只是一块芯片，只有和其他一些电路器件或设备有机结合才能构成一个真正的单片机系统，在此只介绍简单的最小系统的搭建。一个单片机最小系统至少应由电源电路、时钟电路、复位电路、输入/输出接口电路 4 部分组成，具体结构如图 1.3.1 所示。

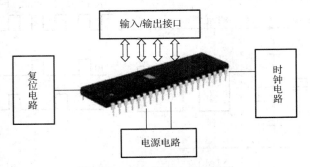

图 1.3.1　单片机最小系统框图

一、电源电路

单片机要工作必须要有电源提供能量，89C51 单片机一般使用+5V 直流电源，单片机芯片中有 2 个引脚分别 Vcc 和 GND，Vcc 外接+5V 直流电源，GND 接地。

二、时钟电路

时钟电路用于产生单片机工作所需要的时钟信号。时序研究的是指令执行中各信号之间的相互关系。单片机本身如同一个复杂的同步时序逻辑电路，为了保证同步工作方式的实现，电路应在唯一的时钟信号控制下严格地按时序进行工作，因此时钟电路对于单片机而言是必需的。

1. 时钟产生的方式

80C51 片内设有一个由反向放大器构成的振荡电路，XTAL1 和 XTAL2 分别为振荡电路的输入和输出端，时钟可以由内部或外部方式产生。单片机的两种时钟方式，如图 1.3.2 所示。

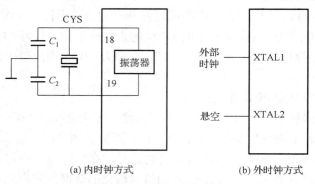

(a) 内时钟方式　　　　　　(b) 外时钟方式

图 1.3.2　89C51 时钟方式

内部方式时钟电路如图 1.3.2(a)所示。在 XTAL1 和 XTAL2 引脚上外接定时元件，内部振荡电路就产生自激振荡。定时元件通常采用石英晶体和电容组成的并联谐振回路。石英晶体的振荡器频率一般选择为 4～12MHz，起振电容一般选用 20～30pF 的瓷片电容；电容的大小可起频率微调作用。C51 的片内振荡器及时钟发生器如图 1.3.3 所示。

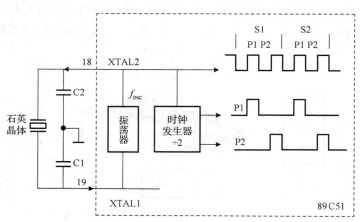

图 1.3.3　C51 的片内振荡器及时钟发生器

外部方式的时钟很少用，用时若要把外部已有的时钟信号引入单片机，只要将 XTAL1 接地，XTAL2 接外部振荡器就行。对外部振荡信号无特殊要求，只要保证脉冲宽度，一般采用频率低于 12MHz 的方波信号。

2. 时钟信号

CPU 执行指令的一系列动作都是在定时控制部件控制下，按照一定的时序一拍一拍进行的。指令字节数不同，操作数的寻址方式也不相同，故执行不同指令所需的时间差异也较大，工作时序也有区别。为了便于说明，通常按指令的执行过程将时序分为几种周期，即振荡周期、状态周期、机器周期和指令周期。

1）振荡周期

振荡周期是单片机中最基本的时间单位，是为单片机提供时钟脉冲信号的振荡周期，一般为晶振频率。在一个时钟周期内，CPU 仅完成一个最基本的动作。51 系列单片机中，把一个振荡周期定义为一个节拍 P。

2）状态周期

状态周期是振荡周期经二分频后得到的，它是单片机的时钟信号的周期，状态周期用 S 来表示。状态周期由两个节拍 P1、P2 组成，其前半周期对应的节拍是 P1、后半周期对应的节拍是 P2，即两个振荡周期为一个状态周期。

3）机器周期

单片机把执行一条指令过程划分为若干个阶段，每一阶段完成一个规定操作，完成某一个规定操作所需的时间称为一个机器周期。一般情况下，一个机器周期由若干个状态周期组成。51 系列单片机采用定时控制方式，有固定的机器周期，规定一个机器周期为 6 个状态周期，依次表示为 S1～S6。在一个机器周期内，CPU 可以完成一个独立的操作。

4）指令周期

指令周期是 CPU 执行一条指令所需要的时间。一般由若干个机器周期组成。89C51 指令系统中，有单周期指令、双周期指令和四周期指令，四周期指令只有两条：即乘法和除法指令，其余均为单周期和双周期指令。

3. 89C51 单片机的时序

89C51 单片机的每个机器周期包含 6 个状态周期，每个状态包含两个振荡周期，即分为两个节拍，对应于两个节拍时钟有效时间。因此一个机器周期包含 12 个振荡周期，依次表示为 S1P1，S1P2，S2P1，S2P2，S3P1，S3P2，…，S6P1，S6P2，每个节拍持续一个振荡周期，每个状态周期持续两个振荡周期。若采用 12MHz 的晶振频率，则每个机器周期为 1/12 个振荡周期，等于 1μs。

单片机执行任何一条指令时都可以分为取指令阶段和执行指令阶段，图 1.3.4 列举了几种指令的取指令时序。由于用户看不到内部时序信号，故可以通过观察 XTAL2 和 ALE 引脚的信号，分析 CPU 取指令时序。通常，每个机器周期中，ALE 出现两次有效高电平，第一次出现在 S1P2 和 S2P1 期间，第二次出现在 S4P2 和 S5P1 期间。ALE 信号每出现一次，CPU 就进行一次取指操作，但由于每种指令的字节数和机器周期数不同，因此取指令操作也随之不同，但差异不大。

三、复位电路

89C51 单片机通常采用上电自动复位、按键复位两种方式。

上电复位是利用电容充电来实现的，由于电容两端的电压不能突变，上电瞬间 RST/VPD 端的电位与 Vcc 相同，随着充电的进行，RST/VPD 的电位下降，最后被嵌位在 0V，只要保证加在 RST 引脚上的高电平持续时间大于两个机器周期，便能正常复位，如图 1.3.5（a）所示。

按键复位电路如图 1.3.5(b)所示，若要复位，只需要将按钮按下，此时电源 Vcc 经电阻 R1、R2 分压，在 RST 端产生一个复位高电平。

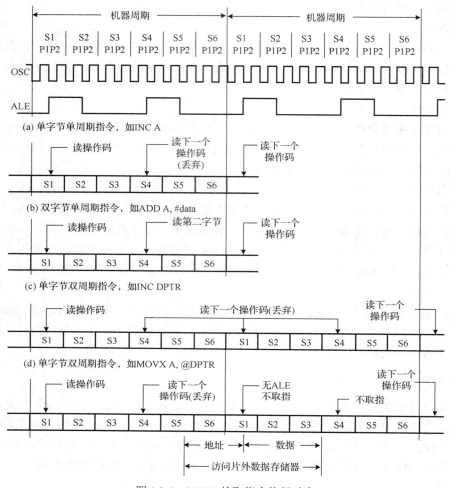

图 1.3.4　89C51 的取指令执行时序

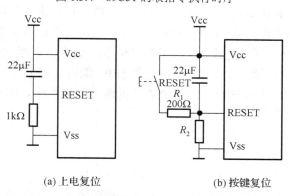

(a) 上电复位　　　　　　(b) 按键复位

图 1.3.5　单片机的复位电路

设计复位电路时应注意如下内容：

(1) 要保证加在 RST 引脚上的高电平持续两个机器周期以上，才能使单片机有效地复位。

（2）在实际的应用系统中，有些外围芯片也需要复位。如果这些复位端的复位电平要求与单片机复位一致，则可以与之相连。

（3）在图 1.3.5 的简单复位电路中，干扰容易串入复位端，在大多数情况下不会造成单片机的错误复位，但会引起内部某些寄存器错误复位。这时，可在 RST 引脚上接一个去耦电容。

（4）在应用系统中，为了保证复位电路可靠工作，常将 RC 电路先接史密特电路，然后接入单片机复位端和外围电路复位端。这样，当系统有多个复位端时，能保证可靠地同步复位，且具有抗干扰作用。

四　输入/输出接口

89C51 单片机有 4 个 I/O 端口，共 32 根 I/O 线，4 个端口都是双向口，分别为 P0～P3。在访问片外扩展存储器时，低 8 位地址和数据由 P0 口分时传送，高 8 位地址由 P2 口传送。在无片外扩展存储器的系统中，这 4 个口的每一位均可作为双向 I/O 端口使用。

1．P0 口

P0 口是一个 8 位漏极开路型准双向 I/O 端口。图 1.3.6 是 P0 口的位结构图，P0 口有 1 个输出锁存器，2 个三态缓冲器，1 个输出驱动电路和 1 个输出控制端。输出驱动电路由一对场效应管组成，其工作状态受输出端的控制，输出控制端由 1 个与门、1 个反相器和 1 个转换开关 MUX 组成。对 8051/8751 而言，P0 口既可作为输入输出口，又可作为地址/数据总线使用。

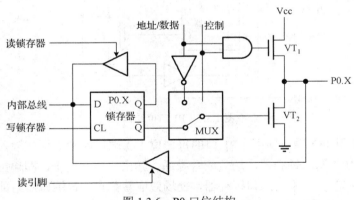

图 1.3.6　P0 口位结构

1) P0 口作为地址/数据复用总线使用

若从 P0 口输出地址或数据信息，此时控制端应为高电平，转换开关 MUX 将反相器输出端与输出级场效应管 T2 接通，内部总线上的地址或数据信号通过与门驱动 T1，又通过反相器去驱动 T2，这时内部总线上的地址或数据信号就传送到 P0 口的引脚上。工作时，低 8 位地址与数据线分时使用 P0 口。低 8 位地址由 ALE 信号的负跳变使它锁存到外部地址锁存器中，而高 8 位地址由 P2 口输出。

2)P0 口作为通用 I/O 端口使用

对于有内部 ROM 的单片机，P0 口也可以作通用 I/O，此时控制端为低电平，转换开关把输出级与锁存器的 Q 端接通，同时因与门输出为低电平，输出级 T1 处于截止状态，输出级为漏极开路电路，在驱动 NMOS 电路时应外接上拉电阻；作为输入口用时，应先将锁存器写"1"，这时输出级两个场效应管均截止，可作为高阻抗输入，通过三态输入缓冲器读取引脚信号，从而完成输入操作。

3) P0 口线上的"读—修改—写"功能

图 1.3.6 上面一个三态缓冲器是为了读取锁存器 Q 端的数据。Q 端与引脚的数据是一致的。结构上这样安排是为了满足"读—修改—写"指令的需要。这类指令的特点是先读口锁存器，随之可能对读入的数据进行修改再写入到端口上。例如，ANL P0，A；ORL P0，A；XRL P0，A。

这类指令同样适合于 P1～P3 口，其操作是：先将单字节的全部 8 位数读入，再通过指令修改某些位，然后将新的数据写回到锁存器中。

2．P1 口

P1 是一个带内部上拉电阻的 8 位准双向 I/O 口，其位结构如图 1.3.7 所示。P1 口在结构上与 P0 口的区别是：没有多路开关 MUX 和控制电路部分；输出驱动电路部分与 P0 也不相同，只有一个 FET 场效应管，同时内部带上拉电阻，此电阻与电源相连。上拉电阻是一个作为电阻性元件使用的场效应管 FET，称负载场效应管。

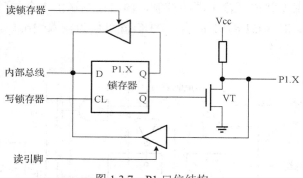

图 1.3.7　P1 口位结构

(1) P1 口作通用 I/O 端口使用。P1 口的每一位 I/O 端口能独立用作输入线或输出线。作为输出时，如将"0"写入锁存器，场效应管导通，输出线为低电平，即输出为"0"。因此在作为输入时，必须先将"1"写入口锁存器，使场效应管截止。该端口由内部上拉电阻提拉成高电平，同时能被外部输入源拉成低电平，即当外部输入"1"时该端口为高电平，而输入"0"时，该端口为低电平。P1 口作为输入时，可被任何 TTL 电路和 MOS 电路驱动，由于具有内部上拉电阻，也可以直接被集电极开路和漏极开路电路驱动，不必外加上拉电阻。P1 口可驱动 4 个 LSTTL 门电路。

(2) P1 口其他功能。P1 口在 EPROM 编程和验证程序时，它输入低 8 位地址；在 8032/8052 系列中，P1.0 和 P1.1 是多功能的，P1.0 可作为定时器/计数器 2 的外部计数触发输入端 T2，P1.1 可作为定时器/计数器 2 的外部控制输入端 T2EX。

3．P2 口

图 1.3.8 是 P2 口的位结构图。P2 口的位结构中上拉电阻的结构与 P1 口相同，但比 P1 口多了一个输出转换多路控制部分。

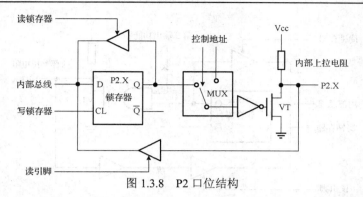

图 1.3.8　P2 口位结构

当多路开关 MUX 倒向锁存器输出 Q 端时，构成了一个准双向 I/O 口，此时 P2 口作为通用 I/O 使用。P2 引脚的数据与内部总线相同，MUX 与 Q 端连通，P2.n=D。

(1)P2 口作为通用 I/O 端口使用。当 P2 口作为通用 I/O 端口使用时，是一个准双向口，此时转换开关 MUX 倒向左边，输出级与锁存器接通，引脚可接 I/O 设备，其输入输出操作与 P1 口完全相同。

(2)P2 口作为地址总线口使用。当系统中接有外部存储器时，P2 口用于输出高 8 位地址 A15～A8。这时在 CPU 的控制下，转换开关 MUX 倒向右边，接通内部地址总线。P2 口的状态取决于片内输出的地址信息，这些地址信息来源于 PCH、DPH 等。在外接程序存储器的系统中，由于访问外部存储器的操作连续不断,P2 口不断送出地址高 8 位。例如，在 8031 构成的系统中，P2 口一般只作为地址总线口使用，不再作为 I/O 端口直接连外部设备。

在不接外部程序存储器而接有外部数据存储器的系统中，情况有所不同。若外接数据存储器容量为 256B，则可使用 MOVX A,@Ri 类的指令由 P0 送出 8 位地址，P2 口上引脚的信号在整个访问外部数据存储器期间也不会改变，故 P2 口仍可作为通用 I/O 端口使用。若外接存储器容量较大，则需用 MOVX A,@DPTR 类的指令，由 P0 口和 P2 口送出 16 位地址。在读写周期内，P2 口引脚上将保持地址信息，但从结构上可知，输出地址时，并不要求 P2 口锁存器锁存"1"，锁存器内容也不会在送地址信息时改变。故访问外部数据存储器周期结束后，P2 口锁存器的内容又会重新出现在引脚上。这样，根据访问外部数据存储器的频繁程度，P2 口仍可在一定限度内作为一般 I/O 端口使用。P2 口可驱动 4 个 LSTTL 门电路。

4．P3 口

P3 口的位结构见图 1.3.9。它是一个多功能的端口。P3 口的输出驱动电路部分及内部上拉电阻结构与 P1 口相同，比 P1 口多了一个第二功能控制电路(由一个与非门和一个输入缓冲器组成)。

当用作第二功能使用时，每一位功能定义如表 1.3.1 所示。P3 口的第二功能实际上就是系统具有控制功能的控制线。此时相应的口线锁存器必须为"1"状态，与非门的输出由第二功能输出线的状态确定，从而 P3 口线的状态取决于第二功能输出线的电平。在 P3 口的引脚信号输入通道中有两个三态缓冲器，第二功能的输入信号取自第一个缓冲器的输出端，第二个缓冲器仍是第一功能的读引脚信号缓冲器。P3 口可驱动 4 个 LSTTL 门电路。

P3 口除了用作通用 I/O 使用外，它的各位还具有第二功能，第二功能详见表 1.3.1。当 P3 口某一位用于第二功能作为输出时，该位的锁存器应置"1"，打开与非门，第二功能端上的内容通过"与非门"和 VT 送至端口引脚。当作为第二功能输入时，端口引脚的第二功能信号通过第一个缓冲器送到第二输入功能线上。

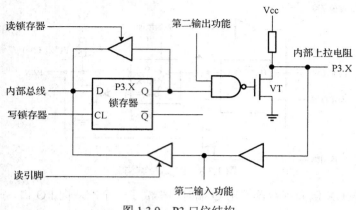

图 1.3.9　P3 口位结构

使用时注意：无论 P3 口作为通用输入口还是作第二功能输入口使用，相应位的输出锁存器和第二输出功能端都应置"1"，使 VT 截止。另外，每一位具有的两个功能不能同时使用。

表 1.3.1　P3 口各位线与第二功能表

P3 口引脚	第二功能	P3 口引脚	第二功能
P3.0	RXD（串行口输入）	P3.4	T0（定时器 0 的外部输入）
P3.1	TXD（串行口输出）	P3.5	T1（定时器 1 的外部输入）
P3.2	$\overline{INT0}$（外部中断 0 输入）	P3.6	$\overline{WR}$　（片外数据存储器写选通）
P3.3	$\overline{INT1}$（外部中断 1 输入）	P3.7	$\overline{RD}$　（片外数据存储器读选通）

小提示　负载能力和接口要求：P1～P3 口的输出级均接有内部上拉电阻，它们每一位的输出均可以驱动 4 个 LSTTL 负载。对于 HMOS 型的单片机，当 P1 和 P3 口作为输入时，任何 TTL 或 NMOS 电路都能以正常的方法驱动这些口。无论 HMOS 型还是 CHMOS 型的单片机，它们的 P1～P3 口的输入端都可以被集电极开路或漏极开路电路所驱动，而不需要再外接上拉电阻。P0～P3 口都是准双向 I/O 接口。作为输入时，必须先向相应端口的锁存器写入"1"，使下拉场效应管截止，呈高阻态。当系统复位时，P0～P3 端口锁存器全为"1"。

思考题与习题

1. 什么是微处理机、CPU 和单片机？

2. AT89C51 单片机在片内集成了哪些主要逻辑功能部件？各个逻辑部件的最主要功能是什么？

3. AT89C51 单片机的时钟周期与振荡周期之间有什么关系？一个机器周期的时序如何划分？当主频为 12MHz 时，一个机器周期等于多少微秒？执行一条最长的指令需多少微秒？

4. AT89C51 单片机的 P0～P3 四个 I/O 端口在结构上有何异同？使用时应注意什么事项？

5. AT89C51 单片机片内 256B 的数据存储器可分为几个区？分别有什么用？

6. AT89C51 设有 4 个通用工作寄存器组，如何选用？如何实现工作寄存器现场保护？

7. 程序状态寄存器的作用是什么？常用状态有哪些位？作用是什么？

8. 什么是堆栈？作用是什么？复位后 SP 指向哪里？

9. 4 个控制引脚作用分别是什么？使用应注意什么？

10. "准双向口"的含义是什么？

项目二　Keil 软件与 PROTEUS 软件基础知识

任务一　认识 Keil 软件

一、任务目标

本任务通过实例来学习 Keil 软件的使用，了解单片机程序的编译环境。掌握如何输入源程序、建立工程，对工程进行详细的设置，以及如何将源程序变为目标代码。

二、相关知识

Keil C51 是美国 Keil Software 公司出品的 51 系列兼容单片机 C 语言软件开发系统，该软件为全 Windows 界面，提供丰富的库函数和功能强大的集成开发调试工具。Keil 软件是将 C 编译器、宏汇编、连接器、库管理和一个功能强大的仿真调试器等包括在内的完整开发方案，通过一个集成开发环境(μVision)将这些部分组合在一起。运行 Keil 软件需要 Windows 98、Windows NT、Windows 2000、Windows XP、Windows 7 等操作系统。

1. Keil 软件操作界面简介

Keil C51 的工作界面是一种标准的 Windows 界面，启动 Keil 软件的集成开发环境，这里假设已正确安装了该软件，可以从桌面上直接双击 Keil μVision4 的图标以启动该软件，出现如图 2.1.1 所示的启动提示信息，Keil μVision4 的中文启动界面如图 2.1.2 所示。

图 2.1.1　Keil μVision4 启动提示信息

编辑状态的操作界面主要由 5 部分组成：菜单栏、工具栏、工程管理窗口、编辑窗口、输出信息窗口。 菜单项主要有文件、编辑、视图、工程、闪存、调试、外围设备、工具、软件版本控制系统(SVCS)、窗口、帮助。

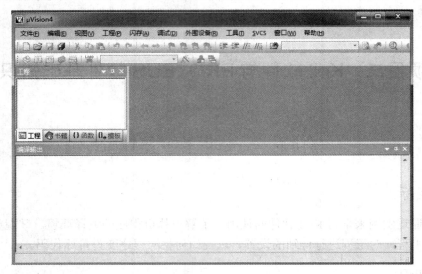

图 2.1.2　Keil μVision4 启动界面

　　操作界面左边为工程管理窗口，该窗口有 4 个标签，分别是工程、书籍、函数和模板，如果是第一次启动 Keil，那么这 4 个标签页全是空的。右边为源程序编辑窗口，用来对源程序进行编辑、修改、粘贴等。下面是输出窗口，反映文件的编译状态，并提醒出错种类或位置。

　　工具都是相应菜单项的快捷操作按钮，单击各个菜单项，出现下拉菜单，可进行相应的操作，这些都是常见的项，不再一一说明。黑色的可以使用，灰色的不能使用，左边是相应的工具按钮，可在工具栏里找到。下面给出几个常用的菜单项，图 2.1.3 为文件菜单，图 2.1.4 为视图菜单、图 2.1.5 为编辑菜单，图 2.1.6 为工程菜单，图 2.1.7 为调试菜单。后面有箭头的，说明还有子菜单。

图 2.1.3　文件菜单

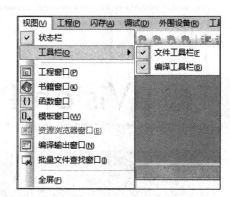

图 2.1.4　视图菜单

2．Keil 软件的工程建立

1）建立工程文件

在项目开发中，并不是仅有一个源程序就行了，还要为这个项目选择合适的 CPU（Keil 支持数百种特性不完全相同的 CPU），进行编译、汇编、连接参数的设置，调试方式的确定，并且有一些项目还会由多个文件组成等。为了便于管理和使用，Keil 使用工程（Project），将这些参数设置和所需的所有文件都加在一个工程中，此后就只能对工程而不能对单一的源程序进行编译（汇编）和连接等操作了。下面就来建立工程。

图 2.1.5　编辑菜单

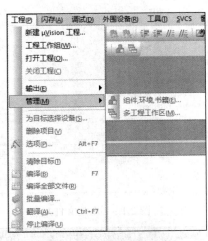

图 2.1.6　工程菜单

图 2.1.7　调试菜单

（1）单击"工程"→"新建 μVision 工程 "菜单，出现如图 2.1.8 所示的窗口。

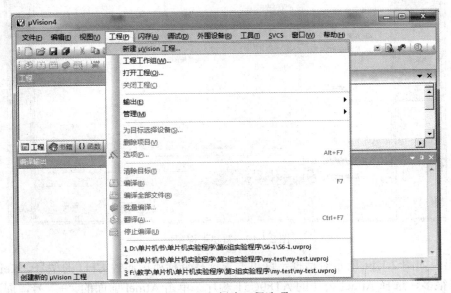

图 2.1.8　创建工程选项

（2）在弹出的对话框中选择要保存文件的路径。由于一个工程里面有多个文件，为了便于管理，最好新建一个文件夹，一般以工程名为新建的文件夹命名，本任务命名为 test，如图 2.1.9 所示。然后单击"打开"按钮，弹出如图 2.1.10 所示的对话框，即要求给新建立的工程起名字，在"文件名"编辑框中输入一个名字（设为 test），不需要扩展名。最后单击"保存"按钮。

图 2.1.9　新建文件夹

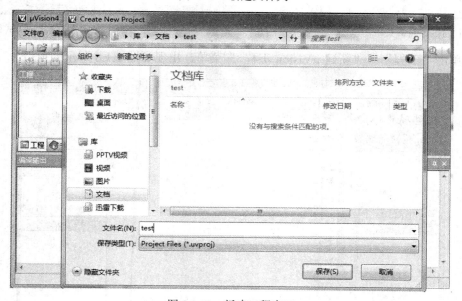

图 2.1.10　新建工程窗口

（3）出现如图 2.1.11 所示对话框。这里要求选择目标所用芯片 CPU 的型号，Keil 支持的 CPU 型号很多，选择 Atmel 公司的 AT89C51 芯片。单击 Atmel 前面的"+"号，展开该层，单击其中的 AT89C51，如图 2.1.12 所示。最后单击"确定"按钮。

（4）完成选择 CPU 型号后，弹出如图 2.1.13 所示的对话框，提示是否要复制一个源文件到这个工程中，由于要自己添加一个汇编语言或 C 语言源文件，所以单击"否"按钮。

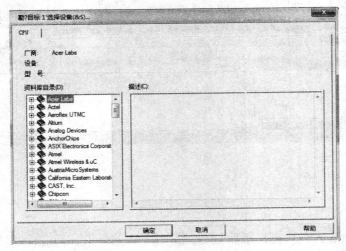

图 2.1.11　CPU 类型选择窗口

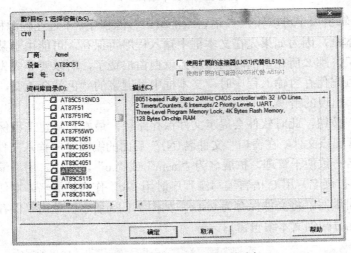

图 2.1.12　选择 AT89C51 单片机

图 2.1.13　是否复制源文件到工程中

　　此时，就能在工程窗口的文件页中，出现了"目标 1"，前面有"+"号，单击"+"号展开，可以看到下一层的"源组 1"，这时的工程还是一个空的工程，至此一个完整的工程就建立好了。

　　2) 建立源文件

　　(1) 单击"文件"→"新建"菜单或者单击工具栏的新建文件按钮，即可在项目窗口的右侧打开一个新的文本编辑窗口，如图 2.1.14 所示。

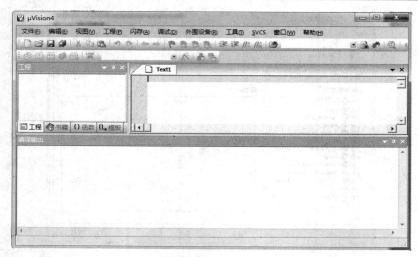

图 2.1.14　文本编辑窗口

（2）在文本编辑窗口中可以输入 C 语言或汇编语言源程序，不过在输源程序之前，最好先保存好建立的文本框，因为如果先在文本框中输入程序再保存，可能由于某些特殊原因使计算机断电或者死机，那么所花费的时间和精力就白白浪费了，所以要养成先保存再输入程序的良好习惯，而且先保存再输入程序时，文本框中关键字的颜色就会改变，便于及时纠正写程序过程中关键字出现的错误。

单击"保存"按钮，此时软件会提示文件保存路径，最好和新建工程保存在同一文件夹下，便于查找和管理该文件。在窗口"文件名(N)"后面的编辑框中输入文件名和扩展名，文件名最好和工程名一致便于管理，扩展名为".asm"或".c"，其中，用汇编语言编写源文件时用".asm"作为扩展名，用 C 语言编写源程序时用".c"作为扩展名。本任务以流水灯设计为例，使用 C 语言编写，将文件保存为 test.c，如图 2.1.15 所示。单击"保存"按钮，就将源文件保存好了，此时回到文本编辑窗口。

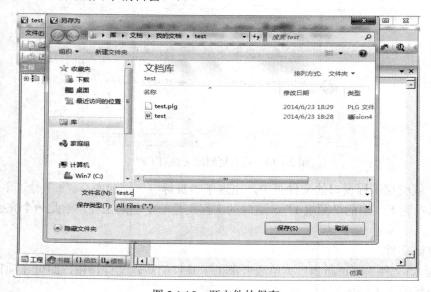

图 2.1.15　源文件的保存

(3)将自己编好的 C 语言源程序例 2.1.1 输入到文本编辑窗口，为了防止特殊原因使计算机断电或者死机丢失所写的程序，输入过程中要注意经常单击"保存"按钮。

例 2.1.1：

```c
#include <reg51.H>
unsigned char code table[]={0xfe,0xfd,0xfb,0xf7,
                            0xef,0xdf,0xbf,0x7f,
                            0xfe,0xfd,0xfb,0xf7,
                            0xef,0xdf,0xbf,0x7f,
                            0x7f,0xbf,0xdf,0xef,
                            0xf7,0xfb,0xfd,0xfe,
                            0x7f,0xbf,0xdf,0xef,
                            0xf7,0xfb,0xfd,0xfe,
                            0x00,0xff,0x00,0xff,
                            0x01};

unsigned char i;

void delay(void)
{
    unsigned char m,n,s;
    for(m=20;m>0;m--)
    for(n=20;n>0;n--)
    for(s=248;s>0;s--);
}

void main(void)
{
  while(1)
    {
      if(table[i]!=0x01)
        {
          P1=table[i];
          i++;
          delay();
        }
      else
        {
          i=0;
        }
    }
}
```

3)将源文件加到工程中

前面两步建立好的工程和源文件是相互独立的，一个完整的单片机工程是要将两者联系在一起，因此需要手动把刚才编写好的源程序加入到工程中。

(2)单击"源组 1"使其反白显示，然后右击出现一个快捷菜单，如图 2.1.16 所示。

图 2.1.16　添加源文件步骤

　　(2) 在图 2.1.16 所示的对话框中，单击其中的"添加文件到组'源组 1'"，出现一个对话框，要求寻找源文件，如图 2.1.17 所示。图 2.17 对话框下面的"文件类型"默认为 C source file (*.c)，表示是以".c"为扩展名的文件，选中 test.c 文件，单击"添加"按钮，即将源文件加入到工程中。

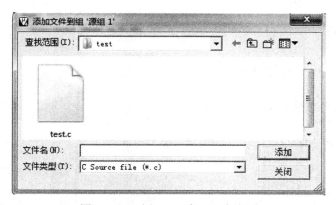

图 2.1.17　选择 C 语言源程序窗口

　　如果是用汇编语言来编写源程序，扩展名为".asm"，在列表框中找不到文件"test.asm"，因此就要更改文件类型，单击对话框中"文件类型"后的下拉列表，如图 2.1.18 所示，选中"Asm Source file (*.a51,*.asm)"选项，在列表框中就可以找到 test.asm 文件了，如图 2.1.19 所示。

　　但是，在文件加入工程后，此对话框依然存在，等待继续加入其他文件，初学者往往会误以为没有操作成功而重新添加该文件，此时会弹出一个提醒对话框，如图 2.1.20 所示，提示所选文件已在"源组 1"中。此时单击"确定"按钮，返回前一个对话框，再单击"关闭"按钮就可返回主界面。在主界面中，单击"源组 1"前的"+"图标，就会发现已经包含 test.c 文件了。双击文件名 test.c，就可打开该源程序，如图 2.1.21 所示。此时，就将源文件成功地加入工程中了。

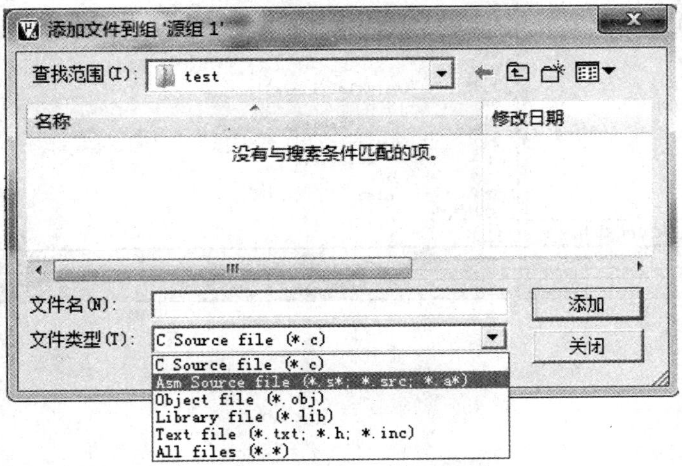

图 2.1.18　选择源文件类型

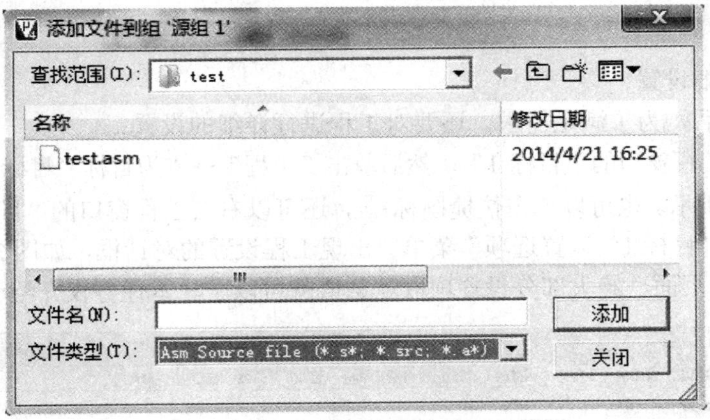

图 2.1.19　添加汇编语言源文件

图 2.1.20　提醒对话框

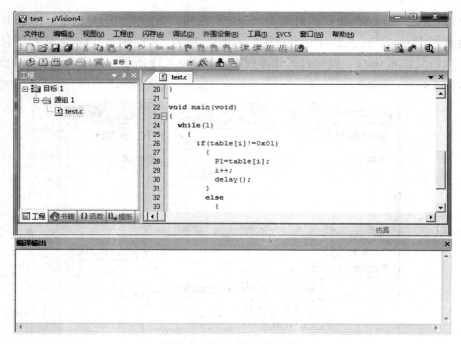

图 2.1.21　打开源程序文件

3. Keil 软件的常用工具

1) 工程的详细设置

工程建好以后，为了满足需求，还要对工程进行详细的设置。

先单击左边工程窗口的"目标 1"，然后单击"工程"→"为目标'目标 1'设置选项"菜单，如图 2.1.22 所示。也可以单击快捷图标 ，还可以右击工程窗口的"目标 1"，选择"工程"→"为目标'目标 1'设置选项"菜单。出现工程设置的对话框，如图 2.1.23 所示。这个对话框共有 11 个页面，绝大部分设置项取默认值就可以了。本任务仅介绍一些常用的页面。

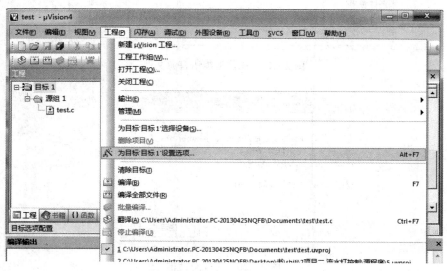

图 2.1.22　打开工程设置窗口

图 2.1.23   工程设置的"项目"对话框

(1)打开工程设置，默认的页面就是"项目"页面，如图 2.1.23 所示，时钟后面的数值表示晶振频率值，默认的是所选目标芯片 CPU 的最高可用频率值。由于前面所选的是 AT89C51 芯片，默认的是 24MHz，这个数值只是用于软件模拟调试时显示程序的执行时间，与最终产生的目标代码没有关系。正确设置该数值可以使显示的时间与实际所用的时间一致，一般将其设置成与所用硬件晶振频率相同。如果不需要了解程序执行的时间，也可以不设，这里设置为 12.0MHz，如图 2.1.24 所示。

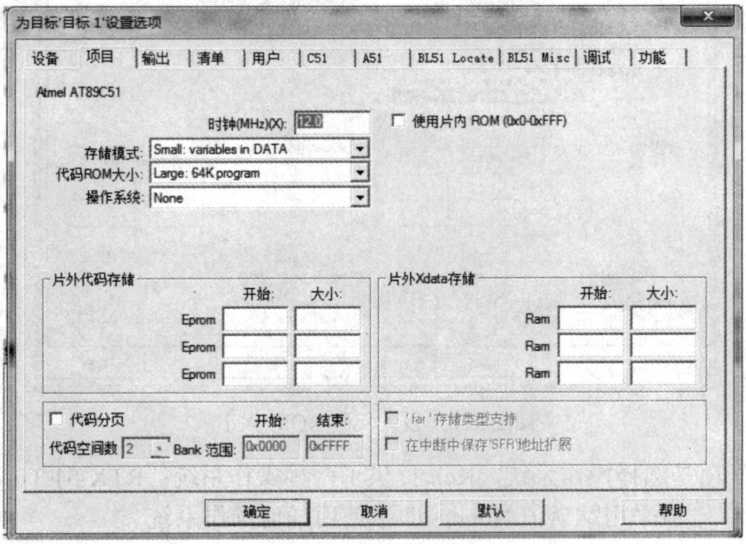

图 2.1.24   设置晶振频率

"存储模式"有 3 个选择项，用于设置 RAM 使用情况。Small 表示所有变量都在单片机的内部 RAM 中，Compact 表示可以使用一页外部扩展 RAM，而 Large 则表示可以使用全部外部扩展 RAM。如图 2.1.25 所示，一般采用默认的 Small 模式。

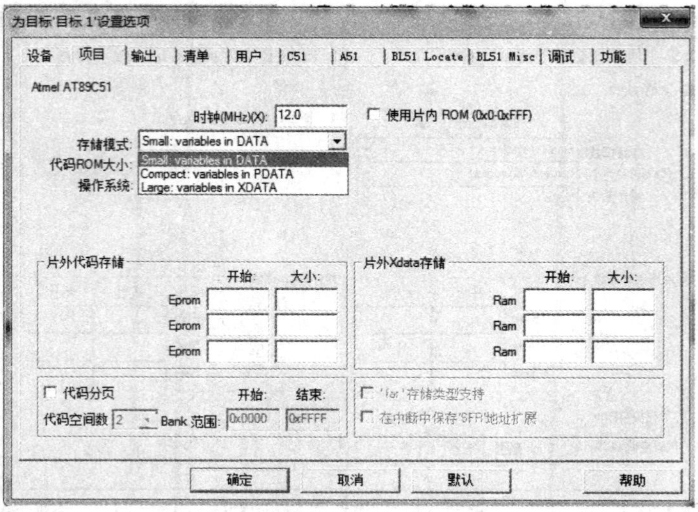

图 2.1.25　设置存储模式

　　"代码 ROM 大小"也有 3 个选择项，用于设置 ROM 空间的使用。Small 模式，表示只能用于低于 2KB 的程序空间；Compact 模式，表示单个函数的代码量不能超过 2KB，整个程序可以使用 64KB 程序空间；Large 模式，可用全部 64KB 程序空间。如图 2.1.26 所示，一般采用默认的 Large 模式。

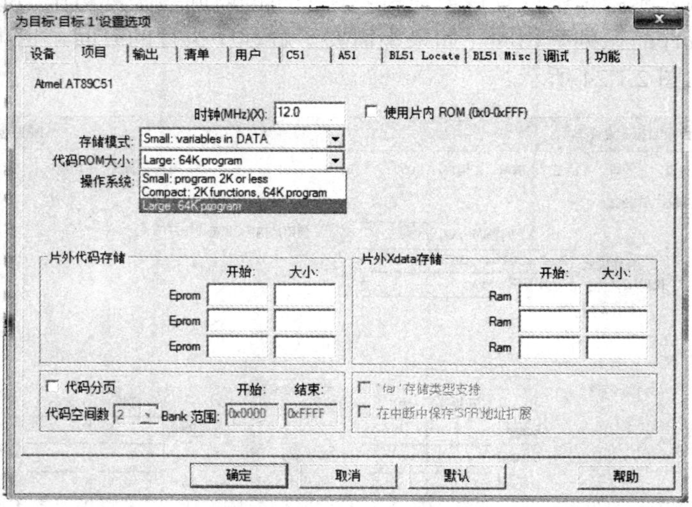

图 2.1.26　设置代码 ROM 大小

　　"操作系统"项是选择操作系统，Keil 提供了两种操作系统：RTX-51 Tiny 和 RTX Full，如图 2.1.27 所示。一般采用默认值 None，即不使用任何操作系统。

　　"使用片内 ROM"选择项，确认是否仅使用片内 ROM，选中该项不会影响最终生成的目标代码量。"片外代码存储"表示用于确定系统扩展 ROM 的地址范围。"片外 Xdata 存储"表示用于确定系统扩展 RAM 的地址范围，需要根据所用硬件来决定这些选择项。由于本任务是单片机应用，没有进行任何扩展，所以均设置成默认值。

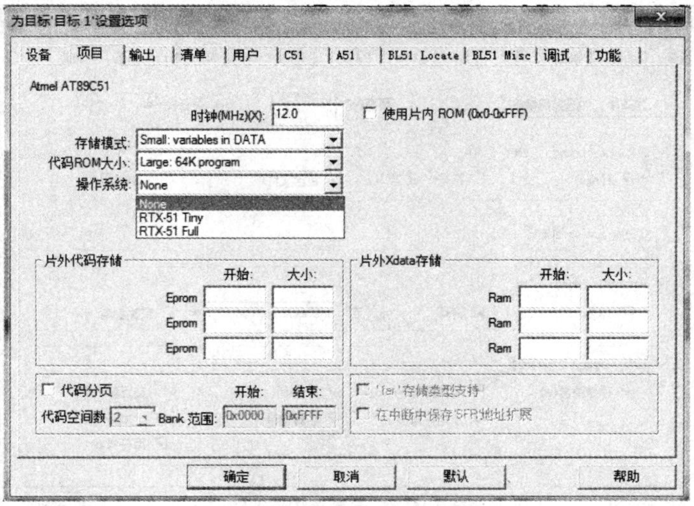

图 2.1.27　设置操作系统

（2）设置对话框中的"输出"页面，如图 2.1.28 所示，里面也有多个选择项。按钮"为目标文件选择目录"用来选择最终目标文件所在的文件夹，默认的是与工程文件在同一个文件夹中。"执行的名字"用于指定最终生成的目标文件的名字，默认的是与工程的名字相同，这两项都不需要更改。

"调试信息"和"浏览信息"默认值都是选中，如果需要对程序进行调试，应当选中"调试信息"。"产生 HEX 文件"用于生成可执行代码文件，默认值是未被选中。但是如果要写程序做硬件实验，必须选中该项。

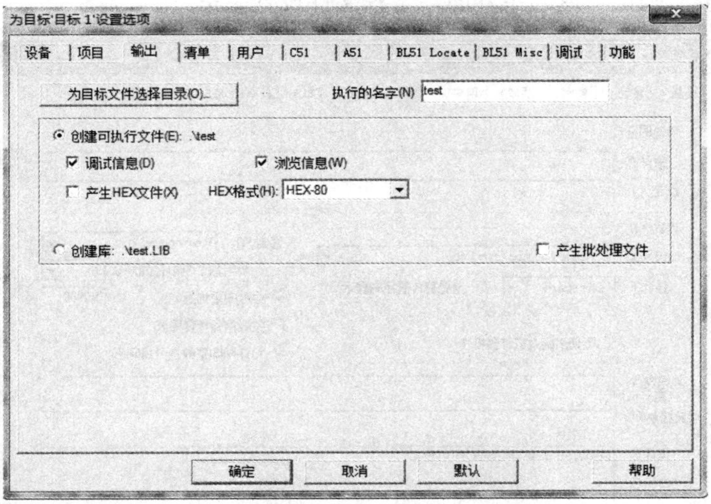

图 2.1.28　工程设置的输出页面

（3）"清单"页面如图 2.1.29 所示，用于调整生成的列表文件选项。由于在汇编或编译完成后将产生（*.lst）的列表文件，在连接完成后也将产生（*.m51）的列表文件，"清单"页面用于对这些列表文件的内容和形式进行细致的调节，"C Compiler Listing"下的"汇编代码"项是比较常用的选项，选中表示可以在列表文件中生成 C 语言源程序所对应的汇编代码。

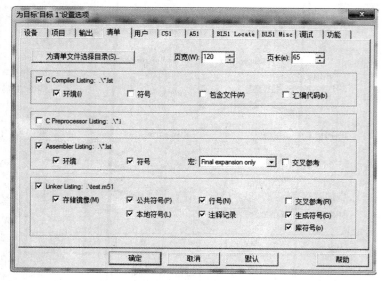

图 2.1.29　工程设置的清单页面

（4）"C51"页面如图 2.1.30 所示，用于控制 Keil C51 编译器的编译过程。"代码优化"是比较常用的项。其中"级别"是优化等级，默认值是第 8 级，不必修改。C51 对源程序进行编译时，可以对代码多至 9 级的优化。如果在编译过程中出现一些问题，可以用降低优化级别的方法试一试。"强调"是选择编译的优先方式，有 3 个选项，一是代码量优先(最终生成的代码量小)；二是速度优先(最终生成的代码速度快)；三是缺省。默认的是速度优先，可以根据需要更改。

设置完成后按"确认"返回主界面，工程文件设置完毕。

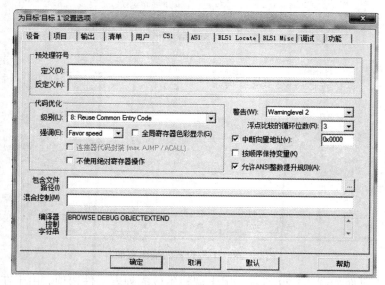

图 2.1.30　工程设置的 C51 页面

2) Keil 软件调试

（1）编译、连接。工程设置好以后，就可进行编译、连接。选择菜单"工程"→"编译"，如图 2.1.31 所示，或者右击工程窗口中的"源组 1"也可出现"编译"，表示对当前工程进行连接。如果当前文件已经被修改，软件将先对该文件进行编译，然后连接产生目标代码。"编译全部文件"表示对当前工程中的所有文件重新进行编译然后再连接，确保最终生产的目标代码是最新的，而"翻译"项只对该文件进行编译，不进行连接。

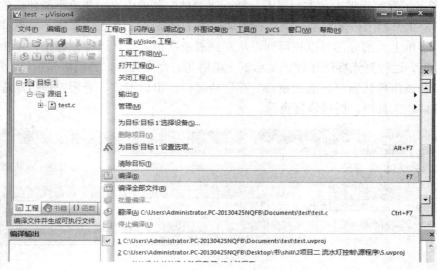

图 2.1.31　工程的编译

通过工具栏也可直接进行上面的操作，如图 2.1.32 所示，从左到右依次是翻译、编译、编译全部文件、批量编译、停止编译、下载。

图 2.1.32　编译工具栏

编译过程中的信息将在下面的"编译输出"窗口中显示出来。源程序中如果有语法错误，会出现错误报告，双击该行，就可定位到出错的位置，然后对其进行修改，对源程序反复修改之后，会得到如图 2.1.33 所示的结果，提示零个错误，并产生了.hex 文件，此文件就可被编程器读入并写到芯片中，Keil 软件可对其进行仿真和调试。

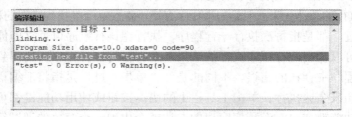

图 2.1.33　编译提示信息

(2) 常用调试命令。对工程进行编译、连接以后，只能说明源程序中没有语法错误，至于源程序中有无其他错误，需要通过调试才能发现并解决。现实中，大部分的程序都需要通过反复调试才能得到正确的结果。因此，调试是软件开发中一个重要的环节。

Keil 内建了一个用来模拟执行程序的仿真 CPU，该 CPU 可以在没有硬件和仿真机的情况下进行程序的调试，这就是模拟调试功能，区别于真实的硬件执行程序。其中时序表现得最为明显，软件模拟和真实的硬件是不可能具有相同时序的，因为每个人使用的计算机不同，程序执行的速度就不一样，计算机性能越好，运行速度就越快。

　　使用菜单"调试"→"启动/停止仿真调试"或使用组合键 Ctrl+F5，就进入调试状态。如图 2.1.34 所示。界面和编辑状态明显不一样，"调试"菜单中原来灰色不能使用的命令变黑可以使用了，工具栏上也多出了一个运行和调试的工具条，如图 2.1.35 所示，这些快捷按钮在"调试"菜单上大部分都可以找得到，从左到右依次是复位、运行、停止、单步步入、单步步过、跳出、运行到光标所在行、显示下一条语句、命令行窗口、反汇编窗口、符号窗口、寄存器窗口、调用堆栈窗口、监视窗口、存储器窗口、串口窗口、分析窗口、跟踪窗口、系统查看器窗口、工具箱、调试恢复查看。

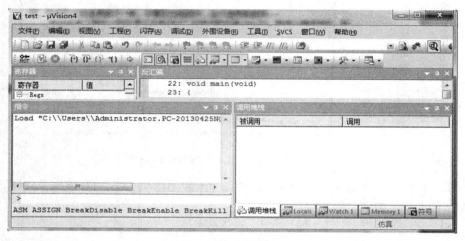

图 2.1.34　调试窗口

图 2.1.35　调试工具条

　　进行程序调试，要区分开"运行"、"单步步入"和"单步步过"这三个概念。"运行"是指程序调试时中间不停止，一行程序执行完马上执行下一行程序，速度很快。不论结果正确与否，都可以看到程序执行的总体效果。但是如果程序有错，就很难准确找到错误的程序行。"单步步入"和"单步步过"都是指每次执行一行程序，执行完该行程序以后立即停止，等待命令执行下一行程序，可以观察此行程序执行的结果，是否与写该行程序所要得到的结果一致，因此可以直接找到程序中存在的错误。不同的是，"单步步过"是指将汇编语言中的子程序或函数作为一个语句来全速执行。单击工具栏上的快捷按钮或使用功能键都可以执行命令。按下"单步步入"功能键 F11，源程序窗口的左边就会出现一个黄色的调试箭头，指向源程序的第一行，每按一次 F11，执行该箭头所指程序行，然后箭头向下移一行，当箭头指向第 26 行时，再次按下 F11，箭头跳到了第 28 行 P1=table[i]，如图 2.1.36 所示。"单步步入"可以发现该行存在的问题，但是效率很低，遇到延时程序，需连续按 F11。通过 3 种方法可以解决。第一，将光标定位于子程序的最后一行，再用菜单"调试"→"运行到光标处"，就可全速执行黄色箭头与光标之间的程序行。第二，进入子程序后，使用菜单"调试"→"步出"，就可全速执行调试光标所在的子程序或子函数并指向主程序中的下一行程序。第三，开始调试时按功能键 F10，程序也将单步执行。

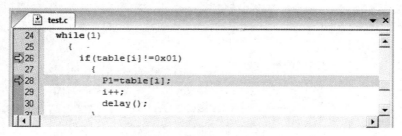

图 2.1.36 "单步步入"示意图

（3）内联汇编。Keil 在调试过程中，如果发现源程序有错，可以直接进行修改，但是必须先退出调试环境，重新编译、连接，再次进入调试才能使修改后的代码起作用。如果是对源程序进行临时修改，或只需要对个别程序行进行测试，这样的一系列过程就有些复杂，因此，Keil 软件提供一个内联汇编器，将光标定位在需要修改的程序行上，用菜单"调试"→"内联汇编"，出现如图 2.1.37 所示的对话框，在"输入新指令"后面的编辑框内输入更改后的程序语句，键入回车自动指向下一条语句，可以继续修改。如果修改完毕，直接单击右上角的关闭按钮关闭窗口。

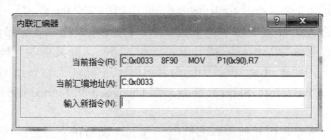

图 2.1.37 内联汇编对话框

（4）断点设置。程序调试过程中，需要按键被按下、程序中某变量达到一定的值或出现中断时，某些程序行才能被执行到，仅使用"单步步入"进行调试非常困难。"断点设置"是程序调试中的另一种重要方法。有多种方法可以进行断点设置，常用的是在某一程序行设置断点，设置好后可以全速运行程序，一旦执行到此程序行马上停止，在此可以观察有关变量值，找到问题所在。先将光标定位于需要设置断点的程序行，然后使用菜单 "调试"→"插入/删除断点"设置或移除断点，也可以双击该行，此时，行的前面会标红。在"调试"菜单中，还有"启用/禁用断点"、"禁用全部断点"、"清除全部断点"等选项可供选择。Keil 软件还提供了多种设置断点的方法，使用菜单"调试"→"断点"即出现图 2.1.38 所示对话框，用于对断点进行更加详细的设置。

（5）调试窗口。Keil 软件在调试程序时提供了多个窗口，主要包括命令行窗口、反汇编窗口、符号窗口、寄存器窗口、观察器窗口、存储器窗口、串口窗口、分析窗口、系统查看器窗口等。在调试模式下，通过菜单"视图"下的相应命令打开或关闭这些窗口，也可使用工具条上的快捷按钮，使用鼠标可以调整各个窗口的大小。

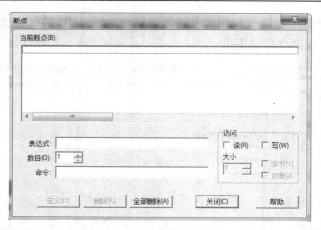

图 2.1.38　断点设置对话框

第一，存储器窗口用于显示系统中各种内存中的值，在"地址"后的编辑框内输入"字母：数字"就可显示相应内存值。字母 C 代表代码存储空间，D 代表直接寻址的片内存储空间，I 代表间接寻址的片内存储空间，X 代表扩展的外部 RAM 空间。数字代表想要查看的地址。例如，输入 C：00H 即可显示从 00H 开始的 ROM 单元中的值，即查看程序的二进制代码。该窗口中的显示形式可以改变，如图 2.1.39 所示。右击时有十进制、字符型等。菜单分为三部分，前两部分的三个选项为同一级，选中第一部分的任一项，以整数形式显示内容，选中第二部分的 ASCⅡ项则以字符型式显示，Float 项以相邻 4 字节组成的浮点数形式显示、Double 项以相邻 8 字节组成双精度形式显示。第一部分又有多个选择项，默认的是以十六进制方式显示。选中"十进制"窗口中的内容将以十进制的形式显示。Unsigned 和 Signed 后分别有 4 个选项：Char、Int、Short、Long，而 Unsigned 和 Signed 则分别代表无符号形式和有符号形式。

第二，观察窗口是要观察其他寄存器的值，或者在高级语言编程时需要直接观察变量，如图 2.1.40 所示。只有在"单步步入"时才对这些变量的变化感兴趣，"运行"过程中，变量的值是不变的，只有在程序停下来后，才会将这些最新的变化值显示出来。但是，如果需要在全速运行时观察变量的变化，单击"视图"→"定期窗口更新"，选中该项，就可在全速运行时动态地观察有关值的变化，同时会使程序模拟执行的速度变慢。

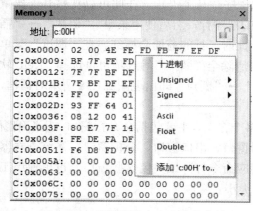

图 2.1.39　存储器窗口右击快捷菜单

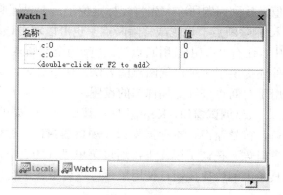

图 2.1.40　观察窗口

图 2.1.41 寄存器窗口

第三,寄存器窗口包括当前的工作寄存器组和系统寄存器。系统寄存器组有实际存在的寄存器如 A、B、DPTR、SP、PSW 等,也有一些是实际中不存在或虽然存在但不能对其操作的寄存器如 PC、Status 等。每当程序中执行到对某寄存器的操作时,该寄存器会显示蓝色,如图 2.1.41 所示,单击然后按下 F2 键,就可修改该寄存器的值。

应知应会

(1)掌握项目工程的建立方法。

(2)掌握文件添加到工程的方法。

(3)掌握调试程序和观察变量的技巧。

任务二　了解 PROTEUS 软件

一、任务目标

本任务通过实例来学习 PROTEUS 软件的使用,初步掌握 PROTEUS 软件的操作步骤,会进行联机调试。

二、相关知识

PROTEUS 是英国 Labcenter Electronics 公司研发的一款电路设计与仿真软件,包括 ARES、ISIS 等软件模块。ARES 模块主要完成 PCB 的设计,而 ISIS 模块主要完成电路原理图的布图与仿真。PROTEUS 的软件仿真基于 VSM 技术,最大的优势是它能仿真大量的单片机芯片,如 MCS-51、PIC 系列等,以及单片机外围电路,如键盘、LED 等。

本任务主要使用 PROTEUS 软件在单片机方面的仿真功能,所以重点研究 ISIS 模块。在 ISIS 编辑区中,能方便地完成单片机系统的硬件设计、软件设计、单片机源代码的调试与仿真。

1. PROTEUS 7 Professional 操作界面简介

正确安装完中文版 PROTEUS 7 Professional 软件后,单击屏幕左下方的"开始"→"程序"→"PROTEUS 7 Professional"→"ISIS 7　Professional",出现如图 2.2.1 所示的界面,表明进入 PROTEUS ISIS 集成环境。

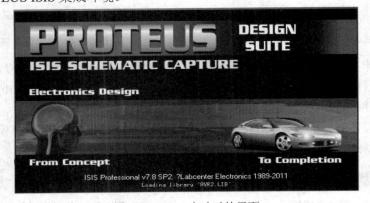

图 2.2.1　ISIS 启动时的界面

　　PROTEUS ISIS 的工作界面是一种标准的 Windows 界面，如图 2.2.2 所示，包括标题栏、主菜单、标准工具栏、绘图工具栏、状态栏、对象选择按钮、预览对象方位控制按钮、仿真进程控制按钮、预览窗口、对象选择器窗口、图形编辑窗口。

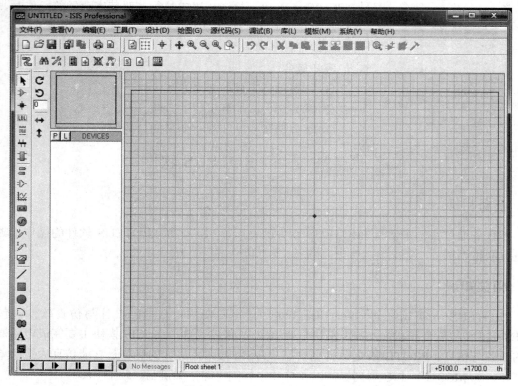

图 2.2.2　PROTEUS 窗口界面

下面对工具栏和窗口内各部分的功能进行说明。

　　(1) 显示命令按钮如图 2.2.3 所示，从左到右依次是刷新显示、切换网络、切换伪原点、光标居中、放大、缩小、缩放到整图、缩放到区域。

　　(2) 部分编辑操作按钮如图 2.2.4 所示，从左到右依次是块复制、块移动、块旋转、块删除、从库中选取器件、创建器件、封装工具、分解。

图 2.2.3　显示命令按钮 　　　　　　　　　　图 2.2.4　编辑操作按钮

　　(3) 设计操作按钮如图 2.2.5 所示，从左到右依次是切换自动连线器、搜索选中器件、属性分配工具、设计浏览器、新页面、移除/删除页面、退出到父页面、查看 BOM 报告、查看电气报告、生成网络表并传输到 ARES。

　　(4) 选择原理图对象的放置类型，如图 2.2.6 所示，从左到右依次是选择模式、元件模式、节点模式、连线标号模式、文字脚本模式、总线模式、子电路模式。

图 2.2.5　设计操作按钮 　　　　　　　　　　图 2.2.6　原理图对象放置类型按钮

(5)选择放置仿真调试工具，如图 2.2.7 所示，从左到右依次是终端模式、器件引脚模式、图标模式、录音机模式、激励源模式、电压探针模式、电流探针模式、虚拟仪器模式。

(6)图形工具选择图标，如图 2.2.8 所示，从左到右依次是 2D 图形直线模式、2D 图形框体模式、2D 图形圆形模式、2D 图形弧线模式、2D 图形闭合路径模式、2D 图形文本模式、2D 图形符号模式。

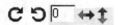

图 2.2.7　放置仿真调试工具按钮

图 2.2.8　图形工具选择图标按钮

(7)方向工具栏如图 2.2.9 所示，从左到右依次是顺时针旋转、逆时针旋转、给定旋转度数、X-镜像、Y-镜像。

(8)仿真工具栏，如图 2.2.10 所示。从左到右依次是开始、帧进、暂停、停止。

图 2.2.9　方向工具栏　　　　　　　　　　图 2.2.10　仿真工具栏

(9)元件列表栏如图 2.2.11 所示。用于挑选元件、终端接口、信号发生器和仿真图表等。单击 P 按钮会打开挑选元件对话框，选择其中一个元件，单击"确定"按钮，该元件就显示在列表中。以后只要用到该元件，就可以直接在列表中选择。

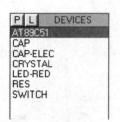

图 2.2.11　元件列表栏

(10)右边大的窗口是原理图编辑窗口，是用来绘制原理图的。蓝色方框内是可编辑区，将需要的元件放在里面。由于窗口没有滚动条，需要借助预览窗口来改变原理图的可视范围。

(11)左上角是预览窗口。该窗口通常显示整个电路图的缩略图。在预览窗口上单击，将会有一个矩形绿框标示出在编辑窗口中显示的区域，因此通过改变绿色方框的位置，可以改变原理图的可视范围。其他情况下，预览窗口显示将要放置对象的预览图。

2.　PROTEUS 软件建立仿真电路

下面就以建立一个和在 Keil 简介中介绍的工程项目相配套的 PROTEUS 工程为例来详细介绍 PROTEUS 软件建立仿真电路的操作方法。

1)建立设计文件

使用菜单"文件"→"新建设计"出现如图 2.2.12 所示的选择模板对话框，其中 Landscape 为横向图纸，Portrait 为纵向图纸，DEFAULT 为默认模板，选择默认模板，单击 🖫 按钮保存为 test.dsn，默认扩展名为.dsn。

2)添加元件到元件列表

以 Keil 的流水灯为例，此任务中用到的元件有 AT89C51、电阻 R、电容 C、发光二极管、地和电源等。单击 P 按钮，就可以选择元器件。

(1)在"关键字"文本框中输入需要的元器件名称，搜索列表就显示在"结果(8)："相应栏中。图 2.2.13 是 AT89C51 的搜索结果。

　　(2)双击选择的元件就可添加到元件列表栏中。

　　(3)如果非常熟悉元件库，可以结合类别、子类别、制造商和结果窗口来选择元器件。图 2.2.14 用来选择电容元件 。结合这两种方法将所有的元器件添加到元件列表中，如图 2.2.15 所示。

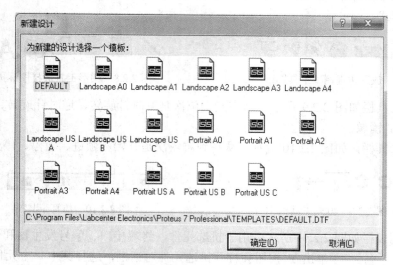

图 2.2.12　图纸模板选择

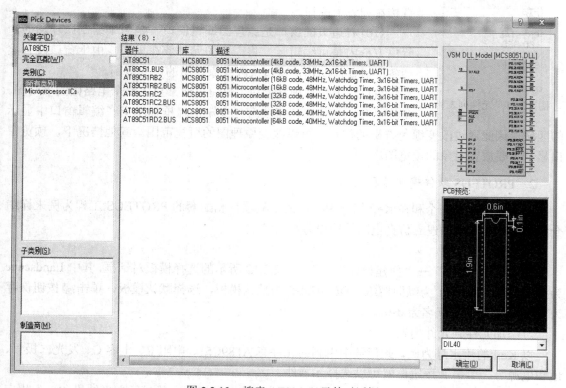

图 2.2.13　搜索 AT89C51 元件对话框

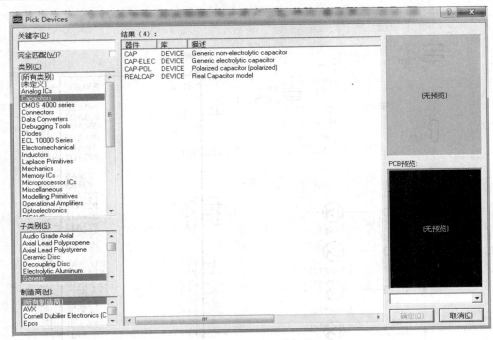

图 2.2.14　添加电容元件

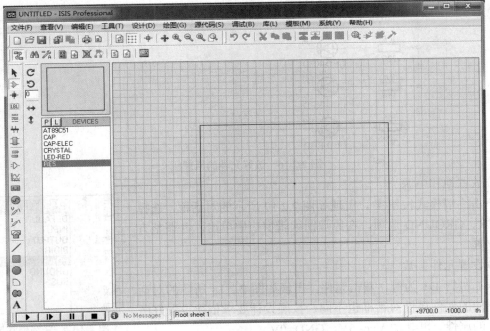

图 2.2.15　添加所有元件后的窗口

3) 放置元件

首先在元件列表中选取器件，然后在原理图编辑窗口中单击，这样元件就被放到原理图编辑窗口中了。将所需元件一一放置到原理图窗口中，并调整各元件的方向、位置，如图 2.2.16 所示。

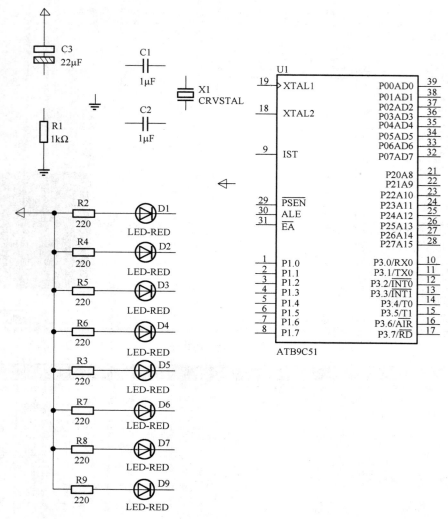

图 2.2.16　放好元件的原理图

4）放置地和电源

单击终端模式按钮 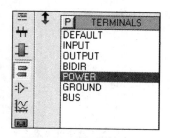，出现如图 2.2.17 所示的对话框，选择 POWER、GROUND 选项，在原理图编辑窗口中单击，并调整方向、位置。

5）设置元件参数

以二极管 D1 为例，双击元件，出现如图 2.2.18 所示的对话框。不同的元件属性对话框也不同，按照设计要求依次设置好所有元件的属性。默认的 Vcc=5V，GND=0V。

图 2.2.17　终端模式按钮

6）连线

PROTEUS ISIS 的智能化表现在画线时能自动检测。下面将电阻 R2 的右端和 D1 的左端连接起来。将鼠标靠近 R2 端的连接点，当指针出现一个粉红色的"□"时，单击，用同样的方法找 D1 的连接点，出现一个粉红色的"□"，同时屏幕上出现了粉红色的连线，单击后变成了深绿色。

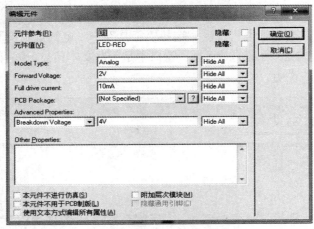

图 2.2.18　编辑元件对话框

PROTEUS 还具有线路自动选路功能。通过工具条的 按钮来打开或关闭自动连线器。例如，当选中 D1 和 P1.0 时，会自动出现一个合适的连线路径。

依次完成其他连线，如图 2.2.19 所示。在连线过程中，按 Esc 键或右击放弃画线。

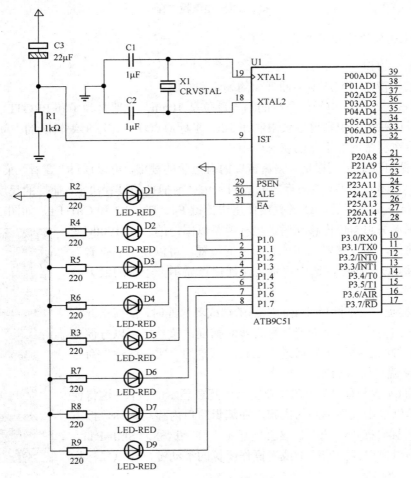

图 2.2.19　流水灯原理图

7) 电气检测

电路设计完成后，要进行电气检测。选择"工具"→"电气规则检测"菜单或单击电气检测按钮，出现如图 2.2.20 所示的对话框。窗口中是一些文本信息，并有电气检查结果列表。如果出错，会有详细的说明。

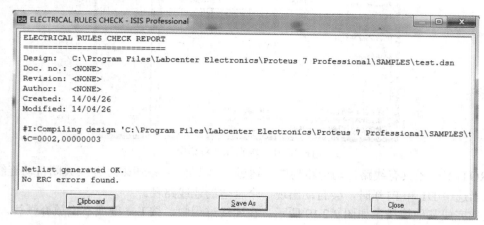

图 2.2.20　电气检测窗口

3. PROTEUS 软件常用工具

1) 图形编辑窗口

在图形编辑窗口内完成电路原理图的编辑和绘制。

(1) 坐标系统。ISIS 中坐标系统的基本单位是 10nm，主要是为了和 PROTEUS ARES 保持一致。但坐标系统的识别单位被限制在 1th。坐标原点默认在图形编辑区的中间，图形的坐标值能够显示在屏幕的右下角的状态栏中。

(2) 点状栅格与捕捉到栅格。编辑窗口内有点状的栅格，可以通过"查看"菜单的"网格"命令在打开和关闭间切换。点与点之间的间距由当前捕捉的设置决定。捕捉的尺度可以由"查看"菜单的 Snap 命令设置，或者直接使用快捷键 F4、F3、F2 和 Ctrl+F1，如图 2.2.21 所示。

鼠标在图形编辑窗口内移动时，坐标值是以固定的步长 100th 变化，这称为捕捉，如果想要确切地看到捕捉位置，可以使用"查看"菜单的"光标(X)"命令，选中后将会在捕捉点显示一个小的或大的交叉十字。

(3) 实时捕捉。当鼠标指针指向引脚末端或者导线时，鼠标指针将会被捕捉到这些物体，这种功能被称为实时捕捉，该功能可以方便地实现导线和引脚的连接。可以通过"工具"菜单的"实时标注"命令或者按 Ctrl+N 键切换该功能。

图 2.2.21　查看菜单

(4) 视图的缩放与移动。单击预览窗口中想要显示的位置，这将使编辑窗口显示以单击处为中心的内容。在编辑窗口内移动鼠标，按下 Shift 键，用鼠标"撞击"边框，这会使显示平移，这称为 Shift-Pan。用鼠标指向编辑窗口并按缩放键或者操作鼠标的滚动键，会以鼠标指针位置为中心重新显示。

2) 图形编辑的基本操作

(1) 对象放置，放置对象的步骤如下。

第一，根据对象的类别在工具箱选择相应模式的图标。

第二，根据对象的具体类型选择子模式图标。

第三，如果对象类型是元件、端点、引脚、图形、符号或标记，从选择器里选择想要对象的名字。对于元件、端点、引脚和符号，可能首先需要从库中调出。

第四，如果对象是有方向的，将会在预览窗口显示出来，可以通过预览对象方位按钮对对象进行调整。

第五，指向编辑窗口并单击放置对象。

(2) 选中对象。用鼠标指向对象并右击可以选中该对象。该操作选中对象并使其高亮显示，然后可以进行编辑。选中对象时该对象上的所有连线同时被选中。要选中一组对象，可以通过依次在每个对象右击选中每个对象的方式，也可以通过右键拖出一个选择框的方式，但只有完全位于选择框内的对象才可以被选中。在空白处右击可以取消所有对象的选择。

(3) 删除对象。用鼠标指向选中的对象并右击可以删除该对象，同时删除该对象的所有连线。

(4) 拖动对象。用鼠标指向选中的对象并用左键拖曳可以拖动该对象。该方式不仅对整个对象有效，而且对对象中单独的 label 也有效。如果错误拖动一个对象，所有的连线都变成了一团糟，则可以使用撤销操作恢复原来的状态。

(5) 调整对象大小。子电路、图表、线、框和圆可以调整大小。当选中这些对象时，对象周围会出现黑色小方块，叫做"手柄"，可以通过拖动这些"手柄"来调整对象的大小。调整对象大小的步骤如下。

第一，选中对象。

第二，如果对象可以调整大小，对象周围会出现黑色小方块，叫做"手柄"。

第三，用鼠标左键拖动这些"手柄"到新的位置，可以改变对象的大小。在拖动的过程中手柄会消失以便不和对象的显示混叠。

(6) 调整对象的朝向。

许多类型的对象可以调整朝向为 0°、90°、270°、360°，或通过 x 轴和 y 轴镜像。当该类型对象被选中后，图标会从蓝色变为红色，然后右击，在快捷菜单中选择来改变对象的朝向。

4. 仿真单片机最小系统

单片机最小系统或者称为最小应用系统，是指用最少的元件组成的单片机可以工作的系统。对于 51 系列单片机，单片机、电源、复位电路、振荡电路便组成了一个最小系统。最小系统原理图如图 2.2.22 所示。

1) 电源供电模块

对于一个完整的电子设计，首要问题就是为整个系统提供电源供电模块，电源模块的稳定可靠是系统平稳运行的前提和基础。51 单片机虽然使用时间最早、应用范围最广，但是在实际使用过程中，一个典型的问题就是相比其他系列的单片机，51 单片机更容易受到干扰而出现程序跑飞的现象，克服这种现象出现的一个重要手段就是为单片机系统配置一个稳定可靠的电源供电模块。

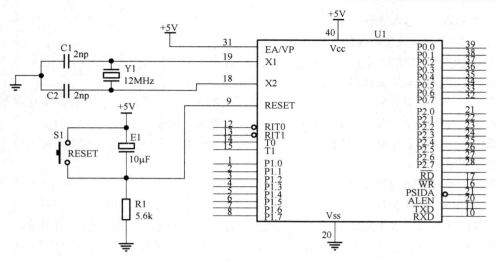

图 2.2.22　最小系统电路图

此最小系统中的电源供电模块的电源可以通过计算机的 USB 口供给，也可使用外部稳定的 5V 电源供电模块供给。如图 2.2.23 所示，电源电路中接入了电源指示 LED，图中 R11 为 LED 的限流电阻。S1 为电源开关。

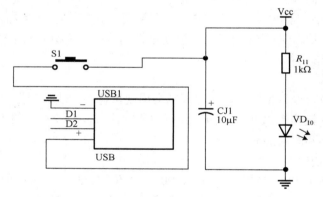

图 2.2.23　电源模块电路图

2）复位电路

无论在单片机刚开始接上电源时，还是运行过程中发生故障都需要复位。单片机的置位和复位，都是为了把电路初始化到一个确定的状态，并从这个状态开始工作。

单片机复位电路原理是在单片机的复位引脚 RST 上外接电阻和电容，实现上电复位。复位电平持续两个机器周期以上时复位有效。复位电平的持续时间必须大于单片机的两个机器周期。具体数值可以由 RC 电路计算出时间常数。复位电路由按键复位和上电复位两部分组成，如图 2.2.24 所示。

（1）上电复位。利用电容充电来实现复位。51 系列单片机为高电平复位，通常在复位引脚 RST 上连接一个电容到 Vcc，再连接一个电阻到 GND，由此形成一个 RC 充放电回路。只要保证 RST 引脚上高电平出现的时间大于两个机器周期，便可以实现正常复位。这个电阻和电容的典型值为 10kΩ和 10μF。

(2) 按键复位。按键复位就是在复位电容上并联一个开关,当开关按下时电容被放电、RST 也被拉到高电平,而且由于电容的充电,会保持一段时间的高电平来使单片机复位。

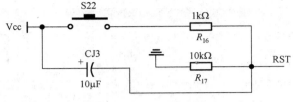

图 2.2.24　复位电路图

3) 振荡电路

单片机系统里都有晶振,在单片机系统里晶振的作用非常大,全称为晶体振荡器,它结合单片机内部电路产生单片机所需的时钟频率,单片机晶振提供的时钟频率越高,单片机运行速度就越快,单片机一切指令的执行都是建立在单片机晶振提供的时钟频率基础之上的。单片机工作时,从取指令到译码再进行微操作,必须在时钟信号控制下才能有序地进行,时钟电路就是为单片机工作提供基本时钟的。

单片机晶振的作用就是为系统提供基本的时钟信号。通常一个系统共用一个晶振,便于各部分保持同步。晶振通常与锁相环电路配合使用,以提供系统所需的时钟频率。如果不同子系统需要不同频率的时钟信号,可以用与同一个晶振相连的不同锁相环来提供。

振荡电路如图 2.2.25 所示,在单片机 XTAL1 和 XTAL2 引脚上跨接上一个晶振和两个稳频电容,可以与单片机片内的电路构成一个稳定的自激振荡器。AT89C51 使用 11.0592MHz 的晶体振荡器作为振荡源,外接电容的作用是对振荡器进行频率微调,使振荡信号频率与晶振频率一致,同时起到稳定频率的作用,电容容量一般为 15~50pF。

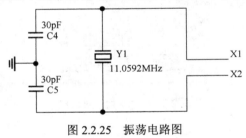

图 2.2.25　振荡电路图

5.　PROTEUS 与 Keil 软件联调

1) PROTEUS 与 Keil 联机

(1) 先从网上下载 PROTEUS 与 Keil 联调用的 VDM51.DLL 文件。

(2) 把此文件复制到 Keil\C51\BIN 目录中。

(3) 修改 Keil 安装目录下 Tools.ini 文件,在 C51 字段加入 TDRV8=BIN\VDM51.DLL (PROTEUS VSM MONITOR-51 DRIVER)并保存。注意:不一定要用 TDRV8,根据原来字段选用一个不重复的数值就可以了。引号内的名字随意。

(4) 在 PROTEUS 的调试菜单中勾选"使用远程调试监控"。

(5) 在 Keil 中进入"为目标'目标 1'设置选项"对话框,在"调试"页面中选择使用 "PROTEUS VSM MONITOR-51 DRIVER",如图 2.2.26 所示。

（6）单击"设置"按钮，如果是同一台机器就默认设置，如果是另一台就填那台机器的 IP 地址，端口号一定是 8000。如图 2.2.27 所示。

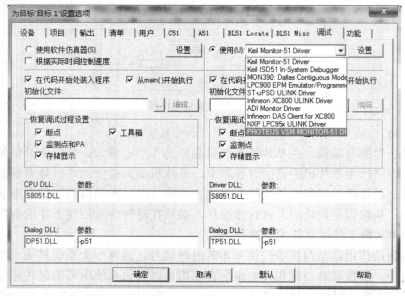

图 2.2.26　调试页面窗口

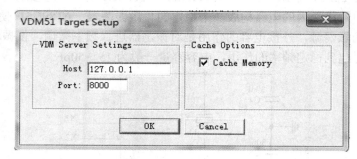

图 2.2.27　"设置"对话框

2）添加仿真文件

（1）通过 Keil 生成仿真文件。

首先打开工程 test.Uv4。

然后打开"为目标'目标 1'设置选项"对话框如图 2.2.28 所示，在输出页面中勾选"产生 HEX 文件"复选框。

最后对 Keil 工程进行编译、连接，生成 test.hex 文件。

（2）通过 PROTEUS 生成仿真文件。

第一，添加程序。单击菜单"源代码"，有 5 个选项。选择"添加/移除源代码"，如图 2.2.29 所示，通过单击"新建"、"更改"按钮将 test.c 文件加入。

第二，"设定代码生成工具"对话框如图 2.2.30 所示，根据微处理器的语言类型选择合适的编译系统。当单击建立所有的选项时，利用这个工具将汇编语言文本文件翻译成机器代码文件。

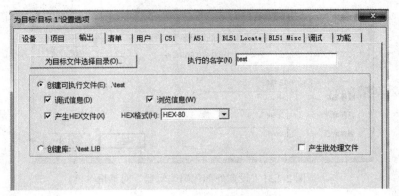

图 2.2.28　"输出"页面

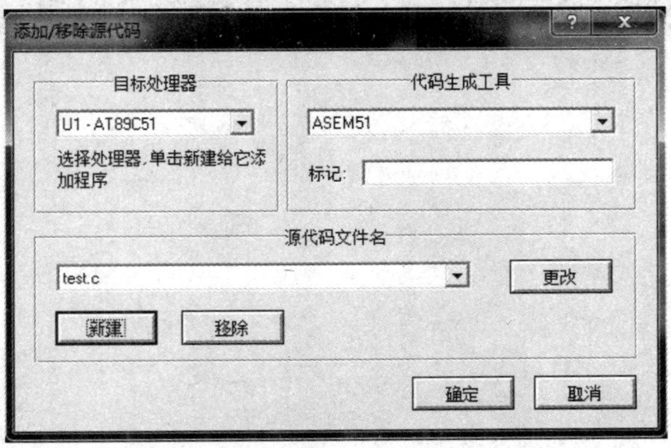

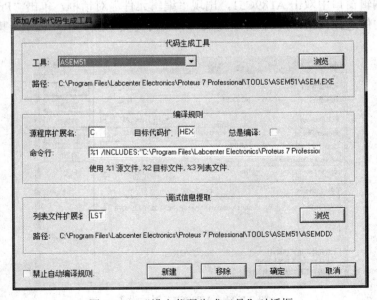

图 2.2.29　"添加/移除源代码"对话框

第三，"设置外部代码编辑器"对话框如图 2.2.31 所示，采用 PROTEUS 系统自带的 SRCEDIT.EXE。

图 2.2.30　"设定代码生成工具"对话框

图 2.2.31 "设置外部代码编辑器"对话框

第四，编译程序。选择"全部编译"，当程序正确时出现如图 2.2.32 所示的对话框。

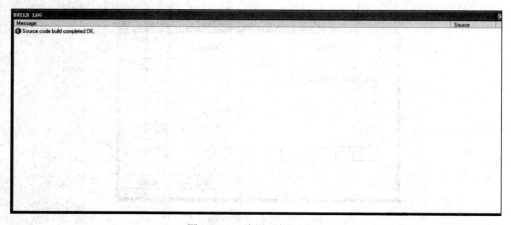

图 2.2.32　编译后提示信息

(3)添加仿真文件。

在原理图编辑窗口中双击 AT89C51，出现"编辑元件"对话框，单击"Program File"右侧文本框旁的文件选择按钮，找到 test.hex 文件，就可将其添加到单片机中，其他属性设置如图 2.2.33 所示。

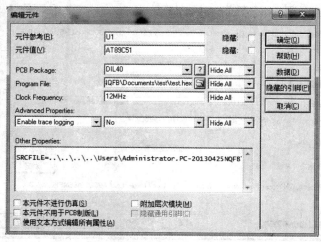

图 2.2.33　AT89C51 属性设置

3) 系统调试

单击"调试"主菜单下"开始/重新启动调试"选项或单击编辑窗口下边的仿真按钮，即可出现图 2.2.34 所示的界面，开始执行程序。右上角为调试工具栏，如图 2.2.35 所示，从左到右依次为运行仿真，即连续运行程序；单步跃过命令行，即单步执行指令，跳过子函数内部单步运行；单步进入命令行，即单步执行指令，进入子函数内部单步运行；单步跳出命令行，即跳过当前函数运行；运行到命令行，即运行到当前光标所在的指令行；切换断点，进行断点设置。

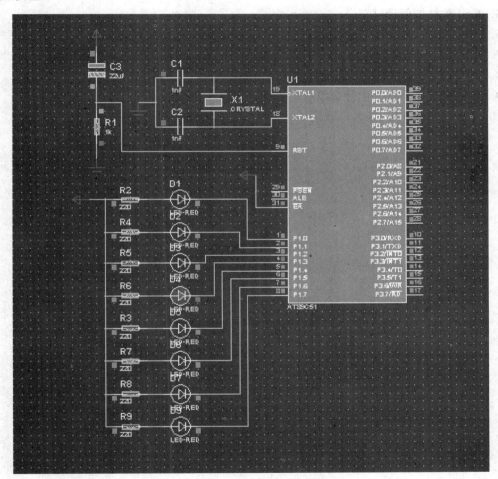

图 2.2.34　PROTEUS 仿真调试界面

图 2.2.35　PROTEUS 仿真调试工具栏

应知应会

(1) 掌握 Keil 软件的基本使用，会建立工程、源文件。

(2) 掌握 PROTEUS 软件的基本使用，会绘制原理图。

(3) 了解单片机最小系统的构成。掌握联机调试的方法。

思考题与习题

1. Keil 软件怎样建立工程？
2. Keil 软件怎样建立源程序？
3. Keil 软件如何对工程进行详细的设置？
4. 什么是仿真调试？
5. Keil 软件如何调试？
6. PROTEUS 软件怎样建立设计文件？
7. PROTEUS 软件怎样添加元件？
8. PROTEUS 软件怎样设置元件参数？
9. 单片机最小系统都由什么组成？
10. Keil 和 PROTEUS 怎样联调？

项目三 C 语言基础知识

C 语言是一种编译型程序设计语言，兼顾了许多高级语言的特点和一定的汇编语言功能。其书写格式比较自由，具有完善的模块化程序结构，语言中含有功能丰富的库函数，具有运算速度快，编译效率高，有良好的可移植性等优点，而且可以实现对系统硬件的直接控制。因此，使用 C 语言进行程序设计已成为目前单片机及嵌入式系统开发的主流。

本任务知识要点如下。

(1) 掌握二进制、八进制、十进制、十六进制及其相互转换。

(2) 掌握原码、反码、补码的概念及转换，了解二进制补码的运算。

(3) 理解常用 8421BCD 码和可靠性代码。

(4) 掌握单片机 C 语言的基本组成和语句功能。

(5) 能够使用 C 语言进行编程。

(6) 掌握 C51 的流程控制语句。

(7) 熟悉 C51 函数。

重点 C 语言的语句功能。

难点 C 语言的编程。

任务一 数制与逻辑

在日常生活中经常使用的是十进制计数，除此之外，也有用二进制、八进制和十六进制计数的。计数的方式称为数制，数制就是多位数码中每一位的构成方法以及从低位到高位的进位规则。为了区别不同的进位的进制，一般在数字后面加上数制，如 2 代表二进制，16 代表十六进制等；也可以用字母表示数制，如 B (Binary) 代表二进制，O (Octal) 代表八进制，D (Decimal) 代表十进制，H (Hexadecimal) 代表十六进制。

一、常见的数制

在单片机中的一切信息，包括数值、字符、指令等的存储、处理和传送均采用二进制的形式。二进制数只有"0"和"1"两个数字符号，能表示两种状态，在电路中利用二进制进行操作和运算比较容易实现，符合单片机的特点。但是二进制阅读和书写比较复杂，利用二进制向十六进制转换很简单的特点，于是人们在阅读和书写时常采用十六进制。

1. 二进制数

二进制数码只有两个，用 0、1 表示，计数采用"逢二进一"的规则，位权表示为以 2 为底的幂。

4 位二进制数称为半字节。8 位二进制数称为一字节。16 位二进制数称为一个字。

例如，二进制数 11011011.01 可表示为$(11011011.01)_2=1\times2^7+1\times2^6+0\times2^5+1\times2^4+1\times2^3+0\times2^2+1\times2^1+1\times2^0+0\times2^{-1}+1\times2^{-2}$。

2. 八进制数

八进制的数码有 8 个，用 0、1、2、3、4、5、6、7 表示，计数采用"逢八进一"的规则，位权表示为以 8 为底的幂。

例如，八进制数$(607.02)_O$可表示$(607.02)_O=6\times8^2+0\times8^1+7\times8^0+0\times8^{-1}+2\times8^{-2}$。

3. 十六进制数

十六进制的数码有 16 个，用 0、1、2、3、4、5、6、7、8、9、A、B、C、D、E、F 表示，计数规则采用"逢十六进一"，位权为以 16 为底的幂。

1 位十六进制可用 4 位二进制数表示。

例如，十六进制数$(5C2.48)_H$可表示为$(5C2.48)_H=5\times16^2+12\times16^1+2\times16^0+4\times16^{-1}+8\times16^{-2}$。

二、不同数制间的转换

1. 二、八、十六进制数转换成为十进制数

根据各进制的定义表示方式，按权展开相加，即可转换为十进制数。

例 3.1.1 将$(10101)_B$、$(56)_O$、$(49)_H$转换为十进制数。

$(10111)_B=1\times2^4+0\times2^3+1\times2^2+1\times2^1+1\times2^0=39$

$(56)_O=5\times8^1+6\times8^0=46$

$(4B)_H=4\times16^1+11\times16^0=75$

2. 十进制数转换为二进制数

将一个带有整数和小数的十进制数转换成二进制数时，必须将整数部分和小数部分分别按除 2 取余法和乘 2 取整法进行转换，然后将两者的转换结果合并起来即可。

(1)整数部分：除 2 取余法。

具体方法是：将要转换的十进制数依次除以 2，逆取余数，即将每次得到的余数按倒序的方法排列起来作为结果。

例 3.1.2 将十进制数 25 转换成二进制数

```
2|  26   余数
 2|  12   1   ← 最低位
  2|  6   0
   2| 3   0
    2|1   1
      0   1   ← 最高位
```

(2)小数部分：乘 2 取整法。

具体方法是：将十进制小数不断地乘以 2，直到积的小数部分为零(或直到所要求的位数)为止，每次乘得的整数依次排列即为相应进制的数码。最初得到的为最高有效数位，最后得到的为最低有效数字。

例3.1.3　将十进制数0.625转换成二进制数。

```
        0.625
    ×     2
       1.250        1    最高位
    ×     2
        0.5         0      │
    ×     2                ↓
        1.0         1    最低位
```

例3.1.4　将十进制数25.625转换成二进制数,只要将上例整数和小数部分组合在一起即可,即$(25.625)_D=(11001.101)_B$

需要说明的是,小数部分乘2取整的过程,不一定能使最后乘积为0,因此转换值存在误差。通常在二进制小数的精度已达到预定的要求时,运算便可结束。

同理,若将十进制数转换成任意R进制数$(N)_R$,则整数部分转换采用除R取余法;小数部分转换采用乘R取整法。

3. 二进制数与八进制数、十六进制数之间的相互转换

用3位二进制数可以表示出1位八进制数,用4位二进制数可以表示出1位十六进制数,因此二进制数与八进制数和十六进制数之间的相互转换是很方便的。

二进制数转换成八进制数的方法是从小数点开始,分别向左、向右,将二进制数按每3位一组分组(不足3位的补0),然后写出每一组等值的八进制数。

例3.1.5　求$(1101110011.1011)_2$的等值八进制数。

二进制　001　101　110　011 . 101　100
八进制　1　　5　　6　　3　.　5　　4

二进制数转换成十六进制数的方法和二进制数与八进制数的转换相似,从小数点开始分别向左、向右将二进制数按每4位一组分组(不足4位补0),然后写出每一组等值的十六进制数。

例3.1.6　求$(1101110011.1011)_2$的等值十六进制数。

二进制　　0011　0111　0011 . 1011
十六进制 3　　　7　　　3　.　B

八进制数、十六进制数转换为二进制数是将每1位八进制数(或十六进制数)用相应的3位(或4位)二进制数代替。

例如,将十六进制数$(79BD.6C)_H$转换为二进制。

　　　　7　9　B　D . 6　C
　　0111 1001 1011 1101 . 0110 1100

即$(79BD.6C)_H=(111100110111101.011011)_B$

4. 不同进制数之间的相互转换

表3.1.1列出了二、八、十、十六进制数之间的对应关系,熟记这些对应关系会对后续内容的学习有较大的帮助。

表 3.1.1　各种进位制的对应关系

十进制	二进制	八进制	十六进制	十进制	二进制	八进制	十六进制
0	0	0	0	9	1001	11	9
1	1	1	1	10	1010	12	A
2	10	2	2	11	1011	13	B
3	11	3	3	12	1100	14	C
4	100	4	4	13	1101	15	D
5	101	5	5	14	1110	16	E
6	110	6	6	15	1111	17	F
7	111	7	7	16	10000	20	10
8	1000	10	8	17	10001	21	11

三、数据在单片机中的表示方法

在实际计算中，数有正、负之分，而单片机只识别以二进制形式存储的数据，即参加运算数值的"+"、"-"符号也是用二进制表示的。那么怎样让单片机来识别数的正负呢？

对于负数还采用反码或补码表示，这样表示的目的将负数转化为正数，使减法转变为单纯的加法操作。目前，在计算机系统中，均采用补码表示负数。下面对计算机中的码制做些简要的介绍。

1. 机器数与真值

机器数是指机器中数的表示。它将数值连同符号位放在一起，其长度一般是 8 的整数倍。机器数通常有两种：有符号数和无符号数。有符号数用最高位表示符号位，通常用一位二进制表示符号，称为"符号位"，放在有效数字的前面，用"0"表示正，用"1"表示负。有符号数的最高位是符号位，其余各位用来表示数的大小；无符号数的所有各位都用来表示数的大小。这样组成的数据就是真值，真值是指机器数所代表的实际数值。

例 3.1.7　真值为 $(-0101100)_B$ 的机器数为 10101100，存放在机器中，如图 3.1.1 所示。

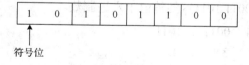

符号位

图 3.1.1　机器数

要注意的是，机器数表示的范围受到字长和数据类型的限制。只要字长和数据类型确定，机器数能表示的数值范围也就定了。

例如，若表示一个整数，字长为 8 位，则最大的正数为 01111111，最高位为符号位，即最大值为 127。若数值超出 127，就要溢出。最小负数为 10000000，最高位为符号位，即最小值为-128。

2. 有符号数的表示方法

有符号数的表示方法有原码、反码和补码三种形式，下面分别加以介绍。

1）原码

用原码表示一个带符号的二进制数，其最高位为符号位，用 0 表示正数，用 1 表示负数。

$$
\begin{array}{ccc}
 & \text{符号位} & \text{数值位} \\
\end{array}
$$

例如，正数　x = +1001100B　　　0　　1001100　　[x]原= 01001100B

　　　　负数　x = − 1001100B　　　1　　1001100　　[x]原= 11001100B

原码表示法即在数值的前面直接加一符号位的表示法。

注意　在原码表示法中，数 0 的原码有两种形式：即[+0]原=00000000 ，[−0]原=10000000 。

2）反码

反码在计算机中，对于正数，符号位为"0"，数值部分保持不变；对于负数来说，除了在符号位上表示"1"外，其数值部分的各位都取它相反的数码，即"0"变"1"、"1"变"0"。

例如，正数　　　　x = +1001100B　　　[x]反= 01001100B

　　　　负数　　　　x = −1001100B　　　[x]反= 10110011B

注意　数 0 的反码也有两种形式：即:[+0]反=00000000=00H, [−0]反=11111111=ffH

3）补码

补码在计算机中，对于正数，符号位为"0"，数值部分保持不变；对于负数，除了在符号位上表示"1"外，其数值部分的各位都取它相反的数码，然后在最低位加"1"。

例如，正数　　　　x = +1001100B　　　[x]补= 01001100B

　　　　负数　　　　x = −1001100B　　　[x]补=[x]反+1=10110011B+1=10110100B

由于补码表示数的形式是唯一的，因此在计算机有符号数必须以补码形式来存放和参与运算。补码在使用时要注意以下几点。

（1）采用补码后，可以方便地将减法运算转化为加法运算，运算过程得到简化。

例 3.1.8　计算 35−28 可转化为 35+（−28），分别求出 35 与−28 的补码后，按其补码加法运算，如下所示：

$$
\begin{array}{r}
[35]_{补} = 00100011 \\
+ \ [-28]_{补} = 11100100 \\
\hline
[+7]_{补} = 00000111
\end{array}
$$

（2）采用补码进行运算，所得结果仍为补码。为了得到结果的真值，还得进行转换（还原）。转换前应先判断符号位，若符号为"0"，则所得结果为正数，其值与真值相同；若符号位为"1"，则应将它转换成原码，然后才得到它的真值。

（3）补码与原码、反码不同，数值 0 的补码只有一个，即[0]补=00000000B=00H。

（4）若字长为 8 位，则补码所表示的范围为−128～+127；若字长为 16 位，则补码所表示的范围为−32768～+32767。

（5）进行补码运算时，应注意所得结果不应超过上述补码所能表示数的范围，否则会产生溢出而导致错误。采用其他码制运算时同样应注意这一问题。

四、常见的信息编码

1. ASCⅡ码

计算机使用最多、最普遍的是 ASCⅡ（American Standard Code For Information Interchange）字符编码，即美国信息交换标准代码，见附录 A。

ASCⅡ码的每个字符用 7 位二进制数表示，其排列次序为 d6d5d4d3d2d1d0, d6 为高位，

d0 为低位。而一个字符在计算机内实际是用 8 位表示。正常情况下，最高一位 d7 为 “0”。7 位二进制数共有 2^8=128 种编码组合，从 0～127 可表示 128 个字符，其中有数字 10 个、大小写英文字母 52 个、其他字符 32 个和控制字符 34 个。

要确定某个字符的 ASCⅡ 码，在表中可先查到它的位置，然后确定它所在位置的相应列和行，最后根据列确定高位码(d6d5d4)，根据行确定低位码(d3d2d1d0)，把高位码与低位码合在一起就是该字符的 ASCⅡ 码。例如，数字 8 的 ASCⅡ 码为 00111000B，即十六进制为 38H；字符 B 的 ASCⅡ 码为 01000010，即十六进制为 42H 等。

数字 0～9 的 ASCⅡ 码为 30H～39H。

大写英文字母 A～Z 的 ASCⅡ 码为 41H～5AH。

小写英文字母 a～z 的 ASCⅡ 码为 61H～7AH。

对于 ASCⅡ 码表中的 0、A、a 的 ASCⅡ 码 30H、41H、61H 应尽量记住，其余的数字和字母的 ASCⅡ 码可按数字和字母的顺序以十六进制的规律写出。

ASCⅡ 码主要用于微机与外设的通信。微机接收键盘信息、微机输出到打印机、显示器等信息都是以 ASCⅡ 码形式进行数据传输。

2.　二-十进制 BCD 码

二-十进制 BCD 码(Binary-Coded Decimal)是指每位十进制数用 4 位二进制数编码表示。由于 4 位二进制数可以表示 16 种状态，可丢弃最后 6 种状态，而选用 0000～1001 来表示 0～9 十个数符。这种编码又叫作 8421 码，如表 3.1.2 所示。

表 3.1.2　十进制数与 BCD 码的对应关系

十进制数	BCD 码	十进制数	BCD 码
0	0000	5	0101
1	0001	6	0110
2	0010	7	0111
3	0011	8	1000
4	0100	9	1001

例 3.1.9　将 57.23 转换成 8421BCD 码。

$$5\quad 7\ .\ 2\quad 3$$
$$0101\ 0111\ .\ 0010\ 0011$$

结果为 57.23=(0101 0111 . 0010 0011)$_{8421BCD}$

例 3.1.10　将 8421 BCD 码 100110000111.01100101 转换成十进制数。

$$1001\quad 1000\quad 0111\ .\ 0110\quad 0101$$
$$9\qquad 8\qquad 7\ .\ 6\qquad 5$$

结果为(100110000111.01100101)$_{8421BCD}$=987.65

任务二　C 语言的基础知识

实际应用中常用 C 语言进行编程，标准 C 语言的主要结构特点有以下几点。

(1)语言简洁、紧凑，使用方便、灵活。标准 C 语言共有 32 个关键字、9 种控制语句。程序书写形式自由，与其他高级语言相比，程序简练、简短。

(2)运算符、表达式丰富。标准 C 语言包括 34 种运算符，而且把括号、赋值、强制类型转换等都作为运算符处理。表达式灵活、多样，可以实现各种各样的运算。

(3)数据结构丰富，具有现代化语言的各种各样的数据结构。标准 C 语言的数据类型有整型、实型、字符型、数组类型、指针类型等，并能用来实现各种复杂的数据结构。

(4)可进行结构化程序设计。标准 C 语言具有各种结构化的程序语句，如 if…else 语句、while 语句、do…while 语句、switch 语句、for 语句等。

(5)可以直接对计算机硬件进行操作。标准 C 语言允许直接访问物理地址，能进行位操作，能实现汇编语言的大部分功能，可以对硬件直接进行操作。

(6)生成的目标代码质量高，程序执行效率高。众所周知，汇编语言生成的目标代码的效率是最高的。但统计表明，对于同一个问题，用 C 语言编写的程序生成目标代码的效率仅比汇编语言编写的程序低 10%～20%。而 C 语言编写程序比汇编语言编写程序方便、容易得多，可读性强，开发时间也短得多。

(7)可移植性好。不同的计算机汇编指令不一样，将汇编语言编写的程序用于另外型号的机型时，必须改写成对应机型的指令代码。而标准 C 语言编写的程序基本上都不用修改就可以用于各种机型和各类操作系统。

一、Keil C51

目前，支持 51 单片机 C 语言程序的编译器有很多种，但使用最为广泛的是 Keil 公司的 Keil C51 编译器。Keil C51 编译器是一个基于 Windows 操作系统的 80C51 单片机集成开发平台，具有广泛的用户基础。它集项目管理、源程序编辑、程序调试于一体，可以编辑、编译、调试为 51 单片机编写的汇编语言程序和 C51 程序。Keil C51 的 μVision2 及以上版本支持 Keil 的各种 80C51 工具，包括 C 编译器、宏汇编器、连接/定位器及 Object-Hex 转换程序，可以帮助用户快速有效地实现单片机系统的设计与调试。

1. Keil C51 的主要功能模块

Keil C51 的主要功能模块如下：
(1)C51 优化 C 编译器；
(2)A51 宏汇编器；
(3)80C51 工具连接器、目标文件转换器、库管理器；
(4)Windows 版 dScope 源程序调试器/模拟器；
(5)Windows 版 μVision 集成开发环境。

2. Keil C51 的编程步骤

使用 Keil C51 编程和用其他软件开发项目时大致一样，按下列步骤编程：
(1)创建 C 或汇编语言源程序；
(2)编译或汇编源文件运算符；
(3)纠正源文件中的错误；

(4) 连接产生目标文件;

(5) 模拟调试用户程序。

Keil C51 编译器在遵循 ANSI 标准的同时,也专为 8051 系列微控制器进行了特别的设计。Keil C51 编译器与标准的 ANSI C 语言编译器相比,主要区别在于前者对 C 语言的扩展能让用户充分使用 51 单片机的所有资源。这些差别主要表现在以下几个方面:

(1) 8051 的存储类型;

(2) 存储模式;

(3) 数据类型;

(4) C51 指针;

(5) 函数。

相对于 ANSI 的 C 编译器而言,Keil C51 编译器的大多数扩展功能都是直接针对 8051 系列微处理器的。充分理解其区别和特点、深入理解并应用 C51 对标准 ANSI C 语言的扩展,是学习 C51 的关键之一。

二、C51 的数据类型

具有一定格式的数字或数值称为数据。数据是计算机操作的对象,无论使用何种语言、算法进行程序设计,最终在计算机中运行的都是数据流,任何程序设计都离不开对数据的处理。数据的不同存储格式称为数据类型,数据按一定的数据类型进行排列、组合、架构则称为数据结构,数据在计算机内存中的存放情况由数据结构决定。C 语言的数据结构是以数据类型出现的,数据类型可分为基本数据类型和复杂数据类型,复杂数据类型由基本数据类型构造而成。

C 语言数据类型包括基本类型、构造类型、指针类型及空类型等。基本类型有位(bit)、字符(char)、整型(int)、短整型(short)、长整型(1ong)、浮点型(float)及双精度浮点型(double)等;构造类型包括数组(array)、结构体(struct)、共用体(union)及枚举类型(enum)等。

对于单片机编程,支持的数据类型和编译器有关,如在 C51 编译器中,整型和短整型相同,浮点型和双精度浮点型相同。表 3.2.1 列出了 C51 的数据类型。

表 3.2.1 C51 的数据类型

数 据 类 型	长　　　度	值　　　域
unsigned char	单字节	0～255
signed char	单字节	−128～+127
unsigned int	双字节	0～65535
signed int	双字节	−32768～+32767
unsigned long	四字节	0～4294967295
signed long	四字节	−2147483648～+2147483647
float	四字节	$\pm 1.175494 \times 10^{-38} \sim \pm 3.402823 \times 10^{38}$
*	1～3 字节	对象的地址
bit	位	0 或 1
sfr	单字节	0～255
sfr16	双字节	0～65535
sbit	位	0 或 1

1. char 字符类型

字符型分为有符号字符型(signed char)和无符号字符型(unsigned char)两种，默认值为有符号型。字符型数据长度为一个字节。有符号字符型数据字节中的最高位为符号位，用于表示数的正负，"0"表示正数，"1"表示负数。有符号字符型数的数值范围为-128~+127，负数用补码表示。无符号字符型数据字节中的位均用来表示数本身，而不包括符号，其数值范围为 0~255。

2. int 整型

整型(int)同样分为有符号整型(signed int)和无符号整型(unsigned int)两种，默认值为有符号整型。整型数据长度为两个字节。有符号整型数据字节中的最高位为符号位，用于表示数的正负，"0"表示正数，"1"表示负数。有符号整型数的数值范围为-32768~+32767。无符号整型数的数值范围为 0~65535。

3. long 长整型

长整型(long)也分为有符号长整型(signed long)和无符号长整型(unsigned long)两种，默认值为有符号长整型。长整型数据长度为 4 个字节。有符号长整型数据字节中的最高位为符号位，用于表示数的正负，"0"表示正数，"1"表示负数。有符号长整型数的数值范围为-2147483648~+2147483647。无符号长整型数的数值范围为 0~4294967295。

4. float 浮点型

单精度浮点型(float)数据占用 4 个字节(32 位二进制数)，在内存中的存放格式如下表3.2.2 所示。

表 3.2.2　float 存放格式

字节地址	0	+1	+2	+3
浮点数内容	MMMMMMMM	MMMMMMMM	E MMMMMMM	S EEEEEEE

其中，S 为符号位，位于最高字节的最高位。"1"表示负数，"0"表示正数。E 为阶码，占用 8 位二进制数，存放在两个高字节中。为了避免出现负的阶码值，阶码 E 值是以 2 为底的指数再加上偏移量 127，指数可正可负。阶码 E 的正常取值范围为 1~254，则实际指数的取值范围为-126~+127。M 为尾数的小数部分，用 23 位二进制数表示，存放在 3 个低字节中。尾数的整数部分永远为 1，因此尾数隐含存在，不予保存。小数点位于隐含的整数位"1"SE-127后面。一个浮点数的数值范围是(-1)×2×(1.M)。

例如：浮点数 124.75=42f94000H，在内存中的存放格式如表 3.2.3 所示。

表 3.2.3　浮点数 124.75 在内存中的存放格式

字节地址	0	+1	+2	+3
浮点数内容	00000000	01000000	1 1111001	0 1000010

需要指出的是，浮点型数据除了有正常数值之外，还可能出现非正常数值。根据 IEEE 标准，当浮点型数据取以下数值(16 进制数)时即为非正常值：

ffffffffh 非数(NaN)；

7f 800000H 正溢出（+INF）；

ff 800000H 负溢出（-INF）。

另外，8051 单片机不包括捕获浮点运算错误的中断向量，需要用户依据可能出现的错误条件用软件方法进行相应的处理。

除了以上 4 种基本数据类型外，还有以下一些数据类型。

5. * 指针型

指针型数据不同于以上 4 种基本数据类型，它本身是一个变量，在这个变量中存放的不是一般的数据而是指向另一个数据的地址。指针变量也要占据一定的内存单元，在 C51 中，指针变量的长度一般为 1～3 个字节。指针变量也具有类型，其表示方法是在指针符号 "*" 的前面冠以数据类型符号。例如，char *point1，表示 point1 是一个字符型的指针变量；float *point2，表示 point2 是一个浮点型的指针变量。指针变量的类型表示该指针所指向地址中数据的类型。使用指针型变量可以方便地对 8051 单片机的各部分物理地址直接进行操作。

6. bit 位标量

位标量（bit）是 C51 编译器的一种扩充数据类型，利用它可定义一个位变量，但不能定义位指针，也不能定义位数组。

7. sfr 特殊功能寄存器型数据

特殊功能寄存器型数据（sfr）是 C51 编译器的一种扩充数据类型，利用它可以访问 8051 单片机内的所有特殊功能寄存器。sfr 型数据占用一个字节内存单元，取值范围为 0～255。

8. sfr16 16 位特殊功能寄存器型数据

16 位特殊功能寄存器型数据（sfr16），占用两个字节的内存单元，取值范围为 0～65535。

9. sbit 可寻址位

可寻址位（sbit）是 C51 编译器的一种扩充数据类型，利用它可以访问 8051 单片机内部 RAM 中的可寻址位或特殊功能寄存器中的可寻址位。例如：

```
sfr P0=0x80;
sbit FLAG1=P0^1;
```

可以将 8051 单片机的 P0 的口地址定义为 0x80，将 P0.1 位定义为 FLAG1。

在 C 语言程序的表达式或变量赋值运算中，有时会出现运算对象的数据类型不一致的情况，C 语言允许任何标准数据类型之间的隐式转换。隐式转换按以下优先级别自动进行：

```
bit→char→int→long→float
signed→unsigned
```

其中箭头方向仅表示数据类型级别的高低，转换时由低向高进行，而不是数据转换时的顺序。例如，将一个 bit 型变量赋给一个 int 型变量时，直接把 bit 型变量值转换成 int 型变量值并完成赋值运算。一般来说，如果有几个不同类型的数据同时参加运算，先将低级别类型的数据转换成高级别类型，再作运算处理，并且运算结果为高级别类型数据。C 语言除了能对数据类型作自动的隐式转换之外，还可以采用强制类型转换符 "()" 对数据类型作显式的人为转换。

三、常量

在程序运行过程中，其值不能被改变的量称为常量。常量的数据类型有整型、浮点型、字符型和字符串型等。

1. 整型常量

整型常量就是整型常数，可表示为以下几种形式。

十进制整数：如 1234、-5678、0 等。

十六进制整数：以 0x 开头的数是十六进制数，如 0x123 表示十六进制数 123H，相当于十进制数 291。-0x1A 表示十六进制数-1AH，相当于十进制数-26。ANSI C 语言标准规定十六进制数的数字为 0~9，再加字母 A~F。

长整数：在数字后面加一个字母 L 就构成了长整数，如 2048L、0123L、0xFF00L 等。

2. 浮点型常量

浮点型常量有十进制数和指数两种表示形式。

十进制数表示形式又称为定点表示形式，由数字和小数点组成，如 0.3141、.3141、314.1、3141.及 0.0 都是十进制数表示形式的浮点型常量。在这种表示形式中，如果整数或小数部分为 0 可以省略不写，但必须有小数点。

指数表示形式为：[±]数字[.数字]e[±]数字

其中，[]为可选项，其中的内容根据具体情况可有可无，其他部分为必须项。如 123e4.5e6、-7.0e-8 等都是合法的指数形式的浮点型常量；而 e9、5e4.3 和 e 都是不合法的表示形式。

3. 字符型常量

在 C 语言中，字符常量是用单引号括起来的单个字符。例如 'a'，'b' 等。对不可显示的控制字符，可以在该字符前面加一反斜杠"\"构成专用转义字符。转义字符可以完成一些特殊功能和输出时的格式控制。常用转义字符如表 3.2.4 所示。

表 3.2.4 常用转义字符表

转义字符	含 义	ASCII码（十六/十进制）
\o	空字符（NULL）	00H/0
\n	换行符（LF）	0AH/10
\r	回车符（CR）	0DH/13
\t	水平制表符（HT）	09H/9
\b	退格符（BS）	08H/8
\f	换页符（FF）	0CH/12
\'	单引号	27H/39
\"	双引号	22H/34
\\	反斜杠	5CH/92

4. 字符串常量

字符串型常量是由一对双引号""括起的字符序列，如"ABCD"、"$1234"等都是字符串常量。当双引号内的字符个数为 0 时，称为空串常量。需要注意的是，字符串常量首尾的双引号是界限符，当需要表示双引号字符串时，要使用转义字符"\"。 如 printf("He said \"I am a student\"\n")；另外，C 语言将字符串常量作为一个字符类型数组来处理，在存储字符串常量时要在字符串的尾部加一个转义字符"\0"作为该字符串常量的结束符。因此不要将字符常量与字符串常量混淆，如字符常量"a"与字符串常量"a"是不一样的。

常量一般用在不必改变值的场合，如固定的数据、数据表和字库等。固定的数据常用标识符来表示，称为符号常量。可以通过 define 宏定义或赋值语句来定义一个符号常量。例如：

```
#define CONST 100          //符号常量 CONST 值为 100
```

在程序中碰到 CONST 的地方，编译器会自动用 100 替换。使用符号常量的好处有如下两点。

(1)含义明确。在单片机程序中，常有一些量具有特定含义，如某单片机系统扩展了一些外部芯片，每一块芯片的地址可以用符号常量定义：

```
#define PORTA 0x7FFF
#define PORTB 0x7FFE
```

程序中可以用 PORTA、PORTB 分别代替 0x7FFF、0x7FFE 对端口进行操作。显然，记住两个符号(给符号常量取名时，要尽量做到见名知意)比记住两个无规律数字容易，且在读程序时能立即知道符号的含义。

(2)改变某一常量时能够"一改全改"。若端口地址发生了变化(如修改了硬件)，由 0x7FFF 改为 0x3FFF，那么只要将宏定义语句稍作改动：

```
#define  PORTA  0x3FFF
```

这样不仅方便，而且能避免出错。

四、变量

1. 变量的定义

变量是在程序执行过程中其值可以改变的量。C 语言程序中的每一个变量都必须有一个标识符作为它的变量名。在使用一个变量之前，必须先对该变量进行定义，指出它的数据类型和存储模式，以便编译系统为它分配相应的存储单元。

C51 中对变量进行定义的格式如下：

[存储种类] 数据类型 [存储器类型] 变量名表；

其中，"存储种类"和"存储器类型"是可选项。变量的存储种类有 4 种：自动(auto)、外部(extern)、静态(static)、寄存器(register)。在定义一个变量时如果省略存储种类选项，则该变量将为自动(auto)变量。变量的数据类型有位变量、字符型变量、整型变量和浮点型变量等。

2. 变量的存储器类型

定义一个变量时除了需要说明其存储种类、数据类型之外，C51 编译器还允许说明变量的存储器类型。Keil C51 编译器完全支持 8051 系列单片机的硬件结构,可以访问其硬件系统的所有部分。对每个变量可以准确地赋予其存储器类型,从而可使其能在单片机系统内准确地定位。存储类型与 8051 单片机实际存储空间的对应关系如表 3.2.5 所示。

表 3.2.5　C51 存储类型与 8051 单片机存储空间的对应关系

存 储 类 型		说　　　明
片内数据存储器	data	直接访问内部数据存储器(128B)，访问速度最快
	bdata	可位寻址内部数据存储器位于片内 RAM 的寻址区(20H~2FH)
	idata	间接访问内部数据存储器(256B)，允许访问全部内部地址
片外数据存储器	pdata	分页访问外部数据存储器(256B)
	xdata	访问外部数据存储器 64KB
程序存储器	code	程序存储器 64KB

code 存储器类型对应 64 KB 程序存储器空间。程序存储器是只读不写的，如果将变量定义成 code 存储器类型，那么这个变量的值只能允许访问和引用，不能修改。该存储空间除存放程序语句的机器码外，还可存储各种查寻表。C51 程序中将变量定义为 code 存储器类型，可以完成与汇编语言相同的功能。

data 存储器类型定义的变量存储在内部 RAM 低 128 字节地址空间。data 存储器类型对应的空间主要用作数据区。该存储区内，指令用一个或两个周期来访问数据，在所有区内访问中速度最快。通常将使用较频繁的变量、局部变量或用户自定义变量存储在 data 区，只要不超出 data 区的范围就可以，但是必须节省使用 data 区的空间。

bdata 存储器类型对应的空间称为位寻址区，即 bdata 区。该区的范围是从片内 RAM 地址 20H 开始到 2FH 结束，包括 16 字节，共 128 个可以寻址的位，每一位都可单独操作。80C51 有 17 条位操作指令，程序控制非常方便，并且有助于软件代替外部组合逻辑。位寻址区的这 16 字节也可以进行字节寻址。

使用 xdata 存储类型定义常量、变量时，C51 编译器会将其定位在外部数据存储空间(片外 RAM)，该空间位于片外附加的 8KB、16KB、32KB 或 64KB RAM 芯片中，其最大寻址范围为 64KB。要使用外部数据区信息，首先用指令将其移动到内部数据区。数据处理完成后，结果返回到片外数据存储区。片外数据存储区主要用于存放不经常使用的变量，或收集等待处理的数据，或存放要被发往另一台计算机的数据。

pdata 存储类型属于 xdata 类型，它的一字节地址(高 8 位)被妥善保存在 P2 口中，用于 I/O 操作。idata 存储类型可以间接寻址全部内部数据存储器空间(可以超过 127 个字节)。

访问片内数据存储器(data，bdata，idata)比访问片外数据存储器(xdata，pdata)相对要快一些，因此可将经常使用的变量置于片内数据存储器，而将规模较大的或不常使用的数据置于片外数据存储器中。

3. 位标量

位标量的值是一个二进制数。C51 在原来 C 语言的整型、浮点型、字符型、字符串型数据的基础上，又扩展了一种新的常量，即位标量。

位标量用关键字"bit"定义，是一个二进制位。函数中可以包含 bit 类型的参数，函数的返回值也可以为 bit 型。位标量用于定义一个标量，表示某个二进制位的值，这对能直接进行位操作的 80C51 来说，很有实用价值。

它的语法结构是：bit 标量名。例如：

```
bit flag;  //定义一个位标量 flag，作为程序中的一个标志位
```

注意，使用 bit 定义位标量时，不能用它定义位指针和位数组。bit 和 sbit 的主要区别是，bit 定义的是一个标量，而 sbit 是将一个已知的位重命名。

4. 存储器模式

存储器模式决定了变量的默认存储类型。C51 提供了 3 种存储器模式来存储变量。定义变量时如果省略"存储器类型"选项，系统则会按编译模式 Small、Compact 或 Large 所规定的默认存储器类型确定变量的存储区域，不能位于寄存器中的参数传递变量和过程变量也保存在默认的存储器区域。无论什么存储模式都可以声明变量在任何的 80C51 存储区范围，而把最常用的命令如循环计数器和队列索引放在内部数据区，可以显著地提高系统性能。需要特别指出的是，变量的存储种类与存储器类型是完全无关的。

C51 系统的存储模式，可以在源程序中用语句直接定义，也可以在 C51 的源程序调试集成软件环境中，通过对某个项目文件的选项来设置。

1）Small 存储模式

small 存储模式也叫小模式。该模式中，C51 把所有函数变量和局部数据段，以及所有参数传递，都放在内部数据存储器 data 区，因此，这种存储模式的优势为数据存取速度很快。但 small 存储模式的地址空间受限。因为访问速度快，在写小型应用程序时，变量和数据应放在 data 内部数据存储器。在较大的应用程序中，data 区最好只存放小的变量、数据或常用的变量（如循环计数、数据索引），而大的数据应放置在其他存储区域。

2）Compact 存储模式

compact 存储模式又称为压缩的存储模式。该模式下，所有的函数、程序变量和局部数据段定位在 80C51 嵌入式系统的外部数据存储区。外部数据存储区分页访问，每页 256 字节，最多 256 页。不加说明的变量将被分配到 pdata 区。该模式扩充能够使用的 RAM 数量，对 xdata 区以外的数据存储仍然是很快的。变量的参数传递在内部 RAM 中进行，这样存储速度会比较快。通过 R0 和 R1 对 pdata 区的数据进行间接寻址，比使用 DPTR 要快一些。

3）Large 存储模式

large 存储模式也叫大模式。该模式中，所有函数和过程的变量和局部数据段都定位在 80C51 的外部数据存储器中，容量最多可支持 64 KB，要求使用 DPTR 数据指针访问数据或定义成 xdada 的存储器类型。

关于存储模式的设置，要注意以下两点。

（1）如果用参数传递和分配再入函数的堆栈，应尽量使用 small 存储模式。Keil C51 尽量使用内部寄存器组进行参数传递，在寄存器组中可以传递参数的数量和压缩存储模式一样，再入函数的模拟栈将在 xdata 中，由于对 xdata 区数据的访问最慢，所以要仔细考虑变量应存储的位置，使数据的存储速度得到优化。

（2）可以使用混合存储模式。Keil 允许使用混合的存储模式，这点在大存储模式中是非常有用的。在大存储器模式下，有些过程对数据传递的速度要求很高，就把过程定义在小存储模式寄存器中，这使编译器为该过程的局部变量在内部 RAM 中分配存储空间并保证所有参数都通过内部 RAM 进行传递。在小模式下，有些过程需要大量存储空间，可以把过程声明为压缩模式或大模式，这种过程中的局部变量将被存储在外部存储区中，也可以通过过程中的变量声明，把变量分配在 xdata 段中。

5. 重新定义数据类型

C 语言程序中，除了可以采用以上介绍的数据类型外，用户还可以根据需要对数据类型重新定义。重新定义时需用到关键字 typedef，定义方法如下：

```
typedef 已有的数据类型 新的数据类型名；
```

其中"已有的数据类型"是指 C 语言中所有的数据类型，包括结构、指针和数组等，"新的数据类型名"可按用户习惯或需要决定。关键字 typedef 的作用是将 C 语言中已有的数据类型作了置换，可用置换后的新数据类型名定义变量。例如：

```
typedef int word；  //定义 word 为新的整型数据类型名
word i，j；  //将 i，j 定义为 int 型变量
```

在这个例子中，先用关键字 typedef 将 word 定义为新的整型数据类型，定义的过程实际上是用 word 置换了 int，因此下面就可以直接用 word 对变量 i，j 进行定义。而此时 word 等效于 int，所以 i，j 被定义成整型变量。例如：

```
typedef int NUM[100]；  //定义 NUM 为整型散组类型
NUM n；  //将 n 定义为整型数组变量
typedef char * POINTER；  //将 POINTER 定义为字符指针类型
POINTER point；  //将 point 定义为字符指针变量
用 typedef 还可以定义结构类型：
typedef struct //定义结构体
{ int month；
int day；
int year；
}DATE；
```

这里的 DATE 为一个新的数据类型（结构类型）名，可以直接用它来定义变量：

```
DATE birthday；  //定义 birthday 为结构类型变量
DATE *point；  //定义指向这个结构类型数据的指针
```

一般而言，对 typedef 定义的新数据类型用大写字母表示，以便与 C 语言中原有的数据类型相区别。另外还要注意，用 typedef 可以定义各种新的数据类型名，但不能直接用来定义变量。typedef 只是对已有的数据类型作了一个名字上的置换，并没有创造出一个新的数据类型，例如，前面例子中的 word，它只是 int 类型的一个新名字而已。采用 typedef 来重新定义数据类型有利于程序的移植，同时还可以简化较长的数据类型定义（如结构数据类型等）。在采用多模块程序设计时，如果不同的模块程序源文件中用到同一类型的数据（尤其是像数组、指针、结构、联合等复杂数据类型），经常用 typedef 将这些数据重新定义放到一个单独的文件中，需要时再用预处理命令#include 将它们包含进来。

五、C51 数据与运算

1. 运算符

运算符就是完成某种特定运算的符号。运算符按其表达式中与运算符的关系可分为单目运算符、双目运算符和三目运算符。单目就是指需要有一个运算对象，双目就要求有两

个运算对象，三目则有三个运算对象。表达式则是由运算及运算对象所组成的具有特定含义的式子。

1) 赋值运算符

赋值语句格式如下：

变量 = 表达式；

例如：

```
a = 0xFF;                    //将常数十六进制数 FF 赋给变量 a
b = c = 33;                  //同时赋值给变量 b 和 c
f = a+b;                     //将变量 a+b 的值赋给变量 f
```

2) 算术运算符

C51 的算术运算符有如下几个，其中只有取正值和取负值运算符是单目运算符，其他则都是双运算符：

+ （加或取正值运算符），　　 − （减或取负值运算符）

* （乘运算符），　　 / （除运算符），　　 % （取余运算符）

算术表达式的形式如下：

表达式 1 算术运算符 表达式 2

如：a+b*(10-a)、(x+9)/(y–a)。

3) ++ (增量运算符) 和 −− (减量运算符)

这两个运算符是 C 语言中特有的一种运算符。作用就是对运算对象作加 1 和减 1 运算。要注意的是运算对象在符号前或后，其含义都是不同的。

I++(或 I−−) 是先使用 I 的值，再执行 I+1(或 I-1)

++I(或 −−I) 是先执行 I+1(或 I–1)，再使用 I 的值

小提示　增减量运算符只允许用于变量的运算中，不能用于常数或表达式。

4) 关系运算符

对于关系运算符，在 C 中有 6 种关系运算符：

＞ （大于），　　　　 ＜ （小于），　　　　 ＞= (大于等于)

＜= (小于等于)，　　 ==(等于)，　　　　 ！=(不等于)

5) 逻辑运算符

逻辑运算符是对逻辑量运算的表达，结果要么是真(非 0)，要么是假(0)。逻辑表达式的一般形式如下：

逻辑与：条件式 1 && 条件式 2；

逻辑或：条件式 1 ||条件式 2；

逻辑非：！条件式 2。

逻辑运算符也有优先级别：！(逻辑非)→&&(逻辑与)→||(逻辑或)。逻辑非的优先值最高。

6) 位运算符

位运算符的作用是按位对变量进行运算，但是并不改变参与运算的变量的值。如果要求按位改变变量的值，则要利用相应的赋值运算。还有就是位运算符是不能来对浮点型数据进行操作的。C51 中共有 6 种位运算符。

位运算一般的表达形式如下：

变量1 位运算符变量2

位运算符也有优先级，从高到低依次是：～（按位取反）→<<（左移）→>>（右移）→&（按位与）→^（按位异或）→|（按位或）。

7）复合赋值运算符

复合赋值运算符就是在赋值运算符"="的前面加上其他运算符。以下是C语言中的复合赋值运算符：

+= 加法赋值，-= 减法赋值， *= 乘法赋值； /= 除法赋值； %= 取模赋值

&= 逻辑与赋值； |= 逻辑或赋值； ^= 逻辑异或赋值； -= 逻辑非赋值

<<= 左移位赋值； >>= 右移位赋值

复合运算的一般形式为：

变量 复合赋值运算符 表达式

如a+=56 等价于 a=a+56；y/=x+9 等价于 y=y/（x+9）。

8）逗号运算符

C语言中逗号是一种特殊的运算符，可以用它将两个或多个表达式连接起来，形成逗号表达式。逗号表达式的一般形式为：

表达式1，表达式 2，表达式 3，…，表达式 n

逗号运算符组成的表达式在程序运行时，是从左到右计算出各个表达式的值，而整个用逗号运算符组成的表达式的值等于最右边表达式的值，就是"表达式 n"的值。

9）条件运算符

C语言中有一个三目运算符，它就是"?:"条件运算符，它要求有三个运算对象。

条件表达式的一般形式为

逻辑表达式？表达式1：表达式2

条件运算符的作用就是根据逻辑表达式的值选择使用表达式的值。当逻辑表达式的值为真（非0值）时，整个表达式的值为表达式 1 的值；当逻辑表达式的值为假（值为 0）时，整个表达式的值为表达式 2 的值。

2. C51 的构造数据类型

数组是一组具有固定数目和相同类型成分分量的有序集合。其成分分量的类型为该数组的基本类型。整型变量的有序集合称为整型数组，字符型变量的有序集合称为字符型数组。这些整型或字符型变量是各自所属数组的成分分量，称为数组元素。

构成一个数组的各元素必须是同一类型的变量，不允许在同一数组中出现不同类型的变量。

数组数据是用同一个名字的不同下标访问的，数组的下标放在方括号中，是从 0 开始，0，1，2，3，…，n 的一组有序整数。例如，数组 a[i]，当 i=0，1，2，…，n 时 a[0]，a[1]，…，a[n]分别是数组 a[i]的元素（或成员）。数组有一维、二维、三维、多维数组之分。常用的有一维、二维数组和字符数组。

1）数组的定义和赋值

（1）一维数组格式为

　　　　　数据类型　数组名[整型表达式]

　　例如，char ch[l0]定义了一个一维字符型数组，它有 10 个元素，每个元素由不同的下标表示，分别为 ch[0]，ch[1]，ch[2]，…，ch[9]。注意：数组的第一个元素的下标为 0 而不是 1，即数组的第一个元素是 ch[0]而不是 ch[l]，而数组的第 10 个元素为 ch[9]。

　　(2)二维数组格式为

　　　　　数据类型　数组名[常量表达式][常量表达式];

　　例如，int a[3][5];定义了 3 行 5 列共 15 个元素的二维数组 a[][]。

　　二维数组的存取顺序是：按行存取，先存取第一行元素的第 0 列，1 列，2 列，…，直到第一行的最后一列。然后返回到第二行开始，再取第二行的第 0 列，1 列，…，直到第二行的最后一列，…，如此顺序下去，直到最后一行的最后一列。

　　C 语言允许使用多维数组。有了二维数组的基础，理解掌握多维数组并不困难。例如，float a[2][3][4];定义了一个类型为浮点数的三维数组。

　　(3)数组的初始化。数组中的值，可以在程序运行期间用循环和键盘输入语句进行赋值。但这样做将耗费许多机器运行时间，对于大型数组而言，这种情况更加突出。对此可以用数组初始化的方法加以解决。

　　所谓数组初始化，就是在定义说明数组的同时给数组赋新值。这项工作是在程序的编译中完成的。

　　对数组的初始化可用以下方法实现。

　　① 在定义数组时对数组的全部元素赋予初值。例如：

```
int idata a[6]={0, 1, 2, 3, 4, 5};
int a[3][4]={{1, 2, 3, 4}, {5, 6, 7, 8}, {9, 10, 11, 12}};
int a[3][4]={1, 2, 3, 4, 5, 6, 7, 8, 9, 10, 11, 12};
```

　　② 只对数组的部分元素初始化。例如：

```
 int idata a[10]=(0, 1, 2, 3, 4, 5);
int a[3][4]={{1}, {5}, {9}};
```

　　③ 若定义数组时对数组的全部元素均不赋予初值,则数组的全部元素被缺省地赋值为 0。例如：

```
int idata a[10]；则 a[0]~a[9]全部被赋初值 0
```

　　2)字符数组

　　用来存放字符数据的数组是字符数组。在字符数组中，一个元素存放一个字符，因此可以用字符数组存储长度不同的字符串。

　　(1)字符数组的定义。字符数组的定义与前面的数组定义方法类似。如 char a[10]，定义 a 为一个有 10 字符的一维字符数组。

　　(2)字符数组置初值。字符数组置初值最直接的方法是将各字符逐个赋给数组中的各个元素。例如：

```
char a[10]={'B', 'E', 'I', '', 'J', 'I', 'N', 'G', '\0'};
```

　　定义了一个字符型数组 a[]，有 10 个数组元素，并且将 9 个字符(其中包括一个字符串结束标志'\0')分别赋给了 a[0]~a[8]，剩余的 a[9]被系统自动赋予空格字符。其状态如图 3.2.1 所示。

a[0]	a[1]	a[2]	a[3]	a[4]	a[5]	a[6]	a[7]	a[8]	a[9]
B	E	I		J	I	N	G	\0	

图 3.2.1　a[10]的状态图

C 语言还允许用字符串直接给字符数组置初值，其方法有以下两种形式：

```
char a[10]={"BEI JING"};
char a[10]="BEI JING";
```

用双引号""括起来的一串字符，称为字符串常量，如"Happy"。C 编译器会自动地在字符末尾加上结束符'\0'(NULL)。用单引号''括起来的字符为字符的 ASCⅡ码值，而不是字符串。例如，'a'表示 a 的 ASCⅡ码值 97，而"a"表示一个字符串，它由两个字符 a 和\0 组成。

一个字符串可以用一维数组来装入，但数组的元素数目一定要比字符多一个，以便 C 编译器自动在其后面加入结束符'\0'。

若干个字符串可以装入一个二维字符数组中，称为字符数组。数组的第一个下标是字符串的个数，第二个下标定义每个字符串的长度，该长度应当比这批字符串中最长的串多一个字符，用于装入字符串的结束符'\0'。

例如，char a[60][81]，定义了一个二维字符数组 a，它可容纳 60 个字符串，每串最长可达 80 个字符。例如：

```
uchar code msg[][17]={{"This is a test", \n),
{"message 1", \n }, {"message 2", \n }};
```

这是一个二维数组，第二个下标必须给定，因为它不能从数据表中得到，第一个下标可缺省由数据常量表决定(本例中实际为 3)。

3) 指针

指针是 C 语言中的一个重要概念，也是 C 语言的重要特色之一。使用指针可以有效地表示复杂的数据结构，有效而方便地使用数组，动态分配内存，直接处理内存地址，在调用函数时还能输入或返回多于 1 个的变量值等，并可以使程序简洁、紧凑、高效。

指针有两个基本概念，即变量的指针和指向变量的指针变量(简称指针变量)。变量的指针就是变量的地址。若有一个变量专门用来存放另一个变量的地址(即指针)，则该变量称为指向变量的指针变量(简称指针变量)。指针变量的值是指针。

(1)指针变量的定义。

指针变量是含有一个数据对象地址的特殊变量，有关的运算符有两个，即取地址运算符 & 和间接访问运算符*。例如，&a 为地址，*P 为指针变量所指向的变量。指针变量的定义与一般变量的定义类似，其一般形式为

数据类型[存储器类型]　*指针变量名;

其中，"数据类型"说明了该指针变量所指向的变量的类型，存储器类型为可选项，是 C51编译器的一种扩展。

指针变量在定义中允许带初始化项。例如：

```
int i, *ip=&i;
```

这里是用&i 对 ip 初始化，而不是对*ip 初始化。与一般变量一样，对于外部或静态指针

变量，在定义中若不带初始化项，指针变量被初始化为 NULL，其值为 0。C51 中规定，当指针值为 0 时，指针不指向任何有效数据，有时也将该类指针称为空指针。因此，当调用一个返回指针的函数时，常使用返回值为 NULL 来指示函数调用中某些错误情况的发生。下面是指针变量定义的例子。

```
char xdata *p1;  //在 xdata 存储器中定义一个指向对象类型为 char 的基于存储器的指针
int *p2;  //指向一个指向对象类型为 int 的一般指针
```

（2）指针变量的引用。

指针变量中只能存放地址，在使用中不要将一个整数赋给一指针变量。下面的赋值是不合法的：

```
int *p;
p=100;
int i=35, x;
int *p;
```

这里定义了两个整型变量 i、x，还定义了一个指向整型数的指针变量 p。i、x 中可存放整数，而 p 只能存放整型变量的地址。变量定义：

```
int i, x, y, *px, *py;
```

变量赋值：

```
p=&i;  //将变量 i 的地址赋给指针变量 p，使 p 指向 i
*p+=1;  //等价于 i+=i;
(*p)++;  //等价于 i++;
```

指向相同类型数据的指针之间可以相互赋值，例如：

```
px=py;
```

原来指针 px 指向 x、py 指向 y，经上述赋值后，px 和 py 都指向 y。

（3）指针的地址运算。

①赋初值。指针变量的初值可以是 NULL（零），也可以是变量、数组、结构以及函数等地址。例如：

```
int a[10], b[5];
char *cptr1=NULL;
int *iptr1=&a[6];
int *iptr2=b;
```

②指针与整数的加减。指针可以与一个整数或整数表达式进行加减运算，从而获得该指针当前所指位置前面或后面某个数据的地址。假设 p 为一个指针变量，n 为一个整数，则 p±n 表示离开指针 p 当前位置的前面或后面第 n 个数据的地址。

③指针与指针相减，其结果为一整数值，但它并不是地址，而是表示两个指针之间的距离或成员的个数。这两个指针必须指向同一类型的数据。

④指针与指针的比较。指向同一类型数据的两个指针可以比较运算，从而获得两指针所指地址的大小关系。在计算指针地址的同时，还可以间接取值运算，间接取值的地址应该是地址计算后的结果，并且必须注意运算符的优先级和结合规则。设 p1、p2 都是指针，对于

"a=*p1++；"，由于运算符*和++具有相同的优先级而指针运算具有右结合性，按左结合原则，有++、*的运算次序，而运算符++在 p1 的后面。因此，上述赋值运算的过程是首先将指针 p1 所指的内容赋值给变量 a，然后指向下一数据，表明是地址增加而不是内容增加。对于 "a=*(−−)p1；"，按左结合原则有−−、*的运算次序，而运算符−−在 p1 的前面，因此首先将 p1 减1，即指向前面一个数据，然后把 p1 此时所指的内容赋值给变量 a。对于 "a=−−(*p2)++；"，由于使用括号()使结合次序变为*、++，因此首先将所指的内容赋值给变量，然后把所指的内容加1，表明是内容增加而不是地址增加。

（4）函数型指针。

函数不是变量，但它在内存中仍然需要占据一定的存储空间，如果将函数的入口地址赋给一个指针，该指针就是函数型指针。由于函数型指针指向的是函数的入口地址，因此可用指向函数的指针代替函数名来调用该函数。函数与变量不同，函数名不能作为参数直接传递给另一个函数。但利用函数型指针，可将函数作为参数传递给另一个函数。此外，还可以将函数型指针放在一个指针数组中，则该指针数组的每一个成员都是指向某个函数的指针。定义一个函数型指针的一般形式为

数据类型（ *标识符 ）（ ）

其中，"标识符"就是所定义的函数型指针变量名，"数据类型"说明了该指针所指向的函数返回值的类型。例如，"int(*funcl)()；"定义了一个函数型指针变量 funcl，它所指向的函数返回整型数据。函数型指针变量专门用来存放函数入口地址，在程序中把哪个函数的地址赋给它，它就指向哪个函数。在程序中可以对一个函数型指针多次赋值，该指针可以先后指向不同的函数。给函数型指针赋值的一般形式为

函数型指针变量名=函数名

如果有一个函数 max(x, y)，则可以用以下赋值语句将函数的地址赋给函数型指针 func1，使 func1 指向函数 max：Func1=max。

引入了函数指针后，对函数的调用可采用两种方法。例如，程序中要求将函数 max(x, y)的值赋给变量 z，可采用以下方法：

```
z=max(x, y);
z=(*func1)(x, y);
```

用这两种方法实现函数调用的结果完全一致。如果采用函数型指针调用函数，必须预先对该函数指针进行赋值，使其指向所需调用的函数。

函数型指针通常用来将一个函数的地址作为参数传递到另一个函数。这种方法在调用的函数不是某个固定函数的场合特别适用。

（5）返回指针型数据的函数。

在函数的调用过程结束时，被调用的函数可以带回一个整型数据、字符型数据等，也可以带回一个指针型数据，即地址。这种返回指针型数据的函数又称为指针函数，其一般定义形式为：

数据类型 *函数名(参数表)；

其中，"数据类型"说明了所定义的指针函数在返回时带回的指针所指向的数据类型。例如，"int *p(a, b)"定义了一个指针函数*p，调用它以后可以得到一个指向整型数据的指针，即地址。在指针函数*p 的两侧没有括号()，与函数型指针是完全不同的，使用时要注意区分。

(6)指针数组。

由于指针本身也是一个变量，指针数组适用于指向若干个字符串，使字符串的处理更为方便。指针数组的定义方法与普通数组完全相同，一般形式为

数据类型　*数组名[数组长度]

例如，int *b[5]；　//指向整型数据的 5 个指针

char *sptr[5]；　//指向字符型数据的 5 个指针

指针数组在使用前往往需要先赋初值。使用指针数组最典型的场合是通过对字符数组赋初值而实现各维长度不一致的多维数组的定义。

(7)指针型指针。

指针型指针所指向的是另一个指针变量的地址，故有时称为多级指针。定义一个指针型指针变量的一般形式为

数据类型　**指针变量名

其中，"数据类型"说明一个被指针型指针指向的指针变量所指向的变量数据类型。

六、C51 程序结构与控制语句

1．C51 语句的分类

C51 语言的语句分为以下五类。

1）控制语句

控制语句用于完成一定的控制功能。C51 语言有 9 种控制语句，它们是

(1) if( )…else…(条件语句)；

(2) for( )…(循环语句)；

(3) while( )…(循环语句)；

(4) do…while( )(循环语句)；

(5) continue(结束本次循环语句)；

(6) break(中止执行 switch 或循环语句)；

(7) switch(多分支选择语句)；

(8) goto(转向语句)；

(9) return(从函数返回语句)。

上面 9 种语句表示形式中的括号"( )"表示括号中是一个"判断条件"，"…"表示内嵌的语句。例如，"do…while( )"的具体语句可以写成：do y=x；while(x<y)；

2）函数调用语句

函数调用语句由一个函数调用加一个分号构成。

例如，项目 1 程序中的 delay02s()；

3）表达式语句

表达式语句由一个表达式加一个分号构成，表达式能构成语句是 C51 语言的一大特色，最典型的是由赋值表达式构成一个赋值语句。例如：

x=6；

4）空语句

只有一个分号的语句为空语句，空语句不执行任何操作。有时用作流程的转向点（流程从程序其他地方转到此语句处），也可用作为循环语句中的循环体（循环体是空语句，表示循环体什么也不做）。

5）复合语句

用{ }把一些语句括起来就构成了复合语句。下面是一个复合语句。

```
{
    a=b；
    b=c；
    c=a+b；
}
```

注意　复合语句中最后一个语句中最后的分号不能忽略不写。

2．C51 的基本结构

C51 的程序结构有三种，分别是顺序结构、选择结构和循环结构。

1）顺序结构

顺序结构是最基本、最简单的结构。在这种结构中，程序由低地址到高地址依次执行。其执行过程如图 3.2.2 所示。

2）选择结构

选择结构可使程序根据不同的情况，选择执行不同的分支。在选择结构中，程序先都对一个条件进行判断。当条件成立，即条件语句为"真"时，执行一个分支；当条件不成立时，即条件语句为"假"时，执行另一个分支。如图 3.2.3 所示，当条件 P 成立时，执行语句 A，当条件 P 不成立时，执行语句 B。

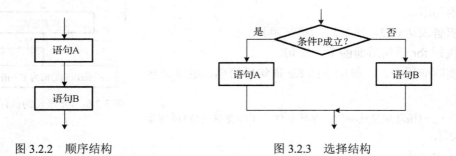

图 3.2.2　顺序结构　　　　　　　图 3.2.3　选择结构

在 C51 中，实现选择结构的语句为 if…else，if 语句。另外，在 C51 中还支持多分支结构，多分支结构既可以通过 if 和 else　if 语句嵌套实现，也可用 swith…case 语句实现。

3）循环结构

在程序处理过程中，有时需要某一段程序重复执行多次，这时就需要循环结构来实现，循环结构就是能够使程序段重复执行的结构。循环结构又分为三种：当（while）型循环结构、直到（do…while）型循环结构和 for 循环结构。

(1)当型循环结构。当型循环结构如图 3.2.4 所示。当条件 P 成立(为真)时，重复执行语句 A，当条件不成立(为假)时才停止重复，执行后面的程序。

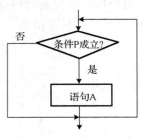

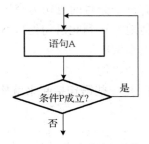

图 3.2.4　当型循环结构　　　　　　　　　　图 3.2.5　直到型循环结构

(2)直到型循环结构。直到型循环结构如图 3.2.5 所示，先执行语句 A，再判断条件 P，当条件成立(为真)时，再重复执行语句 A，直到条件不成立(为假)时才停止重复，执行后面的程序。

(3)for 循环结构。for 循环结构比较灵活，可以用于循环次数不确定，但给出了循环条件的情况，所以 for 语句也是最常用的循环语句。for 语句的一般格式如下：

　　　　for(表达式 1；表达式 2；表达式 3)
　　　　{
　　　　　　循环体语句组
　　　　}

for 语句的执行过程如图 3.2.6 所示。

①先求解表达式 1 的值。

②求解表达式 2 的值，若其值为"假"
(即值为 0)，则结束循环，转到第④步；

若其值为"真"(即值为非 0)，则执行 for 语句内嵌的
循环体语句组。

③求解表达式 3，然后转回第②步。

④执行 for 语句后面的下一语句。

在实际应用中，一般用下面 for 语句最简单、最易理解
的形式：

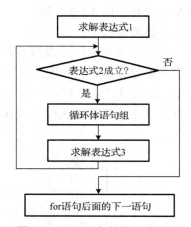

图 3.2.6　for 语句的执行流程图

　　　　for(循环变量赋初值；循环条件；循环变量增值)循环体
语句组；

有几点说明。

①"表达式 1"可以是任何类型，一般为赋值表达式，用于给控制循环次数的变量赋初值。②"表达式 2"可以是任何类型，一般为关系或逻辑表达式，用于控制循环是否继续执行。③"表达式 3"可以是任何类型，一般为赋值表达式，用于修改循环控制变量的值以便使得某次循环后，表达式 2 的值为 0(假)，从而退出循环。④"循环体语句组"可以是任何语句，既可以是单独的一条语句，也可以是复合语句。⑤"表达式 1""表达式 2""表达式 3"这三个表达式可以省略其中的 1 个、2 个或 3 个，但相应表达式后面的分号不能省略。

3. C51 的主要语句介绍

1) if 语句

if 语句是 C51 中的一个基本条件选择语句，它通常有三种格式：

① `if （表达式） {  语句；}`

② `if （表达式） {  语句 1；}  else {  语句 2；}`

③ `if （表达式 1）   {  语句 1；}`
　　`else  if （表达式 2）{语句 2；}`
　　　`else  if （表达式 3）{语句 3；}`
　　　　`…`
　　　　　`else    if （表达式 n-1）{语句 n-1；}`
　　　　　　　`else {语句 n；}`

例 3.2.1　if 语句的用法。

（1）`if （x!=y）    printf（"x=%d,y=%d\n",x,y）;`

执行上面语句时，如果 x 不等于 y，则输出 x 的值和 y 的值。

（2）`if （x>y）  max=x;   else  max=y;`

执行上面语句时，若 x 大于 y 成立，则把 x 送给最大值变量 max，若 x 大于 y 不成立，则把 y 送给最大值变量 max。使 max 变量得到 x、y 中的大数。

（3）`if （score>=90） printf（"Your result is an A\n"）;`
　　`else  if （score>=80） printf（"Your result is an B\n"）;`
　　　`else  if （score>=70） printf（"Your result is an C\n"）;`
　　　　`else  if （score>=60） printf（"Your result is an D\n"）;`
　　　　　`else printf（"Your result is an E\n"）;`

执行上面语句后，能够根据分数 score 分别打出 A、B、C、D、E 五个等级。

2) switch…case 语句

if 语句通过嵌套可以实现多分支结构，但结构复杂。switch 是 C51 中提供的专门处理多分支结构的多分支选择语句。它的格式如下：

```
switch （表达式）
{
    case  常量表达式 1: {语句 1；} break;
    case  常量表达式 2: {语句 2；} break;
    …
    case  常量表达式 n: {语句 n；} break;
    default: {语句 n+1；}
}
```

说明如下。

（1）switch 后面括号内的表达式可以是整型或字符型表达式。

（2）当该表达式的值与某一"case"后面的常量表达式的值相等时，就执行该"case"后面的语句，然后遇到 break 语句退出 switch 语句。若表达式的值与所有 case 后的常量表达式的值都不相同，则执行 default 后面的语句，然后退出 switch 结构。

（3）每一个 case 常量表达式的值必须不同否则会出现自相矛盾的现象。

（4）case 语句和 default 语句的出现次序对执行过程没有影响。

(5)每个 case 语句后面可以有"break"，也可以没有。有 break 语句，执行到 break 则退出 switch 结构，若没有，则会顺次执行后面的语句，直到遇到 break 或结束。

(6)每一个 case 语句后面可以带一个语句，也可以带多个语句，还可以不带。语句可以用花括号括起，也可以不括。

(7)多个 case 可以共用一组执行语句。

例 3.2.2　switch…case 语句的用法。

对学生成绩划分为 A～D，对应不同的百分制分数，要求根据不同的等级打印出它的对应百分数。可以通过下面的 switch…case 语句实现。

```
…
switch(grade)
{
    case  'A':   printf("90～100\n"); break;
    case  'B':   printf("80～90\n"); break;
    case  'C':   printf("70～80\n"); break;
    case  'D':   printf("60～70\n"); break;
    case  'E':   printf("<60\n"); break;
    default:  printf("error"\n)
}
```

3）while 语句

while 语句在 C51 中用于实现当型循环结构，它的格式如下：

```
while(表达式)
{  语句；}  /*循环体*/
```

while 语句后面的表达式是能否循环的条件，后面的语句是循环体。当表达式为非 0（真）时，就重复执行循环体内的语句；当表达式为 0（假）时，则中止 while 循环，程序将执行循环结构之外的下一条语句。它的特点是：先判断条件，后执行循环体。在循环体中对条件进行改变，然后判断条件。如果条件成立，再执行循环体；如果条件不成立，则退出循环。如果条件第一次就不成立，则循环体一次也不执行。

例 3.2.3　下面程序是通过 while 语句实现计算并输出 1～100 的累加和。

```
#include<reg51.h>  //包含特殊功能寄存器库
#include<stdio.h>  //包含 I/O 函数库
void main(void)    //主函数
{
    int  i,s=0;      //定义整型变量 x 和 y
    i=1;
    SCON=0x52;       //串口初始化
    TMOD=0x20;
    TH1=0xF3;
    TR1=1;
    while  (i<=100)    //累加 1～100 之和在 s 中
      {
        s=s+i;
        i++;
```

```
        }
    printf("1+2+3+…+100=%d\n",s);
    while(1);
    }
```

程序执行的结果:

```
    1+2+3…+100=5050
```

4) do…while 语句

```
    do
        { 语句；}      /*循环体*/
    while(表达式);
```

它的特点是：先执行循环体中的语句，后判断表达式。如果表达式成立(真)，再执行循环体，然后又判断，直到有表达式不成立(假)时，退出循环，执行 do…while 结构的下一条语句。do…while 语句在执行时，循环体内的语句至少会被执行一次。

例 3.2.4　通过 do…while 语句实现计算并输出 1～100 的累加和。

```
    #include  <reg51.h>  //包含特殊功能寄存器库
    #include  <stdio.h>  //包含 I/O 函数库
    void main(void)     //主函数
    {
        int  i,s=0;        //定义整型变量 x 和 y
        i=1;
        SCON=0x52;        //串口初始化
        TMOD=0x20;
        TH1=0xF3;
        TR1=1;
        do                 //累加 1～100 之和在 s 中
          {
            s=s+i;
            i++;
          }
        while  (i<=100);
        printf("1+2+3+…+100=%d\n",s);
        while(1);
    }
```

程序执行的结果:

```
    1+2+3+…+100=5050
```

5) for 语句

在 C51 语言中，for 语句是使用最灵活、用得最多的循环控制语句，同时也最复杂。它可以用于循环次数已经确定的情况，也可以用于循环次数不确定的情况。它完全可以代替 while 语句，功能最强大。它的格式如下：

```
    for(表达式 1；表达式 2；表达式 3){ 语句；}        /*循环体*/
```

在 for 循环中，一般表达式 1 为初值表达式，用于给循环变量赋初值；表达式 2 为条件表达式，对循环变量进行判断；表达式 3 为循环变量更新表达式，用于对循环变量的值进行更新，使循环变量能不满足条件而退出循环。

例 3.2.5　用 for 语句实现计算并输出 1～100 的累加和。

```
#include  <reg52.h>       //包含特殊功能寄存器库
#include  <stdio.h>       //包含 I/O 函数库
void main(void)           //主函数
{
int  i,s=0;               //定义整型变量 x 和 y
SCON=0x52;                //串口初始化
TMOD=0x20;
TH1=0xF3;
TR1=1;
for (i=1;i<=100;i++) s=s+i;      //累加 1～100 之和在 s 中
printf("1+2+3+…+100=%d\n",s);
while(1);
}
```

程序执行的结果：

```
1+2+3+…+100=5050
```

6）循环的嵌套

在一个循环的循环体中又允许包含一个完整的循环结构，这种结构称为循环的嵌套。外面的循环称为外循环，里面的循环称为内循环，如果在内循环的循环体内又包含循环结构，就构成了多重循环。

在 C51 中，允许三种循环结构相互嵌套。

例 3.2.6　用嵌套结构构造一个延时程序。

```
void  delay(unsigned  int  x)
{
    unsigned  char  j;
    while(x--)
      {
        for (j=0;j<125;j++);
      }
}
```

这里，用内循环构造一个基准的延时，调用时通过参数设置外循环的次数，这样就可以形成各种延时关系。

7）break 和 continue 语句

break 和 continue 语句通常用于循环结构中，用来跳出循环结构。但是二者又有所不同，下面分别介绍。

（1）break 语句

过用 break 语句可以跳出 switch 结构，使程序继续执行 switch 结构后面的一个语句。使用 break 语句还可以从循环体中跳出循环，提前结束循环而接着执行循环结构下面的语句。它不能用在除了循环语句和 switch 语句之外的任何其他语句中。

例 3.2.7　下面一段程序用于计算圆的面积，当计算到面积大于 100 时，由 break 语句跳出循环。

```
for (r=1; r<=10; r++)
{
    area=pi*r*r;
    if (area>100)
    break;
    printf("%f\n", area);
}
```

（2）continue 语句。

continue 语句用在循环结构中，用于结束本次循环，跳过循环体中 continue 下面尚未执行的语句，直接进行下一次是否执行循环的判定。

continue 语句和 break 语句的区别在于：continue 语句只是结束本次循环而不是终止整个循环；break 语句则是结束循环，不再进行条件判断。

例 3.2.8　输出 100～200 不能被 3 整除的数。

```
for (i=100; i<=200; i++)
{
    if (i%3= =0)
    continue;
    printf("%d  ", i);
}
```

在程序中，当 i 能被 3 整除时，执行 continue 语句，结束本次循环，跳过 printf() 函数，只有能被 3 整除时才执行 printf() 函数。

思考题与习题

1．什么叫原码、反码及补码？

2．已知原码如下，写出其补码和反码(其最高位为符号位)。

（1）[x]原 = 01011001；

（2）[X]原 = 00111110；

（3）[X]原 = 11011011；

（4）[X]原 = 11111100。

3．当微机把下列数看成无符号数时，它们相应的十进制数为多少？若把它们看成补码，最高位为符号位，那么相应的十进制数是多少？

（1）10001110；

（2）10110000；

（3）00010001；

（4）01110101。

4．C51 的存储器的种类有哪些，如何定义？

5．C51 新增了哪些数据类型，如何定义的？

6. 写出 C51 对特殊功能寄存器的定义。

7. 试分析下面的程序结果。

(1)
```
void main()
{
    unsigned char a,b,c,d;
        a=34;
        b=10;
        c=a/b;
        d=a%b;
        while (1);
}
```

程序执行后，c=（　　），d=（　　）。

(2)分析下面程序段的功能，其中 vl 为采集到的电压值，level 为挡位设置，当 vl 为 7、20 和 -5 时，level 值分别是多少？

```
if  (vl<1)
    {
        level=1;
    }
else  if  (vl<10)
        {
            level=2;
        }
    else
        {
            level=3;
        }
```

8. 分别利用 for 和 while 循环实现求整型数组 b[10] 的 10 个元素的平均数。

项目四 流水灯及数码管的显示设计

通过本项目 6 个范例的练习，让学生由深到浅、由易到难的独立单元的训练，逐步掌握各种独立环节的硬件连接、编程、设计方法与技巧，为后续内容的完整系统打下良好的基础。

任务一 点亮一个闪烁的 LED 灯

一、任务目标

认识 AT89C51 单片机芯片，掌握其构成的最小系统。用 AT89C51 单片机的 P2.0 控制 1 个 LED 灯，使其闪烁，变化时间间隔为 0.5s，并用 Keil 软件和 PROTEUS 软件仿真，进行联机调试。

二、硬件电路设计

1. 元件清单

使用的元件清单列表如表 4.1.1 所示。

表 4.1.1 单灯闪烁电路使用元件列表

序 号	元 件 名 称	所 属 类	所属子类
1	AT89C51	Microprocessor ICs	8051 Family
2	B45190E3106K209	Capacitors	Tantalum SMD
3	08055C104KAT2A	Capacitors	Multilayer Ceramic X7R
4	9C08052A1002JLHFT	Resistor	Chip Resistor 1/8W 5%
5	LED-RED	Optoelectronics	LEDs
6	CRYSTAL	Miscellaneous	
7	BUTTON	Switches&Relays	Switches
8	LED-GREEN	Optoelectronics	LEDs

2. 电路原理图

单灯闪烁电路原理图如图 4.1.1 所示。

三、相关知识

LED 信号灯电路采用发光二极管。发光二极管是一种把电能转换成光能的半导体器件，其种类很多，电气符号如图 4.1.2 所示。当它的正、负两极上加以合适的电压，它就会亮起来。所谓"合适的电压"，是因为不同的二极管其工作电压并不相同，一般在为 1.6～2.8V，而工作电流一般为 2～30mA，但在实际工作中其选择范围一般为 4～10mA。

本设计中 LED 的阳极通过限流电阻 R 与+5V 电源连接，阴极连接到单片机的 P2 口的 P2.0

引脚。为提高亮度，LED 的工作电流一般会控制在 10mA 左右，此时 LED 上的电压为 1.7V，则限流电阻应该选择 $(5V - 1.7V)/10mA = 330\Omega$。LED 信号灯电路设计的电路图如图 4.1.1 所示。

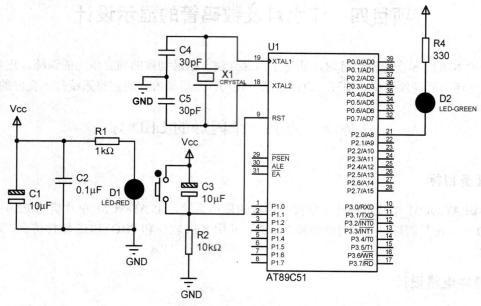

图 4.1.1　单灯闪烁电路原理图

图 4.1.2　发光二极管的电气

本设计要实现 LED(D2) 灯点亮，根据二极管单向导电性特点，结合本设计可以使 P2.0 引脚输出低电平(逻辑 0)即可；要关断它，P2.0 引脚输出高电平(逻辑 1)即可；要实现闪烁使 P2.0 引脚交替输出低电平(逻辑 0)、高电平(逻辑 1)即可。

四、本任务知识要点

对特殊功能寄存器的某一位进行操作，则需要使用 sbit 命令定义特殊功能寄存器中的可寻址位。例如，要对 AT89C51 端口 P1 的 P1.1 进行操作，则可以使用下面的命令进行定义：

```
sbit  P11=P1^1;
```

这里的 P11 是一个变量名，只要符合 C51 的命名规则的名称都可以使用的，而 P1.1 不是一个合格的变量名，也不能够直接将 P1^1 作为变量名。关于定义变量名的要求，请参阅相关的 C 语言的书籍。

在本任务中 LED 接在 P2.0 引脚上，使用如下命令定义引脚：

```
sbit  light=P2^0;
```

这条语句定义了 light 表示 P2 口的 P2.0 引脚。让 LED 点亮，需要在 P2.0 引脚上输出低电平，就是在 P2.0 引脚上输出命令，应使用的命令是

```
light=0;
```

同理，让 LED 熄灭应使用的命令是

```
light=1;
```

五、程序设计分析

1. 程序设计步骤

根据任务要求，采用 C 语言编制程序的过程称为 C 语言程序设计。在进行程序设计时，首先应根据需要解决实际问题的要求和所使用计算机的特点，决定采取的计算方法和计算公式，然后结合计算机指令系统特点，本着提高执行速度的原则编制程序。一个应用程序的编制，通常分为以下几步。

(1)分析问题，确定算法。这是程序设计中最重要的一步。设计人员必须认真、仔细的考虑系统需要解决的各种问题以及将来系统功能的进一步扩展，明确知道程序要解决的问题和接收、处理、发送的数据范围以及使用什么样的算法。

(2)编制程序框图。程序流程图常简称为流程图，是一种传统的算法表示法，程序流程图是人们对解决问题的方法、思路或算法的一种描述。它利用图形化的符号框来代表各种不同性质的操作，并用流程线来连接这些操作。在程序的设计阶段，通过画流程图，可以帮助理清程序思路。流程图符号如表 4.1.2 所示。

表 4.1.2 流程图符号及说明

符　　号	名　　称	表示的功能
⬭	起止框	程序的开始或结束
▭	处理框	各种处理操作
◇	判断框	条件转移操作
▱	输入/输出框	输入/输出操作
↓　→	引入/引出连接线	描述流程的流向

(3)编写源程序代码。根据流程图和指令系统应用的相应软件，用 C 语言实现流程图的每一个步骤，从而编写出 C 语言的源程序。

(4)调试、测试程序。调试是利用仿真器等开发工具，采用单步、设断点、连续运行等方法排除程序中的错误，直至正确为止。在调试程序时，一般将各个模块分调完成后，再进行整个程序的连调。

(5)程序优化。程序优化是以能够完成实际问题要求为前提的，以质量高、可读性好、节省存储空间和提高执行速度为原则。程序设计中经常采用循环和子程序的形式来缩短程序的长度，通过改进算法和择优使用语句来节省工作单元和减少程序的执行时间。

2. 单灯闪烁程序设计分析

要实现图 4.1.1 中发光二极管以 1Hz 的频率闪烁，实际上就是在单片机端口上周期性输出高电平和低电平，其中高、低电平各 0.5s。单片机重复地实现输出高低电平这个过程用流程图表示出来，如图 4.1.3 所示。

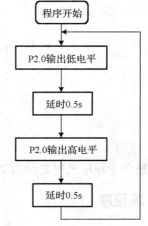

图 4.1.3 一只 LED 灯闪烁的流程图

（1）电路分析。

在图 4.1.1 的电路原理图上可以看到，发光二极管 LED 接在 P2 端口的 P2.0 引脚上，且发光二极管的正极通过限流电阻接在电源上，负极接在 P2.0 引脚上。当 LED 两端加正向电压时，LED 亮，加反向电压时，LED 灭。即 P2.0 引脚上输出低电平时，LED 亮，P2.0 引脚上输出高电平时，LED 灭。

（2）端口变量的定义。

要使用 C51 编写程序实现从 P2.0 输出 1Hz 的脉冲信号，需要先定义单片机的引脚。为了使用方便，C51 将各个厂商生产的单片机的各个特殊功能寄存器的定义放在一个特殊的文件（即头文件）中，如 AT89S51、AT89C51 对应的文件是 AT89X51.H。作为通用的 MCS-51 系列单片机，在编写 C 程序时，可先调用通用的 REG51.H 头文件。定义引脚：

```
sbit light=P2^0;
```

（3）延时程序的编写。当系统加电后，单片机就开始工作。单片机按设计的程序开始运行（也称执行指令）。

单片机执行一条指令的时间称为指令周期。指令周期是以机器周期为单位的，多数指令都是单周期指令，也就是执行一条指令的时间为一个机器周期。MCS-51 单片机规定一个机器周期为单片机振荡器的 12 个振荡周期。若晶振频率为 12MHz，则一个机器周期为 1μs。

任务中要求 LED 点亮 0.5s，熄灭 0.5s。当单片机的指令周期是 1μs 时，可知 0.5s 是 1μs 的5000000 倍，在程序编写中常用循环语句来完成计数和时间延迟，从而获得需要的延时时间。

为了便于计算和控制，常采用无符号变量的循环来实现。因为程序执行时，对应的每次循环所需要的时间是两个机器周期，当单片机所使用的晶振为 12MHz 时，每次循环延时2μs（参照汇编 DJNZ 和 CJNE）。但是无符号数最大值为 255，也就是说，使用无符号类型变量的单个循环最多为 255 次，即用一个循环不能完成所需的 0.5s 延时。为了实现 0.5s 延时，采用多重循环的方式完成。为了方便，将其中的每重循环的循环次数取为 0.5s/2μs=250000 的因数 200、250 和 5。延时程序如下。

```
void delay05s(void)        //定义延时 0.5s 函数
{
    uchar i,j,k;           //声明三个无符号字符型变量 I,j,k
    for (i=0;i<5;i++)      //外循环 5 次，每次约 0.1s，共延时 5×0.1s=0.5s
    {                      //循环 200 次，每次约 0.5ms，共延时 200×0.5ms=0.1s
        for (j=0;j<200;j++)
        {                  //内循环 250 次，每次约 2μs，共延时 250×2μs=0.5ms
            for (k=0;k<250;k++)
            {;}            //最里面的循环体，什么也不做，但每次延时 2μs
        }
    }
}
```

整个子程序延时时间为 2μs×250×200×5=500000μs=0.5s

六、源程序

```
#include <reg51.h>        //包含头文件，声明各个特殊功能寄存器
```

```
#define uchar unsigned char    //为了书写方便，定义 uchar 表示无符号字符型
sbit light=P2^0;               //定义变量 light 表示 P2 口的 P2.0 引脚
void delay05s(void)            //定义延时 0.5s 函数
{
    uchar i,j,k;              //声明三个无符号字符型变量 i，j，k
    for (i=0;i<5;i++)         //外循环 5 次，每次约 0.1s，共延时 5×0.1s=0.5s
    {                        //循环 200 次，每次约 0.5ms，共延时 200×0.5ms=0.1s
        for (j=0;j<200;j++)
        {                    //内循环 250 次，每次约 2μs，共延时 250×2μs=0.5ms
            for (k=0;k<250;k++)
            {;}              //最里面的循环体，什么也不做，但每次延时 2μs
        }
    }
}
void main()                   //主函数
{
    while(1)                  //while 循环，1 恒为真，所以构成无限次循环
    {
        light=0;             //给 P2.0 赋值 0，使 P2.0 输出低电平，LED 点亮
        delay05s();          //延时 0.5s
        light=1;             //给 P2.0 赋值 1，使 P2.0 输出高电平，LED 熄灭
        delay05s();          //延时 0.5s
    }
}
```

应知应会

(1) 掌握特殊功能寄存器中的可寻址位的定义方法及使用方法。

(2) 理解延时程序的工作原理，自己可以灵活设计延时程序。

(3) 看懂流程图，学习画流程图。

任务二 点亮 8 个闪烁的 LED 灯

一、任务目标

用 AT89C51 单片机的 P2 口控制 8 个 LED 灯，使其一个一个依次点亮，时间间隔为 0.5s，8 个灯都亮以后，全部熄灭，再重新开始依次点亮；并用 Keil 软件和 PROTEUS 软件仿真，进行联机调试。

二、硬件电路设计

1. 元件清单

使用的元件清单列表如表 4.2.1 所示。

表 4.2.1　8 个 LED 闪烁电路使用元件列表

序　号	元 件 名 称	所 属 类	所 属 子 类
1	AT89C51	Microprocessor ICs	8051 Family
2	9C08052A1002JL HFT	Resistor	Chip Resistor 1/8W 5%
3	LED-RED	Optoelectronics	LEDs

2. 电路原理图

8 个 LED 闪烁电路原理图如图 4.2.1 所示。其中主控模块的具体设计同图 4.1.1，此处省略。

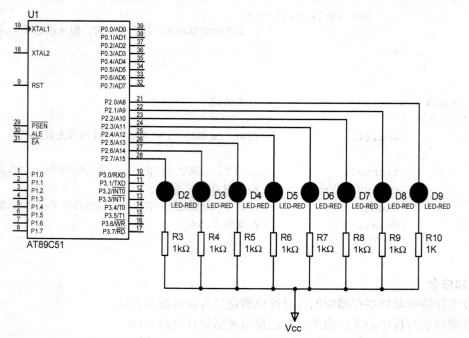

图 4.2.1　8 个 LED 闪烁电路原理图

三、相关知识

本设计要实现 8 个 LED 灯逐个点亮，根据二极管单向导电性特点，结合本设计可以使 P2.0～P2.7 引脚依次输出低电平(逻辑 0)即可；当 8 个灯都点亮以后要求全部熄灭，给 P2 口输出高电平(逻辑 1)即可。

四、本任务知识要点

本设计要实现 8 个 LED 灯逐个点亮，即要求 P2.0～P2.7 引脚依次输出低电平(逻辑 0)，可采用左移或右移指令。

左移就是把一个数的所有位向左移若干位，在 C 语言中用 "<<" 运算符表示。例如：

```
char i=0x81;            //把二进制数 10000001 赋值给 i
i=i<<1;                 //把 i 里的值左移 1 位，并赋值给 i
```

也就是原来 i 的值为 10000001，左移运算之后，i 里的数值每位都向左移动 1 位，高位溢出，低位补 0，此时 i 里的值变为 00000010。

右移就是把一个数的所有位向右移若干位，在 C 语言中用 ">>" 运算符表示。例如：

```
char  i=0xC1;                  //把二进制数 11000001 赋值给 i
i=i>>2;                        //把 i 里的值右移 2 位，并赋值给 i
```

也就是原来 i 的值为 11000001，右移运算之后，i 里的数值每位都向右移动 2 位，低位溢出，高位补 0，此时 i 里的值变为 00110000。

本设计中 8 个 LED 灯接在 P2 口上，工作前都是熄灭状态，可以给 light 赋初值 11111111，做好亮灯前的准备，使用如下命令定义：

```
light=0xFF;
```

若想点亮一个 LED 灯，就要使 light 里的数值每次右移 1 位并赋值给 P2 口，使用的命令如下：

```
light=light>>1;                //右移一位
P2=light;                      //将移位后的数赋给 P2 口
```

五、程序设计分析

要实现图 4.2.1 中 8 个发光二极管逐个点亮，实际上就是在单片机 P2 端口的各引脚上顺次输出低电平，时间间隔为 0.5s。单片机重复地实现依次输出低电平这个过程用流程图表示出来，如图 4.2.2 所示。

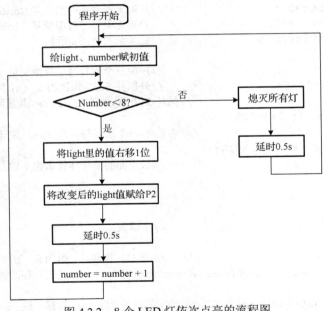

图 4.2.2　8 个 LED 灯依次点亮的流程图

1. 电路分析

在图 4.2.1 的电路原理图上可以看到，发光二极管 LED 接在 P2 端口的引脚上，且发光二极管的正极通过限流电阻接在电源上，负极接在 P2.0 引脚上。当 LED 两端加正向电压时，LED 亮，加反向电压时，LED 灭。即 P2 口引脚上输出低电平时，LED 亮，P2 口引脚上输出高电平时，LED 灭。

2. 8 个 LED 灯依次逐个点亮程序的编写

若想让 8 个 LED 灯依次逐个点亮，就要设定右移次数，可使用 for 语句来实现，命令如下：

```
for(Number=0;Number<8;Number++)          //设定右移次数
    {
     light=light>>1;                      //右移一位
     P2=light;                            //将移位后的数赋给 P2 口
     delay05s();                          //延时 0.5s
    }
```

3. 重新开始逐个点亮程序的编写

当 8 个 LED 灯都点亮以后，按照任务目标，要求 8 个 LED 灯都熄灭，再重新开始逐个点亮。因此要先给 P2 口各引脚送高电平，让 8 个 LED 灯都熄灭。然后再给 light 重新赋初值，开始轮的逐个点亮过程，命令如下：

```
P2=0xFF;                      //全部熄灭
delay05s();                   //延时 0.5s
light=0xFF;                   //重新开始
```

六、源程序

```
#include <reg51.h>              //包含头文件，声明各个特殊功能寄存器
#define uchar unsigned char     //为了书写方便，定义 uchar 表示无符号字符型
uchar Number=0 ;                //声明无符号字符型变量 Number，并将其初始化
uchar light=0xFF;               //声明无符号字符型变量 light，并将其初始化
void delay05s(void)             //定义延时 0.5s 函数
{
    uchar i,j,k;                //声明三个无符号字符型变量 i, j, k
for  (i=0;i<5;i++)             //外循环 5 次，每次约 0.1s，共延时 5×0.1s=0.5s
    {                          //循环 200 次，每次约 0.5ms，共延时 200×0.5ms=0.1s
        for (j=0;j<200;j++)
        {                      //内循环 250 次，每次约 2μs，共延时 250×2μs=0.5ms
        for (k=0;k<250;k++)
            {;}                //最里面的循环体什么也不做，但每次延时 2μs
        }
    }
}
void main()                     //主函数
{
    while(1)                    //while 循环，1 恒为真，所以构成无限次循环
    {   for(Number=0;Number<8;Number++)      //设定右移次数
        {
         light=light>>1;                     //右移一位
         P2=light;                           //将移位后的数赋给 P2 口
         delay05s();                         //延时 0.5s
        }
        P2=0xFF;                             //全部熄灭
        delay05s();                          //延时 0.5s
        light=0xFF;                          //重新开始
    }
}
```

应知应会

(1)掌握左移、右移的使用方法。

(2)理解左/右移位数和次数的差别，自己可以灵活设计灯的亮法。

任务三　任意流水灯的设计

一、任务目标

用 AT89C51 单片机的 P2 口控制 8 个 LED 灯，使其循环右移轮流点亮，变化时间间隔为 0.5s，并用 Keil 软件和 PROTEUS 软件仿真，进行联机调试。

二、硬件电路设计

1. 元件清单

使用的元件清单列表如表 4.3.1 所示。

表 4.3.1　任意流水灯的设计电路使用元件列表

序号	元件名称	所属类	所属子类
1	AT89C51	Microprocessor ICs	8051 Family
2	9C08052A1002JL HFT	Resistor	Chip Resistor 1/8W 5%
3	LED-RED	Optoelectronics	LEDs

2. 电路原理图

任意流水灯的设计电路原理图如图 4.3.1 所示。其中主控模块的具体设计同图 4.1.1，此处省略。

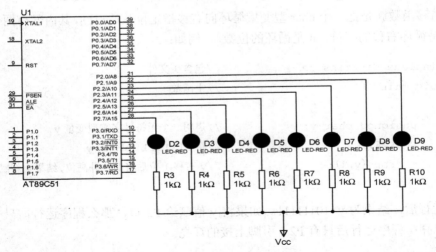

图 4.3.1　任意流水灯的设计电路原理图

三、相关知识

要实现 8 个 LED 灯循环右移轮流点亮，根据二极管单向导电性特点，可以使 P2.0～P2.7 引脚轮流输出低电平(逻辑 0)即可。

四、本任务知识要点

要实现 8 个 LED 灯滚动闪烁，即要求 P2.0～P2.7 引脚轮流输出低电平(逻辑 0)，可采用循环左移或循环右移函数，这些函数包含在 C51 中的头文件 intrins.h 里。

在 C51 单片机编程中，头文件 intrins.h 的函数使用起来，就会让像在用汇编时一样简便。_crol_ 和_cror_ 分别是字符循环左移和右移函数。

在头文件 intrins.h 里_crol_函数的原型为

```
unsigned char _crol_(unsigned char val,unsigned char n);
```

循环左移函数就是把一个 char 型变量循环向左移指定位数后返回,其内部有两个变量 val 和 n, val 是循环左移的字符, n 是循环的位数。 例如:

```
#include <intrins.h>              //包含头文件
void main ()                      //主函数
{
    unsigned char y;              //声明一个无符号字符型变量 y
    y=0xFE;                       //将 11111110 赋值给 y
    y=_crol_(y,3);                //y 左移 3 位后将高位补低位,结果重新赋给 y
}
```

程序运行后，结果为

```
y=11110111
```

本设计采用循环右移程序，在头文件 intrins.h 里_cror_函数的原型为

```
unsigned char _cror_(unsigned char val,unsigned char n);
```

循环右移函数就是把一个 char 型变量循环向右移指定位数后返回,其内部有两个变量 val 和 n, val 是循环右移的字符, n 是循环的位数。 例如:

```
#include <intrins.h>              //包含头文件
void main ()                      //主函数
{
    unsigned char y;              //声明一个无符号字符型变量 y
    y=0x7F;                       //将 01111111 赋值给 y
    =_cror_(y,1);                 //y 右移 1 位后将低位补高位,结果重新赋给 y
}
```

程序运行后，结果为 y=10111111。如果将 y 值赋给 P2 口，那么程序运行前只有 P2.7 引脚上接的灯亮；程序运行后只有 P2.6 引脚上接的灯亮。

五、程序设计分析

要实现图 4.3.1 中 8 个 LED 灯循环右移轮流点亮，实际上就是在单片机 P2 端口的各引脚上轮流输出低电平，时间间隔为 0.5s。单片机重复地实现轮流输出低电平这个过程用流程图表示出来，如图 4.3.2 所示。

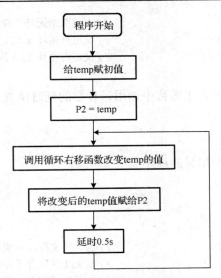

图 4.3.2　8 个 LED 灯轮流点亮的流程图

1. 8 个 LED 灯循环右移轮流点亮程序的编写

根据硬件连接，给 P2 口赋值为 01111111，循环右移一次可以点亮一个 LED 灯，延时 0.5s 后，再循环右移一次，可以点亮下一个 LED 灯，循环下去，就可以实现 8 个 LED 灯循环右移轮流点亮的功能，程序如下：

```
temp=0x7F;                    //将 01111111 赋值给 temp
P2=temp;                      //temp 的值赋给 P2
while(1)                      //while 循环，1 恒为真，所以构成无限次循环
{
    temp=_cror_(temp,1);      //temp 循环右移一次
    delay(500);              //延时 0.5s
    P2=temp;                  //将移位后的值赋给 P2
}
```

2. 延时程序的编写

不带参数的延时函数在调用时，延时时长是固定的。当在多个延时时间不一样的地方需要调用延时子函数时，就需要编制不同的延时子程序。这样，程序代码长度应要长出不少。带参数的延时子函数增加一个参数，提高了程序设计的灵活性，这里，参数的大小决定延时时间的长短，所以同样一个子程序可以被需要不同延时时间的多个地方调用，节约了程序空间。

众所周知，C51 在编程时很难掌握程序运行的时间，所以编写延时程序时很难做到很精确，解决的方式有插入汇编语句，还可以用定时器来做，但只是一个很小的延时程序而已，不必小题大做，可以进行仿真测试，测试出延时的时间。通过仿真测试，得出 1ms 的延时程序的经验值如下：

```
#define uint unsigned int      //为了书写方便，定义 uint 表示无符号整型
void delay(uint z)             //定义延时 1ms 函数
{
```

```
    uint x,y;                        //声明两个无符号整型变量 x,y
    for(x=z;x>0;x--)                 //设定外循环 z 次
    for(y=110;y>0;y--);              //设定内循环 110 次
}
```

z 为形参。根据需要，可在主函数中调用带参数的延时函数。例如，需要延迟 1s，调用时的程序为

```
delay(1000);
```

本设计要求延时 0.5s，调用时的程序为

```
delay(500);
```

六、源程序

```
#include <reg51.h>               //包含头文件，声明各个特殊功能寄存器
#include <intrins.h>             //该头文件包含了左移、右移函数
#define uchar unsigned char      //为了书写方便，定义 uchar 表示无符号字符型
#define uint unsigned int        //为了书写方便，定义 uint 表示无符号整型
uchar temp;                      //声明无符号字符型变量 temp
void delay(uint z)               //定义延时 1ms 函数
{
    uint x,y;                    //声明两个无符号整型变量 x,y
    for(x=z;x>0;x--)             //设定外循环 z 次
    for(y=110;y>0;y--);          //设定内循环 110 次
}
void main()                      //主函数
{
temp=0x7F;                       //将 01111111 赋值给 temp
    P2=temp;                     //temp 的值赋给 P2
    while(1)                     //while 循环，1 恒为真，所以构成无限次循环
    {
        temp=_cror_(temp,1);     //temp 循环右移一次
        delay(500);              //延时 0.5s
        P2=temp;                 //将移位后的值赋给 P2
    }
}
```

应知应会

(1)掌握循环左移、循环右移的使用方法。

(2)理解带参数的延时程序，自己可以灵活设计延时程序。

任务四　一个数码管的静态显示

一、任务目标

将一个共阳极数码管的 a～h 的段选线连接到 AT89C51 单片机的 P2 端口的 P2.0～P2.7 上，

数码管的公共端接电源，在数码管上轮流显示 0～9 的数字，时间间隔 0.5s，并用 Keil 软件和 PROTEUS 软件仿真，进行联机调试。

二、硬件电路设计

1. 元件清单

使用的元件清单列表如表 4.4.1 所示。

表 4.4.1　一个静态数码管显示电路使用元件列表

序号	元件名称	所属类	所属子类
1	AT89C51	Microprocessor ICs	8051 Family
2	9C08052A1002JLHFT	Resistor	Chip Resistor 1/8W 5%
3	7SEG-MPX1-CA	Optoelectronics	7-Segment Displays

2. 电路原理图

一个静态数码管显示电路原理如图 4.4.1 所示。其中主控模块的具体设计同图 4.1.1，此处省略。

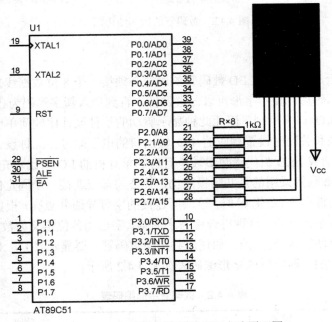

图 4.4.1　一个静态数码管显示电路原理图

三、相关知识

1. 数码管

数码管实际上是由 7 个发光管组成 "8" 字形构成的，加上小数点就是 8 个。这些段分别由字母 a、b、c、d、e、f、g、dp 来表示。数码管的外部引脚如图 4.4.2(a) 所示，其中 COM 引脚为公共端，用来控制数码管的打开或关闭，即起到 "使能" 作用。

当数码管特定的段加上电压后，这些特定的段就会发亮，以形成看到的字样。例如，显示一个"1"字，那么应当是 b、c 亮，a、d、e、f、g、dp 不亮。

根据公共端接法的不同，数码管又分为共阴极和共阳极两种结构，如图 4.4.2(b) 和 (c) 所示。共阳极就是将 8 个 LED 的阳极连接到一起组成公共 COM 端，接正极，当相应字段为低电平"0"时，可以点亮该字段；当相应字段为高电平"1"时，该字段不亮。共阴极就是将 8 个 LED 的阴极连接到一起组成公共 COM 端，接负极，当相应字段为高电平"1"时，可以点亮该字段；当相应字段为低电平"0"时，该字段不亮。

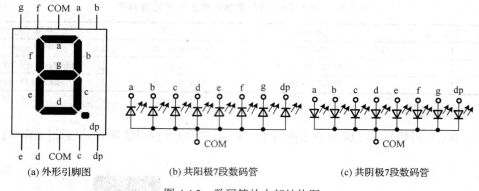

(a) 外形引脚图　　　　　(b) 共阳极7段数码管　　　　　(c) 共阴极7段数码管

图 4.4.2　数码管的内部结构图

2. 静态显示

所谓的静态显示，是指每个 LED 数码管的段选必须接一个 8 位数据线来保持显示的字形码。当送入一次字形码后，显示字形可以一直保持，直到送入新字形码为止。由于每个 LED 数码管均由独立的 I/O 口来控制，因此此种显示驱动的软件设计比较简单明了，不需要特别的处理，在需要点亮和关闭时设置相应的 I/O 输出口的电平即可。此种设计一般应用在对单个 LED 数码管的驱动或 LED 数码管数量较少且选的单片机的 I/O 口比较充裕的情况下。

本设计的 LED 数码管采用的是共阳极结构，其公共端应连接一个固定的高电平。当某段驱动电路的输出端为低电平(逻辑 0)时，该端所连接的字段导通并点亮，根据发光字段的不同组合可显示出各种数字或字符，这种组合称为字形码。字形码各位定义为数据线 D0 与 a 字段对应，D1 与 b 字段对应，以此类推。如使用共阳极数码管，要显示"0"，对应的字形编码应为 11000000B，即 C0H。数码管的字形编码表如表 4.4.2 所示。

表 4.4.2　数码管字形编码表

显示字符	共阳极								字形码	共阴极								字形码
	D7	D6	D5	D4	D3	D2	D1	D0		D7	D6	D5	D4	D3	D2	D1	D0	
	dp	g	f	e	d	c	b	a		dp	g	f	e	d	c	b	a	
0	1	1	0	0	0	0	0	0	C0H	0	0	1	1	1	1	1	1	3FH
1	1	1	1	1	1	0	0	0	F9H	0	0	0	0	0	1	1	0	06H
2	1	0	1	0	0	1	0	0	A4H	0	1	0	1	1	0	1	1	5BH
3	1	0	1	1	0	0	0	0	B0H	0	1	0	0	1	1	1	1	4FH
4	1	0	0	1	1	0	0	1	99H	0	1	1	0	0	1	1	0	66H
5	1	0	0	1	0	0	1	0	92H	0	1	1	0	1	1	0	1	6DH

续表

显示字符	共阳极								字形码	共阴极								字形码
	D7	D6	D5	D4	D3	D2	D1	D0		D7	D6	D5	D4	D3	D2	D1	D0	
	dp	g	f	e	d	c	b	a		dp	g	f	e	d	c	b	a	
6	1	0	0	0	0	0	1	0	82H	0	1	1	1	1	1	0	1	7DH
7	1	1	1	1	1	0	0	0	F8H	0	0	0	0	0	1	1	1	07H
8	1	0	0	0	0	0	0	0	80H	0	1	1	1	1	1	1	1	7FH
9	1	0	0	1	0	0	0	0	90H	0	1	1	0	1	1	1	1	6FH
A	1	0	0	0	1	0	0	0	88H	0	1	1	1	0	1	1	1	77H
B	1	0	0	0	0	0	1	1	83H	0	1	1	1	1	1	0	0	7CH
C	1	1	0	0	0	1	1	0	C6H	0	0	1	1	1	0	0	1	39H
D	1	0	1	0	0	0	0	1	A1H	0	1	0	1	1	1	1	0	5EH
E	1	0	0	0	0	1	1	0	86H	0	1	1	1	1	0	0	1	79H
F	1	0	0	0	1	1	1	0	8EH	0	1	1	1	0	0	0	1	71H
H	1	0	0	0	1	0	0	1	89H	0	1	1	1	0	1	1	0	76H
L	1	1	0	0	0	1	1	1	C7H	0	0	1	1	1	0	0	0	38H
P	1	0	0	0	1	1	0	0	8CH	0	1	1	1	0	0	1	1	73H
U	1	1	0	0	0	0	0	1	C1H	0	0	1	1	1	1	1	0	3EH
-	1	0	1	1	1	1	1	1	BFH	0	1	0	0	0	0	0	0	40H
.	0	1	1	1	1	1	1	1	7FH	1	0	0	0	0	0	0	0	80H
不显示	1	1	1	1	1	1	1	1	FFH	0	0	0	0	0	0	0	0	00H

四、本任务知识要点

如表 4.4.2 所示，数码管显示数字 0~9 的字形码 84H、0F5H、46H、54H、35H、1CH、0CH、0D5H、04H、14H 没有规律可循，如果使用基本的数据类型表示它们，则要引入 10 个变量，这样就使问题变得非常烦琐。为此，C 语言提供了一种简单的构造数据类型——数组来解决这个问题。本设计采用引用一维数组来完成所需的要求。在程序设计中设计一个变量，每隔一定时间在 0~9 变化，然后按照这个数据去查找段码表，把查到的数据送到 P2 口。

一维数组是一组具有相同类型且在内存中序排列的数据集合，其格式为

类型说明符　数组名[常量表达式]；

例如：

int a[10]; //数组名为 a,有 10 个元素,并且每个元素的类型都是 int 型的
float b[10],c[5]; //实型数组 b 有 10 个元素,实型数组 c 有 5 个元素

需要注意：数组名的命名规则和标识符的命名规则相同；不能与其他变量名相同；常量表达式表示数组元素的个数，即数组长度；数组中的每个元素都具有相同的数据类型，用数组名加下标的方式表示，并且数组的第一个元素是从下标 0 开始的；常量表达式可以是常量也可以是符号常量，不能包含变量。关于定义一维数组的要求，请参阅相关的 C 语言书籍。

一维数组元素的初始化，可以在定义数组时对数组元素赋初值，例如：

int a[10]={0,1,2,3,4,5,6,7,8,9};

也可以只给一部分元素赋初值，例如：

int a[10]={0,1,2,3,4};

表示只给数组的前 5 个元素赋初值，后 5 个元素的值，系统自动默认为 0。

在对全部数组元素赋初值时,可以不指定数组长度。例如:

```
int a[5]={0,1,2,3,4};
```

可以改写为

```
int a[]={0,1,2,3,4};
```

本设计中一维数组的初始化是在定义数组时对数组元素赋初值的，使用的命令如下:

```
uchar code Table[]={0xC0,0xF9,0xA4,0xB0,0x99,0x92,0x82,0xF8,0x80,0x90};
```

数组前加" code "，数组中的内容是存放在程序存储区（如 Flash）中的，只有在烧写程序时，才能改变 Table[]中的各元素的值，在程序运行工程中无法修改，并且掉电后 Table[]中的数据不消失。若数组前不加"code"，则默认将数组存放在数据存储区（RAM）中的，在程序运行工程中各个数组元素的值可以被修改，掉电后 Table[]中的数据无法保存。

数组定义后就可以使用了。C 语言规定:只能逐个引用数组元素，不能一次引用整个数组。数组的引用形式为:

```
数组名[下标];
```

其中，下标可以是整型常量也可以是整型表达式。例如:

```
a[0]=a[5]+a[7]+a[2*3];
```

本设计引用数组元素后并将其赋值给 P2 口，使用的命令为

```
P2=Table[Number];
```

五、程序设计分析

要实现图 4.4.1 中一个数码管循环显示 0～9，时间间隔为 0.5s，就是单片机周期性的引用数组元素并将其送至 P2 口，这个过程用流程图表示出来，如图 4.4.3 所示。

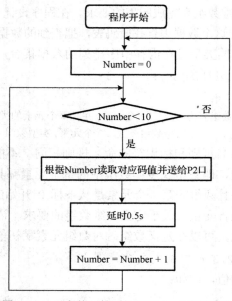

图 4.4.3　一个数码管循环显示 0～9 的流程图

1. 电路分析

在图 4.4.1 的电路原理图上，我们可以看到，数码管的 a、b、c、d、e、f、g、dp 段分别在单片机的 P2 口的 P2.0、P2.1、P2.2、P2.3、P2.4、P2.5、P2.6、P2.7 引脚上，用来控制显示数字的形状；数码管的公共端 COM 接电源 Vcc。数码管采用共阳极接法，给数组赋值时要按照表 4.4.2 中共阳极字形编码来进行赋值。

2. 数组的定义赋值

本设计对数组元素的初始化采用在定义数组时对数组元素赋初值，使用的命令如下：

```
uchar code Table[]={0xC0,0xF9,0xA4,0xB0,0x99,0x92,0x82,0xF8,0x80,0x90};
```

3. 数组元素的引用

本设计想显示数字时，可先定义整形变量 Number，作为数组下标，在数组引用前给其赋值，然后引用数组元素 Table[Number]，并将其赋值给 P2 口，使用的命令如下：

```
for(Number=0;Number<=9;Number++)      //设定循环 10 次
{
    P2=Table[Number];                 //引用数组元素，并将其赋值给 P2 口
    delay(500);                       //延时 0.5s
}
```

六、源程序

```
#include <reg51.h>                //包含头文件，声明各个特殊功能寄存器
#define uint unsigned int         //为了书写方便，定义 uint 表示无符号整型
#define uchar unsigned char       //为了书写方便，定义 uchar 表示无符号字符型
uchar Number;                     //声明无符号字符型变量 Number
uchar code Table[]={0xC0,0xF9,0xA4,
0xB0,0x99,0x92,0x82,
0xF8,0x80,0x90};                  //数字 0～9 对应的码值
void delay(uint z)                //定义延时 1ms 函数
{
    uint x,y;                     //声明两个无符号整型变量 x,y
    for(x= z;x>0;x--)             //设定外循环 z 次
    for(y=110;y>0;y--);           //设定内循环 110 次
}
void main()                       //主函数
{
    while(1)                      //while 循环，1 恒为真，所以构成无限次循环
    {
        for(Number=0;Number<=9;Number++)      //设定循环 10 次
        {
        P2=Table[Number];         // 引用数组元素，并将其赋值给 P2 口
         delay(500);              //延时 0.5s
        }
    }
}
```

应知应会

(1) 掌握数组的定义、赋值及引用的方法。

(2) 理解静态显示的工作原理，自己可以灵活设计显示内容。

任务五　两个数码管的动态显示

一、任务目标

用动态扫描的方法在两个数码管上稳定的显示"89"这个数字，并用 Keil 软件和 PROTEUS 软件仿真，进行联机调试。

二、硬件电路设计

1. 元件清单

使用的元件清单列表如表 4.5.1 所示。

表 4.5.1　两个动态数码管显示电路使用元件列表

序号	元件名称	所属类	所属子类
1	AT89C51	Microprocessor ICs	8051 Family
2	9C08052A1002JL HFT	Resistor	Chip Resistor 1/8W 5%
3	7SEG-MPX2-CA	Optoelectronics	7-Segment Displays

2. 电路原理图

两个数码管动态显示电路原理图如图 4.5.1 所示。其中主控模块的具体设计同图 4.1.1，此处省略。

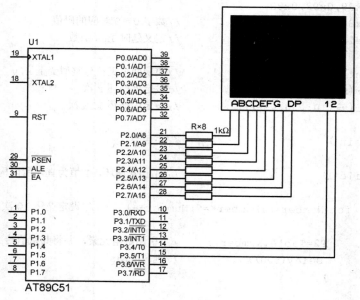

图 4.5.1　两个动态数码管显示电路原理图

三、相关知识

所谓动态显示，就是一位一位地轮流点亮各位数码管。对于每一位数码管，每隔一段时间点亮一次。数码管的点亮既与点亮时的导通电流有关，也与点亮时间和间隔时间的比例有关。调整电流和时间的参数可实现亮度较高、较稳定的显示。若数码管的位数不超过 8 个，则控制数码管公共极电位只需一个 I/O 口（称为扫描口），控制各位数码管所显示的字形需要一个 8 位口（称为段数据口）。

动态显示的硬件接法是将所有 LED 数码管的段选线并在一起，接到一个 8 位的 I/O 口上；而位选线则分开接到各自的控制 I/O 线上，如图 4.5.1 所示。

由于各 LED 数码管的段选线是并到一起的，如果不加控制，在送显示字形时各 LED 数码管会显示同样的内容。为解决这一问题，应使 LED 数码管在每个时间段内只显示一位，即在此期间只使一位 LED 数码管的位选线有效，这样就只有一位 LED 数码管显示，而其他不显示。通过程序或硬件电路控制，各 LED 数码管在一个显示周期内分别显示一段时间，当一个显示周期足够短（<100ms）时，利用发光管的余辉和人的视觉暂留特性，使人感觉每个 LED 数码管总是在亮，这就是动态扫描显示方式。

四、本任务知识要点

用动态扫描的方法实现两个数码管稳定显示数字"89"，即在个位的位选线处于选通状态时，十位的位选线处于关闭状态，这样，个位显示出字符"9"，而其十位则是熄灭的。同样，在下一时刻，只让十位的位选线处于选通状态，而其个位的位选线处于关闭状态，此时，十位显示出字符"8"，而其个位则是熄灭的。选择合适的每位显示间隔，则可造成多位同时亮的假象，如此循环下去，就可以使各位"同时"显示出将要显示的字符，达到显示的目的。

通过仿真测试会发现每位显示的时间间隔扫描频率太低时数码管会出现闪烁的现象，频率太高则亮度不够甚至无法显示。应在实际的调试过程中不断尝试，找到一个最佳临界点，即要注意动态扫描的延时间隔和扫描次数。由于本设计只有两个数码管，因此每位显示时间间隔选择经验值为 10ms。若为 6 个数码管，则可将每位显示时间间隔选择为 2ms。

五、程序设计分析

将两个共阳极数码管的 a～h 的段选线并在一起，连接到 AT89C51 单片机的 P2 口的 P2.0～P2.7 上，数码管的位选线分别接在 P3 口的 P3.4、P3.5 上，用动态扫描的方法在两数码管上稳定的显示"89"这个数字的过程用流程图表示出来如图 4.5.2 所示。

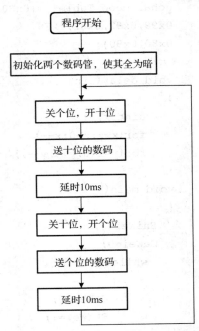

图 4.5.2 两个数码管动态显示"89"的流程图

1. 个位显示程序的编写

显示个位数字时，要求个位的位选线处于选通状态而十位的位选线处于关闭状态。这样，要想个位显示出字符"9"，而其十位则是熄灭的，使用的命令为

```
ShiWei=0;              //关闭十位
GeWei=1;               //选中个位
P2=Table[9];           //送数字码
delay(10);             //延时 10ms
```

2. 十位显示程序的编写

显示十位数字时，要求十位的位选线处于选通状态而个位的位选线处于关闭状态。此时，要想十位显示出字符"8"，而其个位则是熄灭的，使用的命令为

```
GeWei=0;               //关闭个位
ShiWei=1;              //选中十位
P2=Table[8];           //送数字码
delay(10);             //延时 10ms
```

六、源程序

```
#include <reg51.h>            //包含头文件，声明各个特殊功能寄存器
#define uint unsigned int     //为了书写方便，定义 uint 表示无符号整型
#define uchar unsigned char   //为了书写方便，定义 uchar 表示无符号字符型
sbit ShiWei=P3^4;             //定义变量 ShiWei 表示 P3 口的 P3.4 引脚,十位位选
sbit GeWei=P3^5;              //定义变量 GhiWei 表示 P3 口的 P3.5 引脚,个位位选
uchar code Table[]={0xC0,0xF9,0xA4,0xB0,
0x99,0x92,0x82,0xF8,
0x80,0x90};                   //数字 0~9 对应的码值

void delay(uint z)            //定义延时 1ms 函数
{
    uint x,y;                 //声明两个无符号整型变量 x,y
    for(x=z;x>0;x--)          //设定外循环 z 次
    for(y=110;y>0;y--);       //设定内循环 110 次
}
void main()                   //主函数
{
  ShiWei=0;                   //十位初始为暗
  GeWei=0;                    //个位初始为暗
    while(1)                  //while 循环, 1 恒为真, 所以构成无限次循环
      {
        GeWei=0;              //关闭个位
        ShiWei=1;             //选中十位
        P2=Table[8];         //送数字码
        delay(10);           //延时 10ms
```

```
    ShiWei=0;              //关闭十位
     GeWei=1;              //选中个位
     P2=Table[9];          //送数字码
     delay(10);            //延时 10ms
    }
}
```

应知应会

(1)理解动态显示的工作原理,自己可以灵活设计显示内容。

(2)理解静态显示与动态显示的区别。

任务六 6个数码管的动态显示

一、任务目标

用动态扫描的方法在 6 个共阴极数码管上循环显示 012345—123456—234567—345678—456789—012345,并用 Keil 软件和 PROTEUS 软件仿真,进行联机调试。

二、硬件电路设计

1. 元件清单

使用的元件清单列表如表 4.6.1 所示。

表 4.6.1 6 个动态数码管显示电路使用元件列表

序号	元件名称	所属类	所属子类
1	AT89C51	Microprocessor ICs	8051 Family
2	74HC138	TTL 74HC series	Decoders
3	7SEG-MPX6-CC	Optoelectronics	7-Segment Displays

2. 电路原理图

6 个动态数码管显示电路原理图如图 4.6.1 所示。其中主控模块的具体设计同图 4.1.1,此处省略。

三、相关知识

74HC138 译码器的作用为完成 3 位二进制数据到 8 位片选的译码。也就是说,3 个输入端对应 8 个二进制数据(000、001、010、011、100、101、110、111),对于每个输入的数据,输出端相应位输出低电平,其他 7 位输出高电平。74HC138 具有 2 个低电平使能端($\overline{E1}$ 和 $\overline{E2}$)与 1 个高电平使能端(E3),当低电平使能端接低电平且高电平使能端接高电平时,74HC138 才能正常工作,否则 8 个输出端全部输出高电平。因此,在本设计中为了使 74HC138 正常工作,将 E3 接电源,$\overline{E1}$ 和 $\overline{E2}$ 接地。74HC138 译码器的真值表如表 4.6.2 所示。

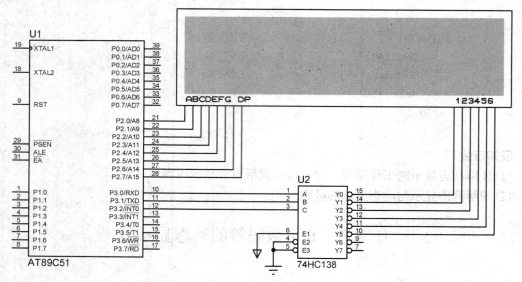

图 4.6.1　6 个数码管动态显示电路原理图

表 4.6.2　74HC138 译码器真值表

| 输入端 | | | | | | 输出端 | | | | | | | |
| 使能端 | | | 选择端 | | | | | | | | | | |
E3	$\overline{E2}$	$\overline{E1}$	A2	A1	A0	$\overline{Y0}$	$\overline{Y1}$	$\overline{Y2}$	$\overline{Y3}$	$\overline{Y4}$	$\overline{Y5}$	$\overline{Y6}$	$\overline{Y7}$
X	1	X	X	X	X	1	1	1	1	1	1	1	1
X	X	1	X	X	X	1	1	1	1	1	1	1	1
0	X	X	X	X	X	1	1	1	1	1	1	1	1
1	0	0	0	0	0	0	1	1	1	1	1	1	1
1	0	0	0	0	1	1	0	1	1	1	1	1	1
1	0	0	0	1	0	1	1	0	1	1	1	1	1
1	0	0	0	1	1	1	1	1	0	1	1	1	1
1	0	0	1	0	0	1	1	1	1	0	1	1	1
1	0	0	1	0	1	1	1	1	1	1	0	1	1
1	0	0	1	1	0	1	1	1	1	1	1	0	1
1	0	0	1	1	1	1	1	1	1	1	1	1	0

四、本任务知识要点

本设计采用 74HC138 译码器来控制 6 个数码管的选通。74HC138 译码器的输入端连接到 AT89C51 单片机 P3 口的 P3.0～P3.2 上；其输出端 $\overline{Y0}$ ～ $\overline{Y5}$ 分别端接 6 个数码管的位选线。当 P3 口输出 00000000、00000001、00000010、00000011、00000100、00000101 时，74HC138 的输出端 $\overline{Y0}$ ～ $\overline{Y5}$ 的相应引脚输出低电平，其控制的那个数码管将被点亮；P3 口输出 11111111 时，输出端 $\overline{Y0}$ ～ $\overline{Y5}$ 都输出高电平，此时 6 个数码管全部熄灭。例如，当 74HC138 输入为 000 时，$\overline{Y0}$ 输出低电平，选中第一个数码管，通过数组元素的引用，将对应的码值送给 P2 口，显示在第一个数码管上，使用的命令为

```
P3=0;                    //即 P3=0000 0000,选中第一位数码管
P2=Table[Number];        //送数字码
```

五、程序设计分析

用动态扫描的方法在 6 个共阴极数码管上循环显示 012345—123456—234567—345678—456789—012345 这 5 组数据。这个过程的流程图如图 4.6.2 所示。

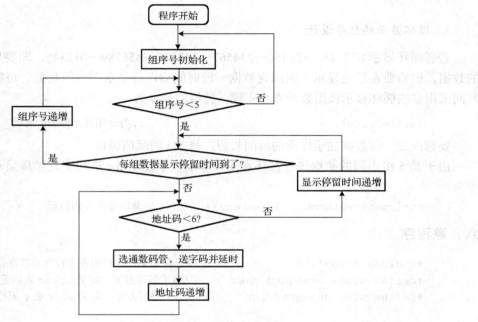

图 4.6.2　6 个数码管动态显示的流程图

1. 电路分析

由图 4.6.1 可知，6 个共阴极数码管的 a～h 的段选线并在一起，连接到 AT89C51 单片机的 P2 口的 P2.0～P2.7 上，数码管的位选线分别接在 74HC138 译码器的输出端 $\overline{Y0}$ ～$\overline{Y5}$ 上，74HC138 译码器的输入端连接到 AT89C51 单片机 P3 口的 P3.0～P3.2 上。由于数码管采用共阴极接法，因此给数组赋值时要按照表 4.6.2 中共阴极字形编码来进行赋值。使用的命令为

```
uchar code Table[]={0x3F,0x06,0x5B,0x4F,0x66,0x6D, 0x7D,0x07,0x7F,0x6F};
```

2. 显示一组固定数据的程序设计

如果用动态扫描的方法在 6 个共阴极数码管上显示固定的 6 个字符，则从第一个数码管开始轮流选中每一位的位码后送出该位相应的段码并延时，8 个数码管全部扫描完一遍之后，再回到第一个重新开始下一次扫描即可。6 个共阴极数码管的段选线是并到一起的，想要动态显示不同的字符，就要在每个时间段内只使一位数码管的位选线有效。使用 74HC138 控制位选线，在 AT89C51 单片机的 P3 口分别送出 0、1、2、3、4、5 时，74HC138 的输入端输入000、001、010、011、100、101，输出端 $\overline{Y0}$ ～$\overline{Y5}$ 会相应输出低电平，依次选中第 1～6 个数码管，通过数组元素的引用，将对应的码值送给 P2 口，显示在相应的数码管上。本设计使用的命令为

```
    for(j=0;j<6;j++)                     //循环选择 6 个数码管
        {
            P3=j;                        //将地址赋给 P3，选中其中一位数码管
            P2=Table[j+k];               //将码值赋给 P2
            delay(2);                    //延时
        }
```

3. 循环显示的程序设计

若想循环显示 012345—123456—234567—345678—456789—012345，即要显示 5 组不同的数据，则需要在稳定显示一组固定数据一段时间后，再显示下一组数据。每组数据显示的时间采用多次循环显示该组数的方法实现，使用的命令为

```
    for(i=0;i<60;i++)                            //每一组显示停留的时间
```

要想改变一组数据显示停留的时间长短，修改 i 的赋值即可。

由于是 5 组不同的数据进行循环显示，本设计中使用 for 语句实现循环显示，使用的命令为

```
    for(Number=0;Number<5;Number++)              //循环显示 5 组数据
```

六、源程序

```
    #include <reg51.h>               //包含头文件，声明各个特殊功能寄存器
    #define uchar unsigned char      //为了书写方便，定义 uchar 表示无符号字符型
    #define uint unsigned int        //为了书写方便，定义 uint 表示无符号整型

    uchar code Table[]={0x3F,0x06,0x5B,
    0x4F,0x66,0x6D,
    0x7D,0x07,0x7F,0x6F};            //数字 0～9 对应的码值
    uchar i,j,k;                     //声明三个无符号字符型变量 i,j,k

    void delay(uint z)               //定义延时 1ms 函数
    {
        uint x,y;                    //声明个两个无符号整型变量 x,y
        for(x= z;x>0;x--)            //设定外循环 z 次
        for(y=110;y>0;y--);          //设定内循环 110 次
    }
    void main()                      //主函数
    {
        P3=0xFF;                     //1111 1111---初始化为不亮
        while(1)                     //while 循环，1 恒为真，所以构成无限次循环
        {   for(k=0;k<5;k++)         //循环显示 5 组数据
            {
                for(i=0;i<60;i++)    //每一组显示停留的时间
                {
                    for(j=0;j<6;j++) //循环选择 6 个数码管
                    {
                    P3=j;            //将地址赋给 P3，选中其中一位数码管
                    P2=Table[j+k];   //将码值赋给 P2
```

```
        delay(2);           //延时
        }
    }
 }
}
```

应知应会

(1)掌握使用动态显示的方法循环显示不同的内容。

(2)能够灵活设置显示的时间和内容。

思考题与习题

1. 用 AT89C51 单片机的 P2.0 控制 1 个 LED 灯，使其闪烁，变化时间间隔为 1s，要求发光二极管的正极接在 P2.0 引脚上，负极通过限流电阻接地。

2. 用 AT89C51 单片机的 P2 口控制 8 个 LED 灯，使其两个两个地点亮，时间间隔为 1s，8 个灯都亮以后，全部熄灭，再重新开始逐个点亮；要求使用左移指令。

3. 用 AT89C51 单片机的 P2 口控制 8 个 LED 灯，使其两个一组轮流点亮，变化时间间隔为 0.7s，要求使用循环左移指令实现。

4. 将一个共阳极数码管的 a~h 段选线连接到 AT89C51 单片机的 P2 端口的 P2.0~P2.7 上，数码管的公共端接电源，在数码管上轮流显示 0~9 及 A~F 这 16 个字符，时间间隔 1s。

5. 用动态扫描的方法在两个数码管上稳定的显示"53"这个数字，调整每位显示的时间间隔，观察显示时间间隔过长或过短时的现象。

6. 用动态扫描的方法在 6 个共阴极数码管上轮流显示"HELLO-"和自己学号的后 6 位。

项目五　键盘控制原理及检测设计

键盘分为编码键盘和非编码键盘。键盘上闭合键的识别由专用的硬件编码器实现，并产生键编码号或键值的称为编码键盘。而靠软件编程来识别的称为非编码键盘。在单片机组成的各系统中，用得最多的是非编码键盘。非编码键盘又分为独立键盘和矩阵键盘，下面逐个进行分析。

任务一　独立键盘检测

一、任务目标

用 LED 灯指示一个按键是否被按下，当按键按下时 LED 灯点亮并延时一段时间，然后熄灭；无按键按下时灯不亮，并用 Keil 软件和 PROTEUS 软件仿真，进行联机调试。

二、硬件电路设计

1. 元件清单

使用的元件清单列表如表 5.1.1 所示。

表 5.1.1　独立键盘检测电路使用元件列表

序号	元件名称	所属类	所属子类
1	AT89C51	Microprocessor ICs	8051 Family
2	BUTTON	Switches &Relays	Switches
3	9C08052A1002JLHFT	Resistor	Chip Resistor 1/8W 5%
4	9C08052A3300JLHFT	Resistor	Chip Resistor 1/8W 5%
5	LED-GREEN	Optoelectronics	LEDs

2. 电路原理图

独立键盘检测电路原理图如图 5.1.1 所示。其中主控模块的具体设计同图 4.1.1，此处省略。

三、相关知识

独立式键盘相互独立，每个按键占用一根 I/O 口线，每根 I/O 口线上按键的工作状态不会影响其他按键的工作状态。这种按键的软件程序简单，但占用的 I/O 口线较多(一根口线只能接一个按键)，适用于键盘应用数量较少的系统中。

四、本任务知识要点

采用查询的方式确定按键的位置。在无按键闭合时，单片机引脚上输入的是高电平；若某按键闭合，相应的单片机引脚输入低电平。

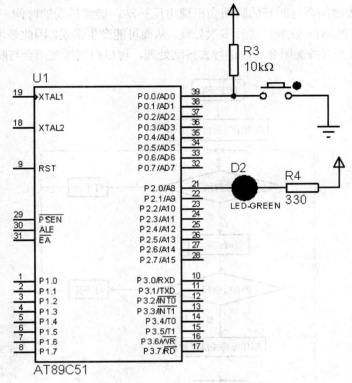

图 5.1.1　独立键盘检测电路原理图

采用逻辑非运算判断是否有键按下。逻辑运算符"非"用一个感叹号（!）表示，是单目运算符，具有右结合性。当参与非运算的运算量为真时，结果为假；运算量为假时，结果为真。例如：

```
! (5>0)                         //5>0 为真，非运算后结果为假
```

本设计中用 Key1 表示 P0.0 引脚，按键按下时，Key1 为假，!Key1 就为真；按键没有按下时，Key1 为真，!Key1 就为假。判断按键是否按下时应使用的命令如下：

```
if(!Key1)                       //如果 Key 按下，!Key1 是真
    {
        Light=0;                //灯亮
    delay(1000);                //灯亮时间
    }
else                            //否则
    Light=1;                    //灯不亮
```

五、程序设计分析

要实现图 5.1.1 中用 LED 灯指示一个按键是否按下，就是判断 P0.0 引脚上是否为低电平，为低电平时，点亮 LED 灯。这个过程的流程图如图 5.1.2 所示。

1. 去抖动程序的设计

由于按键闭合时的机械弹性作用，按键闭合时不会马上稳定接通，按键断开时也不会马

上断开，由此在按键闭合与断开的瞬间会出现电压抖动。键盘抖动的时间一般为 5～10ms，抖动现象会引起 CPU 对一次操作进行多次处理，从而可能产生错误，因此必须设法消除抖动的不良后果。当测试到有按键闭合后，进行去抖动处理，可以得到按键闭合与断开的稳定状态。

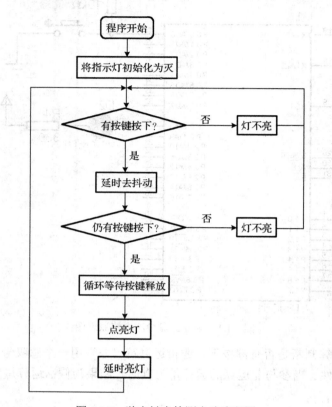

图 5.1.2　独立键盘检测电路流程图

去抖动方法有硬件和软件两种：硬件方法是通过 RS 触发器实现去抖动；软件方法是在第一次检测到按键按下后，执行一段延时程序后再确认该按键是否按下，躲过抖动，待信号稳定后，再进行按键扫描。

本设计采用的是软件去抖动。相关的命令如下：

```
if(!Key1)                         //如果有按键按下
    {
    delay(5);                     //去抖动
    if(!Key1)                     //检测按键确实按下，进行按键处理
        {
        while(!Key1);             //松手检测
            Light=0;              //灯亮
        delay(1000)               //灯亮时间
        }
    else  Light=1;               //按键没有确实按下，只是机械抖动
    }
```

六、源程序

```
#include <reg51.h>              //包含头文件，声明各个特殊功能寄存器
#define uchar unsigned char     //为了书写方便，定义 uchar 表示无符号字符型
#define uint unsigned int       //定义 uint 表示无符号整型
sbit Key1=P0^0;                 //定义变量 Key 表示 P0 口的 P0.0 引脚
sbit Light=P2^0;                //定义变量 Light 表示 P2 口的 P2.0 引脚
void delay(uint z)              //定义延时 1ms 函数
{
    uint x,y;                   //声明个两个无符号整型变量 x,y
    for(x= z;x>0;x--)
    for(y=110;y>0;y--);
}
void main()                     //主函数
{
    Light=1;                    //初始化指示灯
    while(1)                    //while 循环，1 恒为真，所以构成无限次循环
    {
     if(!Key1)                  //如果有按键按下
       {
          delay(5);             //去抖动
          if(!Key1)             //检测按键确实按下，进行按键处理
             {
             while(!Key1);      //松手检测
              Light=0;          //灯亮
             delay(1000);       //灯亮时间
              }
          else Light=1;         //按键没有确实按下，只是机械抖动
          }
     else Light=1;              //没有按键按下
    }
}
```

应知应会

(1)掌握独立键盘检测电路的工作原理，能够灵活运用。

(2)理解按键去抖动程序的设计方法。

任务二　矩阵键盘检测

一、任务目标

用 AT89C51 扫描一个 4×4 的矩阵键盘，获得键值，在两位数码管上显示相应的键号"1～16"，并用 Keil 软件和 PROTEUS 软件仿真，进行联机调试。

二、硬件电路设计

1. 元件清单

使用的元件清单列表如表 5.2.1 所示。

表 5.2.1　矩阵键盘检测电路使用元件列表

序号	元件名称	所属类	所属子类
1	AT89C51	Microprocessor ICs	8051 Family
2	BUTTON	Switches &Relays	Switches
3	7SEG-MPX2-CA	Optoelectronics	7-Segment Displays
4	9C08052A1002JLHFT	Resistor	Chip Resistor 1/8W 5%

2. 电路原理图

矩阵键盘检测电路原理图如图 5.2.1 所示。其中主控模块的具体设计同图 5.1.1，此处省略。

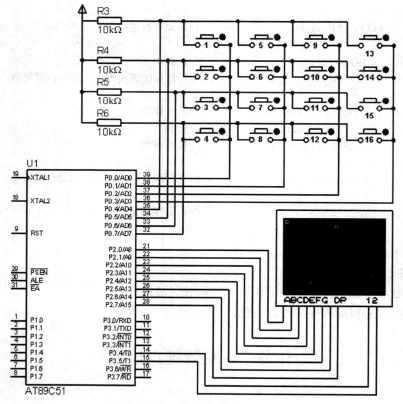

图 5.2.1　矩阵键盘检测电路原理图

三、相关知识

在键盘中按键数量较多时，为了减少 I/O 口的占用，通常将按键排列成矩阵形式，如图 5.2.1 所示。在矩阵式键盘中，每条水平线和垂直线在交叉处不直接连通，而是通过一个按键加以连接。这样，一个 I/O 端口就可以构成 4×4=16 个按键，比直接将端口线用于键盘多出了一倍，而且线数越多，区别越明显，例如，再多加一条线就可以构成 20 键的键盘，而直接用端口线则只能多出一键(9 键)。由此可见，在需要的键数比较多时，采用矩阵法来做键盘是合理的。

矩阵式结构的键盘显然比直接法要复杂一些，识别也要复杂一些。图 5.2.1 中，行线通过电阻接正电源，并将列线所接的单片机的 I/O 口作为输出端，而行线所接的 I/O 口则作为输入。这样，当按键没有按下时，所有的输入端都是高电平，代表无键按下，一旦有键按下，则输入行线就会被拉低，这样，通过读入输入线的状态就可得知是否有键按下了。确定矩阵式键盘上何键被按下可采用"行扫描法"或"高低电平翻转法"。

1. 行扫描法

行扫描法又称为逐行(或列)扫描查询法，是一种最常用的按键识别方法，过程如下。

(1)判断键盘中有无键按下。将其中一列线置低电平，然后检测行线的状态。只要有一行的电平为低，则表示键盘中有键被按下，而且闭合的键位于低电平的列线与 4 根行线相交叉的 4 个按键之中。若所有行线均为高电平，则键盘中无键按下。

(2)判断闭合键所在的位置。在确认有键按下后，即可进入确定具体闭合键的过程。其方法是：依次将列线置为低电平，即在置某根列线为低电平时，其他线为高电平。在确定某根列线位置为低电平后，再逐行检测各行线的电平状态。若某行为低，则该行线与置为低电平的列线交叉处的按键就是闭合的按键。

2. 高低电平翻转法

首先让 P0 口高 4 位为 1，低 4 位为 0。若有按键按下，则高 4 位中会有一个 1 翻转为 0，低 4 位不会变，此时即可确定被按下的键的行位置。然后让 P1 口高 4 位为 0，低 4 位为 1，若有按键按下，则低 4 位中会有一个 1 翻转为 0，高 4 位不会变，此时即可确定被按下键的列位置。最后将上述两者进行或运算即可确定被按下键的位置。

四、本任务知识要点

本设计采用的是行扫描法来判别哪个按键被按下。检测的方法是依次让 P0.0～P0.3 输出为"0"，然后读取 P0.4～P0.7 的状态，若 P0.4～P0.7 为全"1"，则无键闭合，否则有键闭合。若有键被按下，再识别出是哪一个键闭合，方法是对键盘的行线进行扫描。P0.0～P0.3 按表 5.2.2 依次输出。

表 5.2.2 矩阵键盘列线扫描

P0.3	P0.2	P0.1	P0.0	P0 口列线值	注释
1	1	1	0	FEH	扫描第一列
1	1	0	1	FDH	扫描第二列
1	0	1	1	FBH	扫描第三列
0	1	1	1	F7H	扫描第四列

在每组列输出时读取 P0.4～P0.7，若全为"1"，则表示为"0"这一行没有键闭合，否则有键闭合。由此得到闭合键的行值和列值，然后可采用计算法或查表法将闭合键的行值和列值转换成所定义的键值，如表 5.2.3 所示。

表 5.2.3　矩阵键盘行线扫描

P0 口列线值	P0.7	P0.6	P0.5	P0.4	P0 口行线值	注释	P0 口值	按键判断
	1	1	1	0	EXH	扫描第一行	EEH	1
FEH	1	1	0	1	DXH	扫描第二行	DEH	2
	1	0	1	1	BXH	扫描第三行	BEH	3
	0	1	1	1	7XH	扫描第四行	7EH	4
	1	1	1	0	EXH	扫描第一行	EDH	5
FDH	1	1	0	1	DXH	扫描第二行	DDH	6
	1	0	1	1	BXH	扫描第三行	BDH	7
	0	1	1	1	7XH	扫描第四行	7DH	8
	1	1	1	0	EXH	扫描第一行	EBH	9
FBH	1	1	0	1	DXH	扫描第二行	DBH	10
	1	0	1	1	BXH	扫描第三行	BBH	11
	0	1	1	1	7XH	扫描第四行	7BH	12
	1	1	1	0	EXH	扫描第一行	E7H	13
F7H	1	1	0	1	DXH	扫描第二行	D7H	14
	1	0	1	1	BXH	扫描第三行	B7H	15
	0	1	1	1	7XH	扫描第四行	77H	16

五、程序设计分析

用 AT89C51 扫描矩阵键盘识别系统。每按下一个按键，在数码管上显示相应的键号 1～16。当按下的键号小于 10 时，只有个位数码管显示键号，当按下键号大于等于 10 时，用两个数码管来显示键号。这个过程的流程如图 5.2.2 所示。

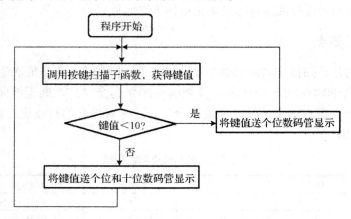

图 5.2.2　矩阵键盘监测电路主函数流程图

键盘扫描子函数的设计

判别哪个按键被按下采用的是行扫描法，依次让 P0.0～P0.3 输出为"0"，然后读取 P0.4～P0.7 的状态，若 P0.4～P0.7 为全"1"，则无键闭合，否则有键闭合。若有键被按下，再识别出是哪一个键闭合。在每组列输出时读取 P0.4～P0.7，若全为"1"，则表示为"0"这一行没有键闭合，否则有键闭合。得到闭合键的行值和列值，然后可采用计算法或查表法将闭合键的行值和列值转换成定义的键值。这个过程的流程图如图 5.2.3 所示。

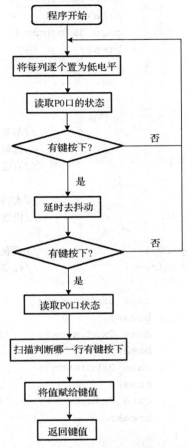

图 5.2.3　按键扫描子函数流程图

按键扫描程序如下：

```
uchar keyscan()                      //按键扫描函数
    {
        P0=0xfe;                     //将第一列置为低电平，其他列为高电平
        temp=P0;                     //读取 P0 口状态
        if(temp!=0xfe)               //有键按下
            {
            delay(10);               //去抖延时
            if(temp!=0xfe)           //仍然有键按下
                {
                temp=P0;             //读取 P0 口的状态
                switch(temp)         //扫描判断哪一行按下
                    {
                        case 0xee:num=1;         //第一行按下
                        break;
```

```
                                case 0xde:num=2;          //第二行按下
                                break;
                                case 0xbe:num=3;          //第三行按下
                                break;
                                case 0x7e:num=4;          //第四行按下
                                break;
                           }
                     }
              }
    P0=0xfd;                                    //将第二列置为低电平，其他列为高电平
    temp=P0;                                    //读取 P0 口的状态
    if(temp!=0xfd)                              //有键按下
        {
            delay(10);                          //去抖延时
            if(temp!=0xfd)                      //仍然有键按下
                {
                    temp=P0;                    //读取 P0 口的状态
                    switch(temp)                //扫描判断哪一行按下
                       {
                            case 0xed:num=5;    //第一行按下
                            break;
                            case 0xdd:num=6;    //第二行按下
                            break;
                            case 0xbd:num=7;    //第三行按下
                            break;
                            case 0x7d:num=8;    //第四行按下
                            break;
                       }
                }
        }
    P0=0xfb;                                    //将第三列置为低电平，其他列为高电平
    temp=P0;                                    //读取 P0 口的状态
    if(temp!=0xfb)                              //有键按下
        {
        delay(10);                              //去抖延时
        if(temp!=0xfb)                          //仍然有键按下
            {
                temp=P0;                        //读取 P0 口的状态
                switch(temp)                    //扫描判断哪一行按下
                       {
                            case 0xeb:num=9;          //第一行按下
                            break;
                            case 0xdb:num=10;         //第二行按下
                            break;
                            case 0xbb:num=11;         //第三行按下
                            break;
```

```
                      case 0x7b:num=12;        //第四行按下
                      break;
                    }
                }
            }

    P0=0xf7;                                //将第四列置为低电平,其他列为高电平
    temp=P0;
    if(temp!=0xf7)                          //有键按下
        {
        delay(10);                          //去抖延时
        if(temp!=0xf7)                      //仍然有键按下
            {
            temp=P0;                        //读取 P0 口的状态
            switch(temp)                    //扫描判断哪一行按下
                {
                case 0xe7:num=13;           //第一行按下
                break;
                case 0xd7:num=14;           //第二行按下
                break;
                case 0xb7:num=15;           //第三行按下
                break;
                case 0x77:num=16;           //第四行按下
                break;
                }
            }
        }
    return num;                             //返回键值
    }
```

六、源程序

```
#include <reg51.h>                  //包含头文件,声明各个特殊功能寄存器
#define uchar unsigned char         //为了书写方便,定义 uchar 表示无符号字符型
#define uint unsigned int           //为了书写方便,定义 uint 表示无符号整型
void delay(uint z)                  //定义 1ms 延时函数
    {
    uint x,y;                       //声明两个无符号整型变量 x,y
    for(x= z;x>0;x--)
    for(y=110;y>0;y--);
    }

uchar KeyValue;                     //声明无符号字符型变量 KeyValue,键值
uchar num;                          //声明无符号字符型变量 num,按键扫描函数返回值
uchar temp;                         //声明无符号字符型变量 temp ,P0值的中间变量
sbit ShiWei=P3^4;                   //定义变量 ShiWei 表示 P3 口的 P3.4 引脚,十位
sbit GeWei=P3^5;                    //定义变量 GeWei 表示 P3 口的 P3.5 引脚,个位
uchar code Table[]={0xC0,0xF9,0xA4,
```

```
0xB0,0x99,0x92,0x82,
0xF8,0x80,0x90};                    //数字 0~9 对应的码值
uchar keyscan()                     //按键扫描函数
    {
    P0=0xfe;                        //将第一列置为低电平，其他列为高电平
    temp=P0;                        //读取 P0 口状态
    if(temp!=0xfe)                  //有键按下
        {
        delay(10);                          //去抖延时
        if(temp!=0xfe)                      //仍然有键按下
            {
                temp=P0;                    //读取 P0 口的状态
                switch(temp)                //扫描判断哪一行按下
                {
                    case 0xee:num=1;        //第一行按下
                    break;
                    case 0xde:num=2;        //第二行按下
                    break;
                    case 0xbe:num=3;        //第三行按下
                    break;
                    case 0x7e:num=4;        //第四行按下
                    break;
                }
            }
        }

P0=0xfd;                                    //将第二列置为低电平，其他列为高电平
temp=P0;                                    //读取 P0 口的状态
if(temp!=0xfd)                              //有键按下
    {
    delay(10);                              //去抖延时
    if(temp!=0xfd)                          //仍然有键按下
        {
            temp=P0;                        //读取 P0 口的状态
            switch(temp)                    //扫描判断哪一行按下
            {
                case 0xed:num=5;            //第一行按下
                break;
                case 0xdd:num=6;            //第二行按下
                break;
                case 0xbd:num=7;            //第三行按下
                break;
                case 0x7d:num=8;            //第四行按下
                break;
            }
        }
    }
```

```
        P0=0xfb;                              //将第三列置为低电平，其他列为高电平
        temp=P0;                              //读取 P0 口的状态
        if(temp!=0xfb)                        //有键按下
            {
            delay(10);                        //去抖延时
            if(temp!=0xfb)                     //仍然有键按下
                {
                temp=P0;                       //读取 P0 口的状态
                switch(temp)                   //扫描判断哪一行按下
                    {
                        case 0xeb:num=9;        //第一行按下
                        break;
                        case 0xdb:num=10;       //第二行按下
                        break;
                        case 0xbb:num=11;       //第三行按下
                        break;
                        case 0x7b:num=12;       //第四行按下
                        break;
                    }
                }
            }

        P0=0xf7;                              //将第四列置为低电平，其他列为高电平
        temp=P0;
        if(temp!=0xf7)                        //有键按下
            {
            delay(10);                        //去抖延时
            if(temp!=0xf7)                     //仍然有键按下
                {
                temp=P0;                       //读取 P0 口的状态
                switch(temp)                   //扫描判断哪一行按下
                    {
                        case 0xe7:num=13;       //第一行按下
                        break;
                        case 0xd7:num=14;       //第二行按下
                        break;
                        case 0xb7:num=15;       //第三行按下
                        break;
                        case 0x77:num=16;       //第四行按下
                        break;
                    }
                }
            }
        return num;                           //返回键值
    }

void main()                                   //主函数
```

```
        {
            ShiWei=0;                //十位初始化为暗
            GeWei=0;                 //个位初始化为暗
        while(1)                     //while 循环，由于 1 恒为真，所以构成无限次循环
            {
                KeyValue=keyscan();  //调用按键扫描函数，获得按键值
                if(KeyValue<10)      //小于 10 的数字，只显示个位
                    {
                        ShiWei=0;    //关闭十位
                        GeWei=1;     //选中个位
                        P2=Table[KeyValue];           //送数字码
                    }
                else
                    {
                        GeWei=0;                      //关闭个位
                        ShiWei=1;                     //选中十位
                        P2=Table[KeyValue/10];        //将十位字码送 P2
                        delay(10);                    //延时

                        ShiWei=0;                     //关闭十位
                        GeWei=1;                      //选中个位
                        P2=Table[KeyValue%10];        //将个位字码送 P2
                        delay(10);                    //延时
                    }
            }
        }
```

应知应会

(1)掌握矩阵键盘检测电路的工作原理，并能灵活运用。

(2)理解键盘扫描程序的设计方法。

任务三　简易计算器的设计

一、任务目标

制作简易计算器，可以实现的 9 以内正整数的加、减、乘、除运算，用两位数码管显示运算结果，并用 Keil 软件和 PROTEUS 软件仿真，进行联机调试。

二、硬件电路设计

1. 元件清单

使用的元件清单列表如表 5.3.1 所示。

表 5.3.1 简易计算器的设计电路使用元件列表

序号	元件名称	所属类	所属子类
1	AT89C51	Microprocessor ICs	8051 Family
2	BUTTON	Switches &Relays	Switches
3	7SEG-MPX2-CA	Optoelectronics	7-Segment Displays
4	9C08052A1002JLHFT	Resistor	Chip Resistor 1/8W 5%

2. 电路原理图

简易计算器的设计电路原理图如图 5.3.1 所示。其中主控模块的具体设计同图 4.1.1，此处省略。

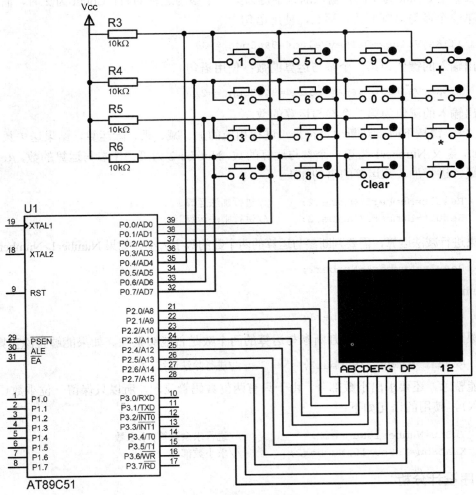

图 5.3.1 简易计算器的设计电路原理图

三、相关知识

实现 9 以内正整数的加、减、乘、除运算，首先要使用键盘扫描子函数判断出是哪个按键被按下，将键值放入对应的存储单元，参与运算的数值送数码管显示，运算符号不用显示。

在"="键按下时，判断运算符号，进行相应的加、减、乘、除运算，结果送去数码管显示。在整个过程中，当"c"键按下时，所有的存储单元清零，数码管显示"0"。

四、本任务知识要点

在该任务中，主要是对输入数字键值的处理。对于同样是数字键，在运算符号按下之前输入的数字键，作为第一个参与运算的数，在运算符号按下之后输入的数，作为第二个参加运算的数，因此需要定义一个变量，作为运算符号是否按下的标志。运算符号键未按下，给该变量一个初始值，运算符号键按下后给变量赋另外一个不同的值，通过判断该变量的值来完成数字键的区别存储。例如，定义 KeyValue 为输入的键值，Count 为判断运算符号是否按下的变量。当 Count 为 1 时，输入的数字键为第一个参与运算的数；Count 为 2 时，输入的数字键为第一个参与运算的数。那么，使用语句

```
if(KeyValue>=0&&KeyValue<=9&&Count==1)
```

可判断出输入的键值为第一个参与运算的数；使用语句

```
if(KeyValue>=0&&KeyValue<=9&&Count==2)
```

可判断出输入的键值为第二个参与运算的数。

当"="键按下时，判断运算符号，进行相应的加、减、乘、除运算，结果送去数码管显示。例如，定义 Number1 为第一个参与运算的数，Number2 为第二个参与运算的数，Result 为运算结果，进行加、乘运算的语句如下：

```
Result=Number1+Number2;     //进行加法运算
Result=Number1*Number2;     //进行乘法运算
```

如果进行减法运算，需要判断参与运算的两个数的数字大小。如果 Number1>Number2，则

```
Result=Number1-Number2;
```

如果 Number1>Number2，则

```
Result=Number2-Number1;
```

如果进行除法运算，需要判断参与运算的两个数是否能够整除。如果能够整除，则

```
Result=Number1/Number2;          //进行除法运算,求商
```

如果不能整除，还要求出小数部分，由于只有两位数码管显示，所以只保留一位小数（不进行四舍五入），使用的语句如下：

```
YuShu=Number1%Number2;          //进行求余运算,求余数
XiaoShu=YuShu*10/Number2;       //求小数部分
```

五、程序设计分析

要实现 9 以内正整数的加、减、乘、除运算，在按键被按下时要使用键盘扫描子函数判断出是哪个按键被按下，并将键值放入对应的存储单元。根据键盘输入数字的顺序，区分出参与运算的是第一个数还是第二个数；根据符号键的值，判断运算类型，进行相应的运算，运算结果送去数码管显示。在整个过程中，当"c"键按下时，所有的存储单元清零，数码管显示"0"。这个过程的流程图如图 5.3.2 所示。

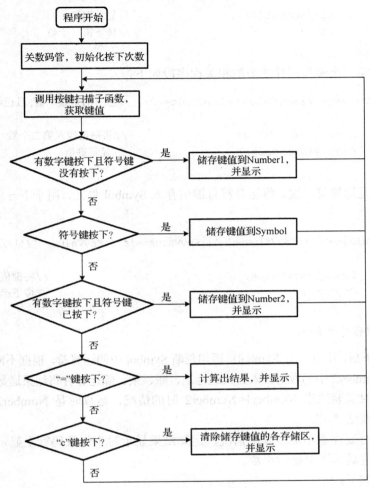

图 5.3.2 简易计算器工作流程图

1. 按键扫描函数

在程序运行时，首先调用按键扫描子函数获得键值，按键扫描函数的编写在前面介绍过，此处调用该函数即可。调用的语句如下：

```
KeyValue=keyscan();              //调用按键扫描函数，获得按键值
```

2. 键值存储程序的编写

在程序中要预先定义四个存储单元：Number1——存放参与运算的第一个数，Number2——存放参与运算的第二个数，Symbol——存放获得的元算符号，Result——存放运算结果。如果按下的是数字键，还要判断符号键是否按下，如果符号键按下，按键的按下次数 Count 的值为 2，否则仍然为 1。根据 Count 值的不同，将数值放入 Number1 或 Number2。存储并显示第一个参与运算的数的相关程序段如下：

```
if(KeyValue>=0&&KeyValue<=9&&Count==1)   //按下的是数字键，且没有按下符号键
    {
        Number1=KeyValue;                //将键值放入第一个数
```

```
            Disply(Number1);                    //显示键值
            Count=1;                            //按下第一个数
        }
```

存储并显示第二个参与运算的数的相关程序段如下：

```
    if(KeyValue>=0&&KeyValue<=9&&Count==2)    //按下的是数字键,且已经按下了符号键
        {
            Number2=KeyValue;                    //将键值放入第二个数
            Disply(Number2);                     //显示键值
        }
```

如果按下的是运算符号键，将运算符号键值存入 Symbol 单元，用于下一步参加运算，相关程序段如下：

```
    if(KeyValue=='+'||KeyValue=='-'||KeyValue=='*'||KeyValue=='/')//按下的是符号键
        {
            Symbol=KeyValue;                             //将键值赋给运算符号
            Count=2;                                     //按下运算符号
        }
```

3. 运算处理程序的编写

在等号键按下后，用 switch（Symbol）语句判断 Symbol 中的运算符，根据不同的 Symbol 值，将 Number1 和 Number2 中的数值代入公式进行加、减、乘、除运算并将结果送数码管显示。

做减法运算时需要注意 Number1<Number2 时的情况，运算时是 Number2-Number1，运算结果显示时还要送 "−"。

做除法运算时要注意不能整除的情况，运算结果显示时十位数码管上显示商的同时还要点亮小数点，个位数码管上显示小数。

相关程序段如下：

```
    switch(Symbol)                           //判断符号
        {
        case '+':                            //加号
        Result=Number1+Number2;              //进行加法运算
        Disply(Result);                      //显示结果
        break;
        case '-':                            //减号
        if(Number1>=Number2)                 //被减数大于等于减数
            {
                Result=Number1-Number2;       //进行减法运算
                Disply(Result);               //显示结果
            }
        else                                 //被减数小于减数
            {
                Result=Number2-Number1;       //进行减法运算
                GeWei=0;                      //关闭个位
                ShiWei=1;                     //选中十位
                P2=Table[10];                 //将"-"号字码送 P2
```

```
            delay(10);                      //延时
            ShiWei=0;                       //关闭十位
            GeWei=1;                        //选中个位
            P2=Table[Result];               //将个位字码送 P2
            delay(10);                      //延时
        }
    break;
    case '*':                               //乘号
    Result=Number1*Number2;                 //进行乘法运算
    Disply(Result);                         //显示结果
    break;
    case '/':                               //除号
    Result=Number1/Number2;                 //进行除法运算，求商
    YuShu=Number1%Number2;                  //进行除法运算，求余数
    XiaoShu=YuShu*10/Number2;               //求小数部分

    if(YuShu==0)                            //整除的情况
    Disply(Result);                         //显示结果，商
    else
        {
            GeWei=0;                        //关闭个位
            ShiWei=1;                       //选中十位
            P2=Table[Result];               //将商对应的字码送 P2
            Dot=0;                          //点亮小数点
            delay(10);                      //延时
            ShiWei=0;                       //关闭十位
            GeWei=1;                        //选中个位
            P2=Table[XiaoShu];              //将小数对应的字码送 P2
            delay(10);                      //延时
        }
    break;
}
```

六、源程序

```
#include <reg51.h>                 //包含头文件，声明各个特殊功能寄存器
#define uchar unsigned char        //为了书写方便，定义 uchar 表示无符号字符型
#define uint unsigned int          //为了书写方便，定义 uint 表示无符号整型
void delay(uint z)                 //定义 1ms 延时函数
{
    uint x,y;                      //声明两个无符号整型变量 x,y
    for(x=z;x>0;x--)
    for(y=110;y>0;y--);
}
uchar KeyValue;                    //声明无符号字符型变量 KeyValue，键值
uchar num;                         //声明无符号字符型变量 num，按键扫描函数返回值
uchar temp;                        //声明无符号字符型变量 temp，P0 口值的中间变量
uchar Number1;                     //声明无符号字符型变量 Number1，输入的第一个数
```

```
uchar Number2;                   //声明无符号字符型变量 Number2，输入的第二个数
uchar Symbol;                    //声明无符号字符型变量 Symbol，符号
uchar Result;                    //声明无符号字符型变量 Result，计算结果
uchar YuShu;                     //声明无符号字符型变量 YuShu，除法运算的余数
uchar XiaoShu;                   //声明无符号字符型变量 XiaoShu，除法运算的小数
uchar Count;                     //声明无符号字符型变量 Count，输入的是第几个数
sbit ShiWei=P3^4;                //定义变量 ShiWei 表示 P3 口的 P3.4 引脚，十位
sbit GeWei=P3^5;                 //定义变量 GeWei 表示 P3 口的 P3.5 引脚，个位
sbit Dot=P2^7;                   //定义变量 Dot 表示 P2 口的 P2.7 引脚，小数点
uchar code Table[]={0xC0,0xF9,0xA4,
0xB0,0x99,0x92,0x82,
0xF8,0x80,0x90,0xBF};            //"0~9"及"-"对应的码值
uchar keyscan()                  //按键扫描函数
{
P0=0xfe;                         //将第一列置为低电平，其他列为高电平
temp=P0;                         //然后读取 P0 口状态
if(temp!=0xfe)                   //有键按下
    {
        delay(10);                      //去抖延时
        if(temp!=0xfe)                  //仍然有键按下
          {
          temp=P0;                      //读取 P0 口的状态
          switch(temp)                  //扫描判断哪一行按下
            {
            case 0xee:num=1;            //第一行按下
            break;
            case 0xde:num=2;            //第二行按下
            break;
            case 0xbe:num=3;            //第三行按下
            break;
            case 0x7e:num=4;            //第四行按下
            break;
            }
          }
    }
P0=0xfd;                         //将第二列置为低电平，其他列为高电平
temp=P0;                         //读取 P0 口的状态
if(temp!=0xfd)                   //有键按下
    {
        delay(10);                      //去抖延时
        if(temp!=0xfd)                  //仍然有键按下
          {
          temp=P0;                      //读取 P0 口的状态
          switch(temp)                  //扫描判断哪一行按下
            {
            case 0xed:num=5;            //第一行按下
            break;
```

```
            case 0xdd:num=6;                   //第二行按下
            break;
            case 0xbd:num=7;                   //第三行按下
            break;
            case 0x7d:num=8;                   //第四行按下
            break;
            }
          }
        }
P0=0xfb;                                       //将第三列置为低电平，其他列为高电平
temp=P0;                                       //读取 P0 口的状态
if(temp!=0xfb)                                 //有键按下
    {
        delay(10);                             //去抖延时
        if(temp!=0xfb)                         //仍然有键按下
          {
          temp=P0;                             //读取 P0 口的状态
          switch(temp)                         //扫描判断哪一行按下
            {
            case 0xeb:num=9;                   //第一行按下
            break;
            case 0xdb:num=0;                   //第二行按下
            break;
            case 0xbb:num='=';                 //"等于"按下
            break;
            case 0x7b:num='c';                 //"清除"按下
            break;
            }
          }
      }
P0=0xf7;                                       //将第四列置为低电平，其他列为高电平
temp=P0;
if(temp!=0xf7)                                 //有键按下
{
    delay(10);                                 //去抖延时
    if(temp!=0xf7)                             //仍然有键按下
    {
        temp=P0;                               //读取 P0 口的状态
        switch(temp)                           //扫描判断哪一行按下
        {
            case 0xe7:num='+';                 //"加号"按下
            break;
            case 0xd7:num='-';                 //"减号"按下
            break;
            case 0xb7:num='*';                 //"乘号"按下
            break;
            case 0x77:num='/';                 //"除号"按下
```

```
                break;
                }
            }
        }
    return num;                              //返回键值
    }
void Disply(uchar Value)                     //显示函数
{
if(Value<10)                                 //小于 10 的数字，只显示个位
{
    ShiWei=0;                                //关闭十位
    GeWei=1;                                 //选中个位
    P2=Table[Value];                         //送数字码
}
else
{
    GeWei=0;                                 //关闭个位
    ShiWei=1;                                //选中十位
    P2=Table[Value/10];                      //将十位字码送 P2
    delay(10);                               //延时
    ShiWei=0;                                //关闭十位
    GeWei=1;                                 //选中个位
    P2=Table[Value%10];                      //将个位字码送 P2
    delay(10);                               //延时
    }
}
void main()                                  //主函数
{
    ShiWei=0;                                //十位初始化为暗
    GeWei=0;                                 //个位初始化为暗
    Count=1;                                 //初始化按下次数
    while(1)                     //while 循环，由于 1 恒为真，所以构成无限次循环
    {

        KeyValue=keyscan();                  //调用按键扫描函数，获得按键值
        if(KeyValue>=0&&KeyValue<=9&&Count==1)   //按下的是数字键，且
                                             //没有按下符号键
        {
        Number1=KeyValue;                    //将键值放入第一个数
        Disply(Number1);                     //显示键值
        Count=1;                             //按下第一个数
        }
    if(KeyValue=='+'||KeyValue=='-'||KeyValue=='*'||KeyValue=='/')
                                             //按下的是符号键
        {
        Symbol=KeyValue;                     //将键值赋给运算符号
        Count=2;                             //按下运算符号
```

```
            }
        if(KeyValue>=0&&KeyValue<=9&&Count==2)    //按下的是数字键,且
                                                  //已经按下了符号键
            {
            Number2=KeyValue;                     //将键值放入第二个数
            Disply(Number2);                      //显示键值
            }
        if(KeyValue=='c')                         //按下的是"清除"键
            {
                Number1=0;                        //将第一个数清零
                Number2=0;                        //将第二个数清零
                Disply(0);                        //显示"0"
            Count=1;                  //初始化按下标识为1,为下一次输入做好准备
            }
        if(KeyValue=='=')                         //按下的是"等号"键
            {
                Count=1;              //初始化按下标识为1,为下一次输入做好准备
                switch(Symbol)                    //判断符号
            {
            case '+':                             //加号
                Result=Number1+Number2;           //进行加法运算
                Disply(Result);                   //显示结果
                break;
            case '-':                             //减号
                if(Number1>=Number2)              //被减数大于等于减数
                {
                    Result=Number1-Number2;       //进行减法运算
                    Disply(Result);               //显示结果
                }
                else                              //被减数小于减数
                    {
                    Result=Number2-Number1;       //进行减法运算
                    GeWei=0;                       //关闭个位
                    ShiWei=1;                      //选中十位
                    P2=Table[10];                  //将"-"号字码送P2
                    delay(10);                     //延时

                    ShiWei=0;                      //关闭十位
                    GeWei=1;                       //选中个位
                    P2=Table[Result];              //将个位字码送P2
                    delay(10);                     //延时
                    }
                break;
                case '*':                         //乘号
                    Result=Number1*Number2;       //进行乘法运算
                    Disply(Result);               //显示结果
                    break;
```

```
        case '/':                                    //除号
                Result=Number1/Number2; //进行除法运算,求商
                YuShu=Number1%Number2;   //进行除法运算,求余数
                XiaoShu=YuShu*10/Number2;    //求小数部分
                    if(YuShu==0)             //整除的情况
                    Disply(Result);          //显示结果,商
                else
                    {
                    GeWei=0;                 //关闭个位
                    ShiWei=1;                //选中十位
                    P2=Table[Result];       //将商对应的字码送 P2
                    Dot=0;                   //点亮小数点
                    delay(10);               //延时
                    ShiWei=0;                //关闭十位
                    GeWei=1;                 //选中个位
                    P2=Table[XiaoShu];      //将小数对应的字码送 P2
                    delay(10);               //延时
                    }
                break;
            }
        }
    }
}
```

应知应会

(1)理解键值存储的处理思路,能够正确的存放运算数值。

(2)掌握运算处理的方法,能够灵活的设计数值的四则运算。

思考题与习题

1. 在 AT89C51 的 P0 口上接 8 个按键,在 P2 口上接 8 个 LED 灯,编程将按键的状态反映到 LED 灯上:按键按下时,对应的 LED 灯亮;按键没有按下时,对应的 LED 灯灭。

2. 用 AT89C51 扫描一个 3×7 的矩阵键盘,获得键值,在一位数码管上显示相应的键号"0"～"F"以及"H"、"L"、"P"、"U"、"–"。

3. 制作可以实现 99 以内正整数的加、减、乘、除运算的计算器,用 4 位数码管进行显示。

项目六　中断与定时/计数器应用

任务一　键控 LED 秒闪烁

一、任务目标

本任务要用单片机实现一只 LED 彩灯按 1Hz 的频率闪烁，就是要求在 1s 内，让 LED 亮 0.5s，熄灭 0.5s，即让单片机端口的某一位每隔 0.5s 改变一次输出电平，若按键按下，则不闪烁。

二、硬件电路设计

1. 元件清单

使用的元件清单列表如表 6.1.1 所示。

表 6.1.1　键控 LED 秒闪烁使用元件列表

元件名称	所属类	所属子类
AT89C51	Microprocessor ICs	8051 Family
MINRES100R	Resistors	0.6w Metal Film
LED-YELLOW	Optoelectronics	LEDS
BUTTON	Switches &Relays	Switches

2. 电路原理图

键控 LED 秒闪烁的电路原理图如图 6.1.1 所示。

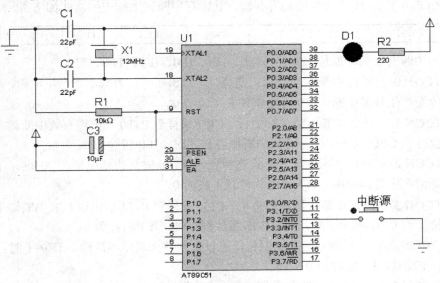

图 6.1.1　键控 LED 秒闪烁电路原理图

三、相关知识

本任务要实现 LED(D1)秒闪，主要利用单片机内部定时器来完成，即通过内部定时器控制 P0.0 引脚 500ms 变换一次输出电平(D1 闪烁)，单片机利用中断方式控制 D1 是否闪烁，下面是单片机内部中断的有关知识。

1．中断概述

什么是"中断"？顾名思义，中断就是中断某一工作过程去处理一些与本工作过程无关或间接相关或临时发生的事件，处理完后，则继续原工作过程，在单片机中，"中断"是一个很重要的概念。大大提高了它的工作效率和处理问题的灵活性，主要表现在 3 个方面。

(1)解决了快速 CPU 和慢速外设之间的矛盾，可使 CPU、外设并行工作(宏观上看)。

(2)可及时处理控制系统中许多随机的参数和信息。

(3)具备了处理故障的能力，提高发单片机系统自身的可靠性。

中断处理和谐类似于程序设计中的调用子程序，但它们又有区别，主要如下。

(1)中断产生是随机的，它既保护断点，又保护现场，主要为外设服务和为处理各种事件服务。保护断点由硬件自动完成，保护现场则必须在中断处理程序中用相应的指令完成。

(2)调用子程序是程序中事先安排好的，它只保护断点，主要为主程序服务(与外设无关)。

2．8051 单片机的中断系统

1)中断源及控制

8051 单片机共有 3 类 5 个中断源，2 个优先级，中断处理程序可实现 2 级嵌套，有较强的中断处理能力。

5 个中断源中，其中 2 个为外部中断请求 $\overline{INT0}$ 和 $\overline{INT1}$(由 P3.2 和 P3.3 输入)，2 个为片内定时器/计数器 T0 和 T1 的溢出中断请求 TF0 和 TF1，另一个为片内串行口中断请求 TI 或 RI。这些中断请求信号分别锁存在特殊功能寄存器 TCON 和 SCON 中。

(1)TCON：定时器/计数器控制寄存器。其锁存中断请求标志的格式如下所示。

TCON	TF1	TR1	TF0	TR0	IE1	IT1	IE0	IT0

其中与中断有关的控制位有 6 位：IT0、IT1、IE0、IE1、TF0、TF1。

IT0(TCON.0)：外部中断 0 动作形式选择位。IT0=0 时，为低电平产生中断；IT0=1 时，为脉冲下降沿产生外部中断。IT0 可由软件置 1 或清 0。

IE0(TCON.1)：外部中断 0 请求标志位。CPU 采样到 $\overline{INT0}$ 端出现有效中断请求时，该位由硬件置位；当 CPU 响应中断，转向中断服务程序时，IE0 清除为 0。

IT1(TCON.2)：外部中断 1 动作形式选择位。IT1=0 时，为低电平产生中断；IT1=1 时，为脉冲下降沿产生外部中断。IT1 可由软件置 1 或清 0。

IE1(TCON.3)：外部中断 1 请求标志位。CPU 采样到 $\overline{INT1}$ 端出现有效中断请求时，该位由硬件置位；当 CPU 响应中断，转向中断服务程序时，IE1 清除为 0。

TR0(TCON.4)：定时器 0 启动控制位，可以由软件来设定或清除。TR0=1 时，启动定时器 0 工作；TR0=0 时，定时器 0 关闭。

TF0(TCON.5)：片内定时器/计数器 T0 溢出中断申请标志。在启动 T0 计数后，定时器/

计数器 T0 从初值开始加 1 计数，当最高位产生溢出时，由硬件置位 TF0，向 CPU 申请中断，CPU 响应 TF0 中断时清除该标志位。

TR1(TCON.6)：定时器 1 启动控制位，可以由软件来设定或清除。TR1=1 时，启动定时器 1 工作；TR1=0 时，定时器 1 关闭。

TF1(TCON.7)：片内的定时器/计数器 T1 的溢出中断申请标志。在启动 T1 计数后，定时器/计数器 T1 从初值开始加 1 计数，当最高位产生溢出时，由硬件置位 TF1，向 CPU 申请中断，CPU 响应 TF1 中断时清除该标志位。

当 8051 单片机复位后，TCON 被清 0。

(2)SCON：串行口控制寄存器，字节地址 98H。SCON 的低 2 位锁存串行口的接收中断和发送中断标志，其格式如下所示。

SCON	SM0	SM1	SM2	REN	TB8	RB8	TI	RI

TI：串行口的发送中断标志。当发送完一帧 8 位数据后，由硬件置位 TI。由于 CPU 响应发送器中断请求后，转向执行中断服务程序时并不清除 TI，TI 必须由用户在中断服务程序中清 0。

RI：串行口接收中断标志。当接收完一帧 8 位数据后，置位 RI。同样，RI 必须由用户的中断服务程序清 0。

8051 单片机复位以后，SCON 也被清 0。

对于每个中断源，其开放与禁止由专用寄存器 IE 中的某一位控制。其中断次序可由专用寄存器 IP 中相应位是置 1 还是清 0 来决定其为高优先级还是低优先级，这在硬件上有相应的优先级触发器予以保证。IE 和 IP 寄存器格式分述如下。

(3)中断允许寄存器(IE)，格式如下。

IE	EA	/	ES	ET1	EX1	ET2	ET0	EX0

与中断有关的控制位共 6 位：EA、ES、ET1、ET0、EX1、EX0。

EA：中断总允许控制位。EA=0，禁止总中断；EA=1，开放总中断，随后每个中断源分别由各自的允许位的置位或清除确定开放或禁止。

ES：串行中断允许控制位。ES=0，禁止串行中断；ES=1，允许串行中断。

ET1：定时器/计数器 T1 中断允许控制位。ET1=0，禁止 T1 中断；ET1=1，允许 T1 中断。

EX1：外部中断源 1 中断允许控制位。EX1=0，禁止外部中断；ET1=1，允许外部中断。

ET0：定时器/计数器 T0 中断允许控制位。ET0=0，禁止 T0 中断；ET0=1，允许 T0 中断。

EX0：外部中断源 0 中断允许控制位。EX0=0，禁止外部中断；ET0=1，允许外部中断。

(4)中断优先级寄存器(IP)，格式如下。

IP	/	/	/	PS	PT1	PX1	PT0	PX0

PS：串行中断优先级设定位。PS=1，则编程为高优先级。

PT1：定时器 T1 中断优先级设定位。PT1=1，则编程为高优先级。

PX1：外中断 1 优先级设定位。PX1=1，则编程为高优先级。

PT0：定时器 T0 中断优先级设定位。PT0=1，则编程为高优先级。

PX1：外中断 0 优先级设定位。PX0=1，则编程为高优先级。

以上相应位为"0"，则为一般中断级。

需要说明的是，单片机复位之后 IE 和 IP 均被清 0。用户可按需要置位或清除 IE 的相应位来允许或禁止各中断源的中断申请。为使某中断源允许中断，必须同时使 EA=1，使 CPU 开放中断，所以 EA 相当于中断允许的"总开关"。至于中断优先级寄存器 IP，其复位清 0 将会把各个中断源转为低优先级中断，同样，用户也可对相应位置 1 或清 0，来改变各中断源的中断优先级。中断系统的结构如图 6.1.2 所示。

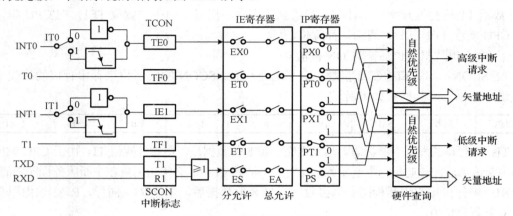

图 6.1.2　中断系统的结构图

8051 单片机对中断优先响应的原则如下：

(1) 不同级的中断源同时申请中断时，先处理高优先级，后处理低优先级。

(2) 处理低级中断又收到高级中断请求时，停止处理低优先级转而处理高优先级。

(3) 正在处理高级中断却收到低级中断请求时，不理睬低优先级。

(4) 同一级的中断源同时申请中断时，通过内部查询按自然优先级顺序（INT0、T0、INT1、T1、T(R)XD）确定应响应哪个中断申请。

3.　C51 中的中断函数

1) 中断源及中断号

从表 6.1.2 可以看出，MCS-51 系列单片机有 5 个中断源和 2 个优先级，高优先级中断源可中断低优先级的服务程序，而两个同样优先级别的中断申请到来时，则按一个固定的查寻次序来处理中断响应。图 6.1.3 为单片机响应中断的流程图及中断嵌套流程图。

表 6.1.2　中断源和优先次序

中断源	入口地址	中断号	优先级别	说明
外部中断 0	0003H	0	最高	来自 P3.2 引脚（$\overline{INT0}$）的外部中断请求
定时/计数器 0	000BH	1		定时/计数器 T0 溢出中断请求
外部中断 1	0013H	2		来自 P3.3 引脚（$\overline{INT1}$）的外部中断请求
定时/计数器 1	001BH	3		定时/计数器 T1 溢出中断请求
串行口	0023H	4	最低	串行口完成一帧数据的发送或接收中断
定时/计数器 2	002BH	5		只有 8052 或 AT89S52 才有定时/计数器 2

在 C51 中规定，中断服务程序中，必须指定对应的中断号，用中断号确定该中断服务程序是哪个中断源所对应的中断服务程序。

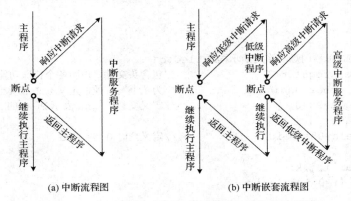

(a) 中断流程图　　　　　　(b) 中断嵌套流程图

图 6.1.3　单片机响应中断的流程图及中断嵌套流程图

2) 中断服务程序的格式

C51 中的中断服务程序的格式如下：

　　　　函数类型　函数名(参数) interrupt 中断号 [using 寄存器组号]

其中，函数类型和参数都取为 void。

3) 中断服务程序的执行

中断服务程序的执行过程如图 6.1.3 所示。在程序执行过程中，当发生了中断的同时，如果该中断又是允许中断的，那么中断就发生了，正在执行的程序被暂时中断执行，转而执行对应的中断服务程序。当中断服务程序执行结束后，自动返回到被中断的程序，继续从中断点执行原来的程序。

从上面的叙述中可以看出，中断服务程序的执行，即单片机响应中断的基本条件是中断源有中断请求，对应的中断是允许的(即中断允许寄存器 IE 相应位置 1)，总中断开放(EA=1)，有对应的中断服务程序。对于定时/计数器，将在后面的任务中加以介绍和说明。

四、本任务知识要点

利用单片机外部中断 $\overline{\text{INT0}}$ (P3.2) 输入是 "0" 则停止秒闪，是 "1" 则开启秒闪，从而控制 LED(D1) 的闪烁。根据 TCON 的设置原则可以设置 TCON=1 (即 IT0=1)，下降沿中断方式，其次开放其中断允许 EX0=1 和 EA=1，最后注意写好中断函数即可，这样可以避免 CPU 不断访问按键状态而浪费时间。

五、程序设计分析

要实现图 6.1.1 中发光二极管以 1Hz 的频率闪烁，实际上就是在单片机端口上周期性输出高电平和低电平，其中高、低电平各 0.5s。延时 0.5s 前面已经学过，不再重述。这里主要说明键控原理，设置一个中断标志位 flag，当 flag 为 "1" 时闪烁，为 "0" 时停止闪烁，flag 由中断函数来控制，所以该程序就由主程序与中断函数两部分组成，流程图如图 6.1.4 所示。

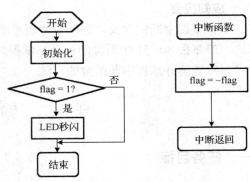

图 6.1.4　键控 LED 秒闪烁

六、源程序

```
/*一只 LED 每秒闪烁一次的演示程序 1led.c*/:
#include <reg51.h>              //包含头文件，声明各个特殊功能寄存器
#define uchar unsigned char     //为了书写方便，定义 uchar 表示无符号字符型
sbit light=P0^0;                //定义变量 light 表示 P0 口的 P0.0 引脚
sbit flag;
 void delay05s(void)            //定义延时 0.5s 函数
{
    uchar i,j,k;
    for (i=0;i<5;i++)
    {
        for (j=0;j<200;j++)
        {
            for (k=0;k<250;k++)
            {;}
        }
    }
}
void main()              //主函数
{
    IT0=1;               //外部中断 0，下降沿中断
    EX0=1;               //允许外部中断 0 申请中断中断
    EA=1;
while(flag)              //while 循环，当条件为真(只有 0 为假)时，执行下面的循环
    {                    //体，由于条件恒为真，所以构成无限次循环
        light=0;         //给 P2.0 赋值 0，使 P2.0 输出低电平， LED 点亮
        delay05s();      //延时 0.5s
        light=1;         //给 P2.0 赋值 1，使 P2.0 输出高电平， LED 熄灭
        delay05s();      //延时 0.5s
    }
}
void int_0( ) interrupt  0      //中断函数
{
flag=~flag;
}
```

应知应会

(1)掌握中断的含义，理解单片机中断发生的过程。

(2)掌握 80C51 中断源的种类，掌握外部中断的设定与使用方法。

(3)理解并掌握中断函数的写法。

任务二　输出 1000Hz 的方波

一、任务目标

使用 AT89C51 单片机，利用定时器实现从单片机 P1.0 引脚输出 1000Hz 的方波。

通过本任务，学会利用单片机定时器输出指定周期的脉冲。单片机输出不同频率的方波，

既可以作为其他电路的信号源，也可以直接驱动蜂鸣器，发出相应的声音，作为报警器、简易音乐等信号的提供者。

二、电路设计

1. 元件清单

使用的元件清单列表如表 6.2.1 所示。

表 6.2.1　输出 1000Hz 的方波使用元件列表

元件名称	所属类	所属子类
AT89C51	Microprocessor ICs	8051 Family
OSCILLOSCOPE	虚拟仪表	

2. 电路原理图

输出 1000Hz 的方波电路原理图如图 6.2.1 所示。

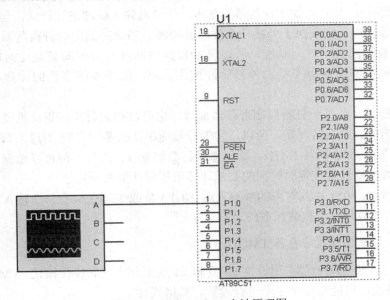

图 6.2.1　输出 1000Hz 方波原理图

三、相关知识

1. 定时器/计数器的结构

8051 系列单片机内部有两个 16 位可编程定时器/计数器，简称定时器 T0 和 T1。T0 和 T1 均为由两个 8 位寄存器构成的 16 位计数器，还有两个特殊功能寄存器 TCON 和 TMOD。TCON 为控制寄存器，主要控制定时器/计数器的启动和停止；TMOD 为模式控制寄存器，主要控制定时器的工作模式。两个定时器/计数器和两个特殊功能寄存器均能通过内部数据总线与 CPU 进行数据的传输，实现 CPU 对定时器/计数器的控制。结构如图 6.2.2 所示。

定时器/计数器 T0 由 2 个 8 位特殊功能寄存器 TH0 和 TL0 构成，定时器/计数器 T1 由 TH1 和 TL1 构成。它们有 4 种工作方式，其控制字和状态均在相应的特殊功能寄存器中，通过对控制寄存器的编程，就可方便地选择适当的工作方式。下面对它们的特性进行阐述。

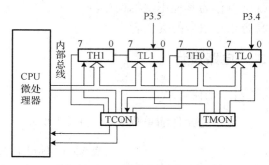

图 6.2.2 定时器/计数器的结构

2. 定时器/计数器的工作原理

定时器/计数器的核心是一个加 1 计数器。加 1 计数器的脉冲有两个来源：一个是外部脉冲源，另一个是系统的时钟振荡器。计数器对两个脉冲源之一进行输入计数，每输入一个脉冲，计数值加 1。当计数到计数器为全 1 时，再输入一个脉冲就使计数值回 0，同时从最高位溢出一个脉冲使特殊功能寄存器 TCON（定时器控制寄存器）的某一位 TF0 或 TF1 置 1，作为计数器的溢出标志。如果定时器/计数器工作于定时状态，则表示定时的时间到；若工作于计数状态，则表示计数回 0。所以，加 1 计数器的基本功能是对输入脉冲进行计数，至于其工作于定时状态还是计数状态，则取决于外接什么样的脉冲源。当脉冲源为时钟振荡器等间隔脉冲序列时，由于计数脉冲为一时间基准，所以脉冲数乘以脉冲间隔时间就是定时时间，因此为定时功能。当脉冲源为间隔不等的外部脉冲发生器时，就是外部事件的计数器，因此为计数功能。

用作定时器时，在每个机器周期寄存器加 1，也可以把它看作在累计机器周期。由于 1 个机器周期包括 12 个振荡周期，所以，它的计数速率是振荡频率的 1/12。如果单片机采用 12MHz 晶振，则计数频率为 1MHz，即每微秒计数器加 1。这样不但可以根据计数值计算出定时时间，也可以反过来按定时时间的要求计算出相应计数的预置值。

用作计数器时，8051 在其对应的外输入端 T0（P3.4）或 T1（P3.5）有一个输入脉冲的负跳变时加 1。最快的计数频率是振荡频率的 1/24。

3. 定时器/计数器模式寄存器 TMOD

TMOD 是一个专用寄存器，用以控制 T0 和 T1 的工作方式和操作模式。TMOD 内部地址 89H，不能位寻址，只能是整个字节进行设置。其格式如下。

	D7	D6	D5	D4	D3	D2	D1	D0
TMOD	GATE	C/$\overline{\text{T}}$	M1	M0	GATE	C/$\overline{\text{T}}$	M1	M0
(89H)	定时器 T1 方式字段				定时器 T0 方式字段			

其中高 4 位控制定时器 T1，低 4 位控制定时器 T0。

M1、M0：定时器/计数器模式选择位。定时器/计数器具有 4 种工作方式，由 M1、M0 位来定义，如表 6.2.2 所示。

GATE：门控位，控制定时器的启动模式。当 GATE=0 时，定时器/计数器只由软件启动控制位控制，即由软件控制 TR0 或 TR1 位启动定时器；当 GATE=1 时，定时器/计数器要在相应的外部中断引脚为高电平时，才能再由 TR0 或 TR1 控制，即当 $\overline{\text{INT0}}$ =1 时，TR0 才能启动 T0；当 $\overline{\text{INT1}}$ =1 时，TR1 才能启动 T1。

$C/\overline{T}$：定时器/计数器模式选择位。$C/\overline{T}=1$ 时为计数器功能(计数在 T0 或 T1 端的负跳变)；$C/\overline{T}=0$ 时为定时器功能(计机器周期)。

表 6.2.2　定时器/计数器的不同工作模式

M1	M0	工作方式	功能说明
0	0	模式 0	13 位定时器/计数器。T0 用 TH0(8 位)和 TL0 的低 5 位，T1 用 TH1(8 位)和 TL1 的低 5 位。最大计数值 $2^{13}=8192$
0	1	模式 1	16 位定时器/计数器，T0 由 TH0 和 TL0 构成，T1 由 TH1 和 TL1 构成。最大计数值为 $2^{16}=65536$
1	0	模式 2	带自动重装载功能的 8 位定时器/计数器，TL0 和 TL1 为 8 位计数器，TH0 和 TH1 存储自动重装载的初值
1	1	模式 3	只用于 T0。把定时器/计数器 T0 分成两个独立的 8 位定时器 TH0 和 TL0。TL0 占用 T0 的全部控制位，TH0 占用 T1 的部分控制位，此时 T1 用作波特率发生器

4. 定时器/计数器的初始化

由于定时器/计数器的功能是由软件编程确定的，所以一般在使用定时器/计数器前都要对其进行初始化，使其按设定的功能工作。初始化步骤一般如下。

(1)确定工作方式，对 TMOD 赋值。

(2)预置定时或计数的初值，可直接将初值写入 TH0、TL0 或 TH1、TL1。

(3)根据需要开放定时器/计数器的中断，直接对 IE 位赋值。

(4)启动定时器/计数器，若已规定用软件启动，则可把 TR0 或 TR1 置 1；若已规定由外中断引脚电平启动，则需给外引脚加启动电平。当实现了启动要求之后，定时器即按规定的工作方式和初值开始计数或定时。

定时器/计数器的初始化是非常重要的，初始化编程格式如下：

```
TMOD=方式字;              //选择定时器的工作方式
THX=高 8 位初始值;         //装入 TX 时间常数
TLX=低 8 位初始值;
ETX=1;                    //开 TX 中断
EA=1;                     //总中断允许，如果有其他中断，可共用本条指令
TRX=1;                    //启动 TX 定时器
```

四、本任务知识要点

定时器/计数器的工作方式 0。

两个 16 位定时器/计数器具有定时和计数两种功能，每种功能包括了 4 种工作方式。用户通过指令把方式字写入 TMOD 来选择定时器/计数器的功能和工作方式；通过把计数的初始值写入 TH 和 TL 来控制计数长度；通过对 TCON 中相应位置位或清 0 来实现启动定时器工作或停止计数；还可以读出 TH、TL、TCON 中的内容来查询定时器的状态。定时器/计数器的 4 种工作模式有着不同的特点和不同的应用场合。首先介绍方式 0，其余 3 种工作方式将在后面详细介绍。

当 M1M0 为 00 时，定时器/计数器被选为工作方式 0。当工作于方式 0 时，定时器/计数器为 13 位的计数器。定时器 T1 的结构和操作与定时器 T0 完全相同。以 T0 为例，其电路的内部结构如图 6.2.3 所示，故 TMOD=0x00。

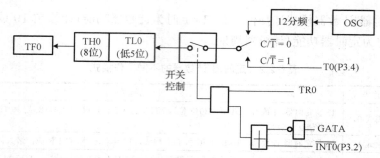

图 6.2.3　定时器/计数器的工作方式 0 的内部结构图

当 TL0 的低 5 位溢出时，都会向 TH0 进位，而全部 13 位计数器溢出时，则会向计数器溢出标志位 TF0 进位。

门控位 GATA 的功能。GATA 位的状态决定定时器运行控制取决于 TR0 的一个条件还是 TR0 和 $\overline{INT0}$ 引脚这两个条件。当 GATA=1 时，由于 GATA 信号封锁了或门，使引脚 INT0 信号无效。而这时如果 TR0=1，则接通模拟开关，使计数器进行加法计数，即定时/计数工作。而 TR0=0，则断开模拟开关，停止计数，定时/计数不能工作。当 GATA=0 时，与门的输出端由 TR0 和 INT0 电平的状态确定，此时如果 TR0=1，$\overline{INT0}$=1 与门输出为 1，允许定时/计数器计数，在这种情况下，运行控制由 TR0 和 $\overline{INT0}$ 两个条件共同控制，TR0 是确定定时/计数器的运行控制位，由软件置位或清"0"。

如上所述，TF0 是定时/计数器的溢出状态标志，溢出时由硬件置位，TF0 溢出中断被 CPU 响应时，转入中断时硬件清"0"，TF0 也可由程序查询和清"0"。

在工作方式 0 下，计数器的计数值范围是 1～8192(2^{13})。

当为定时工作方式 1 时，定时时间的计算公式为

$$(2^{13}-计数初值)\times晶振周期\times12 \qquad 或 \qquad (2^{13}-计数初值)\times机器周期$$

其时间单位与晶振周期或机器周期相同。

如果单片机的晶振选为 12.000MHz，则最小、大定时时间为

$$[2^{13}-(2^{13}-1)]\times1/12\times10^{-6}\times12=1\times10^{-6}\,(s)=1\,(\mu s)$$

$$[2^{13}-0]\times1/12\times10^{-6}\times12=8192\times10^{-6}\,(s)=8192\,(\mu s)$$

五、程序设计分析

从 P1.0 输出 1000Hz 的方波，实际上就是要求从 P1.0 输出周期为 1ms 的方波。为了简化程序，将输出的方波的占空比设定为 50%，则高电平和低电平的时间各为 1ms 的一半，即各为 500μs。也就是在单片机中实现 500μs 的定时，每次定时时间到时，将 P1.0 的电平改变就可以了。一个引脚电平的改变，使用取反指令就可以完成，具体指令如 "CLK=～CLK;"。

完成 500μs 的定时，可以采用指令延时的方式，用循环指令很容易实现，具体实现方式的程序框图如图 6.8 所示。但在这种方案中，单片机在定时期间，不能进行其他操作，利用率极低，为了解决这个矛盾，可以采用定时中断的方式来实现。

使用单片机内部的定时/计数器进行 500μs 定时，需要对定时/计数器进行初始化。启动定时器后，由硬件对固定频率的脉冲进行计数，达到 500μs 后，出现计数溢出，产生中断，进行中断程序。具体的中断程序的程序框图如图 6.2.4 所示。

采用定时中断时，单片机可以执行正常的程序，中断服务程序执行完成后，自动回到主程序的中断点继续执行被中断的程序。相对于指令延迟的定时方式，采用中断极大地提高了单片机的利用率。

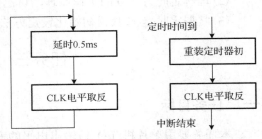

图 6.2.4　中断程序的程序框图

在演示的单片机程序中，采用了 11.0592MHz 的晶振，一个机器周期为 12 个晶振周期，即 $12×(1/11.0592)\mu s$。单片机的内部定时器是以机器周期为单位进行计数的，为了定时 $500\mu s$，需要对 $500/(12/11.0592)=500×110592/120000$ 个周期计数。

本例中选择的定时/计数器 0 来完成 $500\mu s$ 的定时，设置其为定时方式，采用方式 0 计数。具体初始化程序如下：

```
TMOD=0x00;                              //设置定时器 0 为定时方式，方式 0
TH0=(8192-500×110592/120000)/32;        //高 8 位的初始值
TL0=(8192-500×110592/120000)%32;        //低 8 位的初始值
ET0=1;                                  //允许定时器 0 产生中断
EA=1;                                   //开总中断
TR0=1;                                  //开始计数
```

六、源程序

在 MCS 系列单片机的 51 系列中，采用定时/计数器 0 工作方式 0 进行定时中断。

```
/*采用定时器 0 实现从 P1.0 输出 1000Hz 的方波程序*/
#include <AT89X51.H>
#define uchar unsigned char
sbit CLK=P1^0;                          //定义输出引脚 P1.0
void main()                             //主函数
{
    TMOD=0x00;                          //设置定时器 0 为定时方式，方式 0
    TH0=(8192-500×110592/120000)/32;    //高 8 位的初始值
    TL0=(8192-500×110592/120000)%32;    //低 8 位的初始值
    ET0=1;                              //允许定时器 0 产生中断
    EA=1;                               //开总中断
    TR0=1;                              //开始计数
    while(1);
}
void time0() interrupt 1                //定时器 0 的中断服务程序
{
    TH0=(8192-500×110592/120000)/32;    //高 8 位的初始值
    TL0=(8192-500×110592/120000)%32;    //低 8 位的初始值
    CLK=~CLK;           /*每次中断为 500μs，一个周期由高电平和低电平组成，所以一
                         个周期为 1000μs，产生的频率为 1000Hz*/

}
```

应知应会

(1)掌握定时器的结构、工作原理。

（2）理解定时方式 0 的工作原理，自己可以灵活设定时程序。

（3）掌握定时器/计数器初始化设定方法及中断函数书写步骤。

任务三　歌 曲 演 奏

一、任务目标

本任务要用单片机 I/O 口输出电平的变化实现歌曲演奏的效果。具体是根据歌曲音调与拍节变化控制单片机 P3.7 引脚输出不同频率的脉冲，推动蜂鸣器演奏歌曲。

二、电路设计

1. 元件清单

使用的元件清单列表如表 6.3.1 所示。

表 6.3.1　歌曲演奏使用元件列表

元件名称	所属类	所属子类
AT89C51	Microprocessor ICs	8051 Family
CAP	Capacitors	Multilnyer ceramicx7R
CAP-ELEC	Capacitors	Electrolytic Aluminum
CRYSTAL	Micellaneous	Through Hole
RES	Resistors	0.6melal Film
SOUNDER	Speakers & Sounder	

2. 电路原理图

歌曲演奏电路原理图如图 6.3.1 所示。

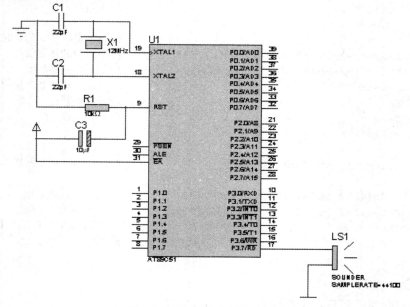

图 6.3.1　歌曲演奏电路原理图

三、相关知识

一般说来，单片机演奏音乐基本都是单音频率，它不包含相应幅度的谐波频率，也就是说不能像电子琴那样能奏出多种音色的声音。因此单片机奏乐只需弄清楚两个概念即可，也就是音调和节拍(表示一个音符唱多长的时间)。

1. 音调的确定

不同音高的乐音是用 C、D、E、F、G、A、B 来表示，这 7 个字母就是音乐的音名，它们一般依次唱成 DO、RE、MI、FA、SO、LA、SI，即唱成简谱的 1、2、3、4、5、6、7，相当于汉字"哆来咪发梭拉西"的读音，这是唱曲时乐音的发音，所以叫自然音，那些在它们的左上角加上 # 号或者 b 号的叫变化音。# 叫升记号，表示把音在原来的基础上升高半音，b 叫降记音，表示在原来的基础上降低半音。例如，高音 DO 的频率(1046Hz)刚好是中音 DO 的频率(523Hz)的 2 倍，中音 DO 的频率(523Hz)刚好是低音 DO 频率(266Hz)的 2 倍；同样的，高音 RE 的频率(1175Hz)刚好是中音 RE 的频率(587Hz)的 2 倍，中音 RE 的频率(587Hz)刚好是低音 RE 频率(294Hz)的 2 倍。

(1)要产生音频脉冲，只要算出某一音频的周期(1/频率)，然后将此周期除以 2，即为半周期的时间。利用定时器计时这半个周期时间，每当计时到后就将输出脉冲的 I/O 反相，然后重复计时此半周期时间再对 I/O 反相，就可在 I/O 脚上得到此频率的脉冲。

(2)利用 AT89C51 的内部定时器使其工作在定时方式 1 下，改变计数值 TH0 及 TL0 以产生不同频率的方法。

此外，结束符和休止符可以分别用代码 00H 和 FFH 来表示，若查表结果为 00H，则表示曲子终了；若查表结果为 FFH，则产生相应的停顿效果。

(3)例如，频率为 523Hz，其周期 $T=1/523=1912\mu s$，因此只要令定时器计时 $956\mu s/1\mu s=956$，在每次计数 956 次时将 I/O 反相，就可得到中音 DO(523Hz)。

(4)计数脉冲初值与频率的关系公式如下：

$$t = 2^k - f_{osc}/12/2F_r$$

式中，k 的取值由单片机工作方式确定，可为 13(方式 0)、16(方式 1)、8(方式 2)；F_r 为希望产生的音频周期($1/2 \times F_r$ 是半个周期)；f_{osc} 为单片机晶振频率($f_{osc}/12$ 为 12 分频，机器周期的倒数)。

例如，中音 DO 的频率为 523Hz，若单片机晶振频率是 12MHz，定时器 T0(方式 1)，$t=65536-500000/523=64580$；同理高音 DO 的频率为 1046Hz，计算得到定时器初值为 65058。

(5)C 调各音符频率与计数值 T 的对照表如表 6.3.2 所示。

表 6.3.2　C 调各音符频率与计数值 T 的对照表

低音符	频率/Hz	简谱码(T值)	中音符	频率/Hz	简谱码(T值)	高音符	频率/Hz	简谱码(T值)
低 1DO	262	63628	中 1DO	523	64580	高 1DO	1046	65058
#1DO#	277	63731	#1DO#	554	64633	#1DO#	1109	65085
低 2RE	294	63853	中 2RE	587	64684	高 2RE	1175	65110
#2RE#	311	63928	#2RE#	622	64732	#2RE#	1245	65134
低 3M	330	64021	中 3M	659	64777	高 3M	1318	65157
低 4FA	349	64103	中 4FA	698	64820	高 4FA	1397	65178

低音符	频率/Hz	简谱码(T值)	中音符	频率/Hz	简谱码(T值)	高音符	频率/Hz	简谱码(T值)
#4FA#	370	64185	#4FA#	740	64860	#4FA#	1480	65198
低 5SO	392	64260	中 5SO	784	64898	高 5SO	1568	65217
#5SO#	415	64331	#5SO#	831	64934	#5SO#	1661	65235
低 6LA	440	64400	中 6LA	880	64968	高 6LA	1760	65252
#6	466	64463	#6	932	64994	#6	1865	65268
低 7SI	494	64524	中 7SI	988	65030	高 7SI	1967	65283

2. 节拍的确定

若要构成音乐，光有音调是不够的，还需要节拍，让音乐具有旋律，而且可以调节各个音的快满程度，节拍简单说就是打拍子。若 1 拍时间为 0.4s，则 1/4 拍为 0.1s。至于 1 拍多少秒，并没有严格规定，只要听着悦耳就好，音持续时间的长短即时值，一般用拍数表示，休止符表示暂停发音。

一首音乐是由许多不同的音符组成的，而每个音符对应不同的频率，这样就可以利用不同的频率组合，加以与拍数对应的延时，构成音乐。了解音乐的一些基础知识，可知产生不同频率的音频脉冲即能产生音乐。对于单片机，产生不同频率的脉冲是非常方便的，利用单片机的定时来产生这样的方波频率信号。因此，需要弄清楚音乐中的音符和对应的频率，以及单片机定时计数的关系。

表 6.3.3　节拍与节拍码对照

节拍码	节拍数	节拍码	节拍数
1	1/4 拍	1	1/8 拍
2	2/4 拍	2	1/4 拍
3	3/4 拍	3	3/8 拍
4	1 拍	4	2/1 拍
5	1 又 1/4 拍	5	5/8 拍
6	1 又 1/2 拍	6	3/4 拍
8	2 拍	8	1 拍
A	2 又 1/2 拍	A	1 又 1/4 拍
C	3 拍	C	1 又 1/2 拍
F	3 又 3/4 拍		

每个音符使用 1 个字节，字节的高 4 位代表音符的高低，低 4 位代表音符的节拍，表 6.3.3 为节拍码的对照。如果 1 拍为 0.4s，1/4 拍为 0.1s，只要设定延迟时间就可求得节拍的时间。假设 1/4 拍为 1DELAY，则 1 拍应为 4DELAY，以此类推。所以只要求得 1/4 拍的 DELAY 时间，其余的节拍就是它的倍数。表 6.3.4 为 1/4 和 1/8 节拍的时间设定。

表 6.3.4　1/4 和 1/8 节拍的时间设定

曲调值	DELAY/ms	曲调值	DELAY/ms
调 4/4	125	调 4/4	62
调 3/4	187	调 3/4	94
调 2/4	250	调 2/4	125

3. 编码

DO、RE、MI、FA、SO、LA、SI 分别编码为 1～7，重音 DO 编为 8，重音 RE 编为 9，停顿编为 0。播放长度以十六分音符为单位，一拍即四分音符等于 4 个十六分音符，编为 4，其他播放时间以此类推。音调作为编码的高 4 位，而播放时间作为低 4 位，如此音调和节拍就构成了一个编码，以 0xFF 作为曲谱的结束标志。根据简谱表 6.3.2 建立初值表简谱码（形成高 4 位，对应相应的 T 值），根据节拍建立节拍码（形成低 4 位，对应相应节拍），把二者结合起来形成初值码表（表 6.3.5）。

例如，音调 DO，发音长度为两拍，即二分音符，将其编码为 0x18。

再如，音调 RE，发音长度为半拍，即八分音符，将其编码为 0x22。

歌曲播放的设计，先将歌曲的简谱进行编码，储存在一个数据类型为 unsigned char 的数组中，程序从数组中取出一个数，然后分离出高 4 位得到音调，接着找出相应的值赋给定时器 0，使定时器驱动扬声器，得出相应的音调；接着分离出该数的低 4 位，得到延时时间，接着调用软件延时。

表 6.3.5 简谱对应的简谱码、T 值、节拍数

简谱	发音	简谱码	T 值	节拍码	节拍数
1	中音 DO	1	64580(0xFC;0x44)	1	1/4 拍
2	中音 RE	2	64684(0xFC;0xAC)	2	2/4 拍
3	中音 MI	3	64777(0xFD;0x09)	3	3/4 拍
4	中音 FA	4	64820(0xFD;0x34)	4	1 拍
5	中音 SO	5	64898(0xFD;0x82)	5	1 又 1/4 拍
6	中音 LA	6	64968(0xFD;0xC8)	6	1 又 1/2 拍
7	中音 SI	7	65030(0xFE;0x06)	8	2 拍
1	高音 DO	8	65058(0xFE;0x22)	A	2 又 1/2 拍
2	高音 RE	9	65110(0xFE;0x56)	C	3 拍
3	高音 MI	A	65157(0xFE;0x85)	F	3 又 3/4 拍
4	高音 FA	B	65178(0xFE;0xE4)		
5	高音 SO	C	65217(0xFF;0x03)		

四、本任务知识要点

当 M1M0=01 时，定时/计数器处于工作方式 1，此时，定时/计数器的等效电路如图 6.3.2 所示。可以看出，方式 0 和方式 1 的区别仅在于计数器的位数不同，方式 0 为 13 位，而方式 1 为 16 位，由 TH0 作为高 8 位，TL0 为低 8 位，有关控制状态字（GATA、C/$\overline{\text{T}}$、TF0、TR0）和方式 0 相同。

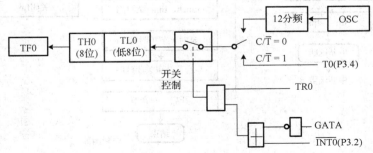

图 6.3.2 定时/计数器工作方式 1 内部结构图

在工作方式 1 下：TOMD（M1M0）的设置为 01（10），定时器计数值范围是：$1\sim65536（2^{16}）$。

当为定时工作方式 1 时，定时时间的计算公式为

$$（2^{16}-计数初值）\times 晶振周期 \times 12 \quad 或 \quad （2^{16}-计数初值）\times 机器周期$$

$$定时器初值=2^{16}-tf_{osc}/12$$

t 为定时时间，高 8 位（THX）与低 8 位（TLX）初值计算方法为

$$THX=（2^{16}-tf_{osc}/12）/256 \qquad TLX=（2^{16}-t\times f_{osc}/12）\%256$$

如果单片机的晶振选为 12.000MHz，则最小、大定时时间为

$$[2^{16}-（2^{16}-1）]\times 1/12 \times 10^{-6} \times 12=1\times 10^{-6}（s）=1（\mu s）$$

$$（2^{16}-0）\times 1/12 \times 10^{-6} \times 12=65536 \times 10^{-6}（s）=65536（\mu s）$$

五、程序设计分析

根据以上分析，歌曲演奏主要包括两方面，即编码与解码。单片机的歌曲演奏仅有音调和节拍，所以比较单调，相对也简单。编码时根据简谱码和节拍码规定，把歌曲的简谱音调编写为一个字节的编码，其中高 4 位为音调，对应一定的 T 初值，低 4 位为节拍，对应该音调的延时时间。解码时只要把编码时的音调和节拍还原即可，音调转换成定时器的 T 值，产生一定频率的音频，节拍是该音频的延时时间，这就是演奏。

所以该程序划分为以下 5 个模块：延时模块（1MS、187MS）、编码模块（初始 T 值、歌曲编码）、演奏模块、中断模块和主程序模块。其中延时模块、编码模块见源程序，主程序模块、中断模块、演奏模块流程图如图 6.3.3 所示。

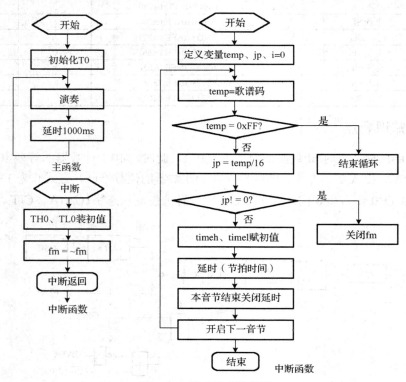

图 6.3.3　歌曲演奏流程图

六、源程序

```c
#include <reg51.h>
#define uchar unsigned char
#define uint  unsigned int
sbit fm=P3^7;                                      //蜂鸣器的 I/O 口
uchar timeh,timel,i;
//---------------------简谱--千年之恋----------------
//编程规则:字节高位是简谱,低位是节拍,
//代表多少个十六分音符
//1~7 代表中央 C 调,8~E 代表高八度,0 代表停顿
//最后的 0 是结束标志
uchar code qnzl[]={
0x12,0x22,0x34,0x84,0x74,0x54,0x38,0x42,0x32,0x22,0x42,
0x34,0x84,0x72,0x82,0x94,0xA8,0x08,                //前奏
0x32,0x31,0x21,0x32,0x52,0x32,0x31,0x21,0x32,0x62,  //竹林的灯火 岛国的沙漠
0x32,0x31,0x21,0x32,0x82,0x71,0x81,0x71,0x51,0x32,0x22, //七色的国度 不断飘逸风中
0x32,0x31,0x21,0x32,0x52,0x32,0x31,0x21,0x32,0x62,  //有一种神秘 灰色的旋涡
0x32,0x31,0x21,0x32,0x83,0x82,0x71,0x72,0x02,       //将我卷入了迷雾中
0x63,0xA1,0xA2,0x62,0x92,0x82,0x52,                 //看不清的双手
0x31,0x51,0x63,0x51,0x63,0x51,0x63,0x51,0x62,0x82,0x7C,0x02,
//一朵花传来谁经过的温柔
0x61,0x71,0x82,0x71,0x62,0xA2,0x71,0x76,            //穿越千年的伤痛
0x61,0x71,0x82,0x71,0x62,0x52,0x31,0x36,            //只为求一个结果
0x61,0x71,0x82,0x71,0x62,0xA3,0x73,0x62,0x53,       //你留下的轮廓 指引我
0x42,0x63,0x83,0x83,0x91,0x91,                      //黑夜中不寂寞
0x61,0x71,0x82,0x71,0x62,0x0A2,0x71,0x76,           //穿越千年的哀愁
0x61,0x71,0x82,0x71,0x62,0x52,0x31,0x36,            //是你在尽头等我
0x61,0x71,0x82,0x71,0x62,0xA3,0x73,0x62,0x53,       //最美丽的感动会值得
0x42,0x82,0x88,0x02,0x74,0x93,0x89,0xff             //用一生守候   结束标志
 };
//---简谱音调对应的定时器初值 T---适合 11.0592MHz 的晶振--------
uchar code chuzhi[]={
    0xff,0xff,                                      //占位
    0xFC,0x44,                                      //中音 C 调 1~7
    0xFC,0xAC,
    0xFD,0x09,
    0xFD,0x34,
    0xFD,0x82,
    0xFD,0xC8,
    0xFE,0x06,
    0xFE,0x22,                                      //高八度 1~7
    0xFE,0x56,
    0xFE,0x85,
    0xFE,0x9A,
    0xFE,0xC1,
    0xFE,0xE4,
    0xFF,0x03
```

```c
    };
void delay1(uint z);                            //延时 1ms
void delay(uint z);                             //延时 187ms,即十六分音符
void yanzou( );
void main()
{
    TMOD=0x01;                                  //定时器 0 工作在方式 1
    TH0=0;
    TL0=0;
    ET0=1;
    EA=1;                                       //开总中断
    while(1)
    {
        yanzou();
        delay1(1000);
    }
}
void timer0() interrupt 1                        //用于产生各种音调
{
    TH0=timeh;
    TL0=timel;
    fm=~fm;
}
void yanzou()
{
    uchar temp;
    uchar jp;                                    //jp 是简谱
    i=0;
    while(1)
    {
        temp=qnzl[i];
        if(temp==0xff)    break;
        jp=temp/16;                              //取数的高 4 位
        if(jp!=0)
        {
            timeh=cuzhi[jp*2];
            timel=cuzhi[jp*2+1];
        }
        else
        {
            TR0=0;
            fm=1;                                //关蜂鸣器
        }
        delay(temp%16);                          //取数的低 4 位
        TR0=0;                                   //唱完一个音停 10ms
        fm=1;
        delay1(10);
        TR0=1;
        i++;
```

```
        }
        TR0=0;
        fm=1;
        i=0;
    }
    void delay(uint z)                              //1/4 拍节延时 187ms
    {
        uint x,y;
        for(x=z;x>0;x--)
            for(y=20625;y>0;y--);
    }

    void delay1(uint z)                             //延时 nms
    {
        uint x,y;
        for(x=z;x>0;x--)
            for(y=125;y>0;y--);
    }
```

应知应会

(1) 了解音调、节拍的编码含义。

(2) 理解歌曲编码、解码的方法。

(3) 掌握定时器方式 1 的工作原理和使用方法、步骤。

任务四　数码管电子钟的设计

一、任务目标

本任务要用单片机实现一只电子钟的设计，采用两只按键可以调节时、分，用 8 个共阴极数码管作为时分秒显示。

二、电路设计

1. 元件清单

使用的元件清单列表如表 6.4.1 所示。

表 6.4.1　数码管电子钟的设计使用元件列表

元件名称	所属类	所属子类
AT89C51	Microprocessor ICs	8051 Family
RES	Resistors	0.6w Metal Film
7SEG-MPX8-CC-BLUE	Optoelectronics	7-Segment Displays
74LS245	TTL 74LS series	Transceivers
BUTTON	Switches&Relay	Switches
CAP	Capacitors	Ceramic Dise
CAP-ELEC	Capacitors	VXAxial Electrolytic
CRYSTAL	Miscellaneous	
RX8	Resistors	Resistor Packs

2. 电路原理图

数码管电子钟的设计电路原理图如图6.4.1所示。

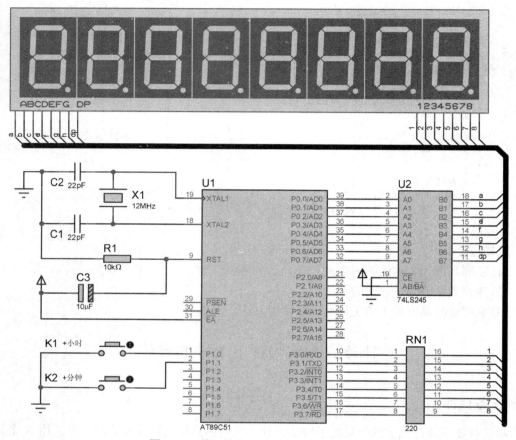

图6.4.1　数码管电子钟的设计电路原理图

三、相关知识

74LS245是常用的芯片，用来驱动LED或者其他设备，它是8路同相三态双向总线收发器，可双向传输数据。74LS245还具有双向三态功能，既可以输出，也可以输入数据。

当片选端$\overline{CE}$低电平有效时，$\overline{AB}$="0"，信号由B向A传输（接收）；AB="1"，信号由A向B传输（输出）；$\overline{CE}$高电平有效时，AB之间呈高阻态，图6.4.1所示的接法确保数据传输从A向B，作为段码输出控制口。同时为避免P3口输入电流过大，接入排阻RN1（阻值为220），作为位码输出控制端口。

四、本任务知识要点

当M1M0=10时，定时/计数器0处于工作方式2，此时，定时/计数器的等效电路如图6.4.2所示，可以看出，方式2和方式1的区别仅在于计数器的位数不同，方式1为8位，而方式2则为16位，由TH0作为高8位，TL0为低8位，有关控制状态字（GATA、C/$\overline{T}$、TF0、TR0）和方式1相同。

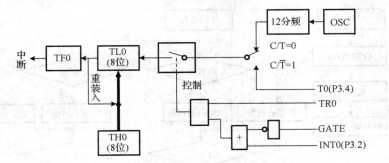

图 6.4.2　定时/计数器 0 处于工作方式 2 内部结构图

在工作方式 2 下，TOMD（M1M0）的设置为 10，定时器计数值范围是 $1\sim256(2^8)$。

当为定时工作方式 2 时，定时时间的计算公式为

$$(2^8-计数初值)\times晶振周期\times12 \qquad 或 \qquad (2^8-计数初值)\times机器周期$$

$$定时器初值=2^8-tf_{osc}/12$$

t 为定时时间，初值计算公式为

$$TH0=TL0=(2^8-tf_{osc}/12)/16。$$

如果单片机的晶振选为 12.000MHz，则最小、大定时时间为

$$[2^8-(2^8-1)]\times1/12\times10^{-6}\times12=1\times10^{-6}\,(s)=1\,(\mu s)$$

$$(2^8-0)\times1/12\times10^{-6}\times12=256\times10^{-6}\,(s)=256\,(\mu s)$$

最大特点是：当 TL0 计数最大（清零）时，TH0 的数值可以自动重装进入 TL0，避免像方式 1 那样在中断程序中再次装入初值，这样可使计时更加精确。

五、程序设计分析

要实现图 6.4.1 所示的电子钟显示，要解决以下几个问题。

1. 1s 时间的确定

在图 6.4.1 所示的电路原理图上，要得到 1s 精确时间。主要利用定时器 0 工作在方式 2 来得到，在此方式下晶振是 12MHz，其最大定时为 256μs，取定时时间为 250μs，即 T0 中断 1 次时间是 250μs，那么 1s 需要中断 4000 次。

2. 显示函数

设置一个时间数组来存储时间数据（即时、分、秒），其时间的改变由定时中断控制，显示时把时间数据的段码和位码分别送至 P0 口和 P3 口即可。

3. 时间的调整

当系统加电后，单片机就开始工作。单片机按设计的程序开始计时并显示在数码管上。当有按键按下时，停止定时中断，K1 按下时小时数据加 1，当加到大于 24 时清零，K2 按下时分钟数据加 1，当加到大于 59 时清零。

4. 流程图

数码管电子钟设计的流程图如图 6.4.3 所示。

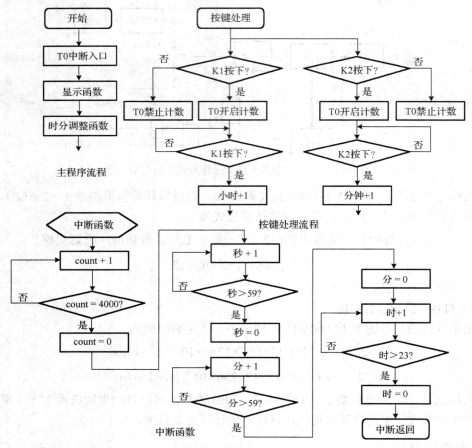

图 6.4.3　数码管电子钟设计流程图

六、源程序

```
/*电子钟数码管显示程序*/
#include <reg51.h>
#define uchar unsigned char
#define uint unsigned int
uint count;                              //计数变量
sbit k_1=P1^0;
sbit k_2=P1^1;
uchar code display_code[]=
{0x3f,0x06,0x5b,0x4f,0x66,0x6d,0x7d,0x07,0x7f,0x6f,0x40};  //数字0~9的编码
uchar time[]={0,0,0};                    //时、分、秒数据
void delay(uchar x)                      //延时 xms
{
    int i,j,k;
    {
        for (i=x;i>0;i--)
        {
            for(j=2;j>0;j--)
```

```
                {
                    for(k=250;k>0;k--);
                }
            }
        }
}
void display()                              //显示函数
{
    uchar i,k=0x01;
    P3=0xff;                                //关显示
    for(i=0;i<3;i++)
        {
        P3=0xff;
        P0=display_code[time[i]/10];
        P3=~k;
        delay(1);
        k=k<<1;
        P3=0xff;
        P0=display_code[time[i]%10];
        P3=~k;
        delay(1);
        k=k<<1;
        P3=0xff;
        if(i<2)
            {
            P0=display_code[10];
            P3=~k;
            delay(1);
            k=k<<1;
            P3=0xff;
            }
        P3=0xff;
        }
}
void key_int()                              //时分调整函数
{
if(k_1==0)
    {
        delay(10);
        if(k_1==0)
        {
            TR0=0;
            while(!k_1);                    //松手检测
            time[0]++;
                if(time[0]>23)
                time[0]=0;
        }
```

```
                TR0=1;
        }
    if(k_2==0)
        {
            delay(10);
            if(k_2==0)
            {
        TR0=0;
        while(!k_2);
        time[1]++;
        if(time[1]>59)
            time[1]=0;
        }
        TR0=1;
        }
    }
    void main()
    {
        TMOD=0x02;
        TH0=TL0=0x05;
        EA=1;
        ET0=1;
        TR0=1;

    while(1)
        {
            display();
            key_int() ;
            }
    }

    void time0() interrupt  1                  //中断函数
    {
        count++;
        if(count==4000)
        {
        count=0;
        time[2]++;
        if(time[2]>59)
            {
            time[2]=0;
            time[1]++;
            if(time[1]>59)
            {
                time[1]=0;
                time[0]++;
                if(time[0]>23)
```

```
            time[0]=0;
        }
    }
  }
}
```

应知应会

(1) 掌握定时器方式 2 的特点及使用方法。

(2) 理解数组变量的使用。

(3) 初步掌握复杂程序的模块划分方法。

思考题与习题

1. 设晶振频率为 12MHz，编写分别以下延时子程。

(1) 编写一个用软件延时 10ms 的子程序。

(2) 试用软、硬件相结合的方法编写一个延时 10s 的子程序。

2. 控制一个 LED 灯每 1s 闪烁一次，即亮 0.5s，灭 0.5s。

要求：(1) 使用定时器 T0 定时，定时器 T1 计数，采用硬件定时+硬件计数的方式实现。

　　　(2) 系统时钟频率为 12MHz。

3. 什么是中断？中断过程是什么？什么是中断嵌套？

4. 单片机有几个中断源？各中断标志是如何产生的，又是如何清零的？

5. 中断 INT0 和 INT1 发生的条件是什么？它们的入口地址是什么？

6. 在外部中断中，有几种中断触发方式？如何选择中断源的触发方式？

7. 有晶振频率为 6MHz 的 MCS-51 单片机，使用定时器 T1 以定时工作方式 2 从 P1.2 端线输出周期为 200μs，占空比为 5∶1 的矩形脉冲，采用 TR1 启动。

8. 设计并制作一台简易的 6 路抢答器。要求采用中断的方法实现，通过 TTL 芯片扩展中断源；中断响应后应显示抢答号播放不同的音乐歌曲(歌曲自行选取，播放时间不少于 10s)。

9. 编程实现万年历显示年月日的功能，要求如下：

(1) 显示格式为：某某年-某某月-某某日，其中 2 月份均按 29 天计算，其余月份均按照正常天数；

(2) 采用工作方式 2 进行编程；

(3) 年月日均可以通过按键进行调整；

(4) 为了更形象地通过数码管表示，数字变化的时间根据实际情况自行定义。

10. 按照图 6.4.1 所示的电路图，自行编程设计一个秒表，显示时间为 0.01～99s。

项目七　A/D 与 D/A 转换方法

通过项目 4 个范例的练习，让学生由浅到深、由易到难地进行独立单元的训练，逐步掌握 A/D、D/A 转换的原理、编程、设计方法与技巧，为后面的完整系统打下良好的基础。

任务一　使用 DAC0832 生成锯齿波

一、任务目标

采用 DAC0832 数/模转换电路，将数字量转化成模拟量，输出锯齿波。

二、电路设计

1. 元件清单列表

元件清单列表如表 7.1.1 所示。

表 7.1.1　使用 DAC0832 生成锯齿波单灯闪烁电路使用元件列表

序号	元件名称	所属类	所属子类
1	AT89C51	Microprocessor ICs	8051 Family
2	DAC0832	D/A Converters	National Semiconductor
3	LM324	Operational Amplifiers	Quad
4	SWITCH	Switches&Relays	Switches
5	74LS373	TTL 74LS series	Flip-Flops&Latches
6	UA741	Operational Amplifiers	Single
7	MINRES	Resistors	0.6W MetalFilm
8	POLYPR022P	Capacitors	Axial Lead Polypropene
9	A700D187M002ATE018	Capacitors	Electrolytic Aluminum
10	CRYSTAL	Miscellaneous	
11	OSCILLOSCOPE		
12	DC VOLTMETER		
13	DEFAULT		

2. 电路原理图

使用 DAC0832 生成锯齿波电路的原理图如图 7.1.1 所示。

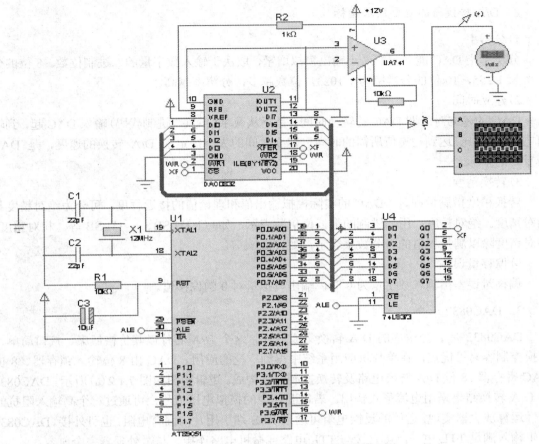

图 7.1.1 使用 DAC0832 生成锯齿波电路原理图

三、相关知识

1. D/A 的基本概念

能将数字量转换成模拟量的电路，称为数/模转换器(Digital-Analog Converter, DAC)或 D/A 转换器。完成 D/A 转换的具体电路有多种，特别是单片大规模集成 D/A 转换器的问世，为实现数/模转换提供了极大的方便，使用者借助手册提供的器件性能指标及典型应用电路，即可正确使用这些器件。目前市场上供应的 DAC 芯片种类颇多，按数字位数分 8 位、10 位、12 位等，按转换速度有低速、高速之分，按照数据的传送方式有串行和并行之分。

在线性 DAC 中，输出的模拟电压的公式为

$$Vout = VREF \times Din/2^n$$

式中，Vout 为输出的模拟量；n 为 DAC 的位数；Din 为输入的数字量；VREF 为基准电压。D/A 转换芯片所需的基准电压 VREF 一般由芯片外的基准电源提供。为了使 DAC 能连续输出模拟信号，CPU 送给 DAC 的数码管通过锁存保持，然后与 DAC 相连接。有的 D/A 转换芯片内部带有锁存器，此种芯片可作为 CPU 的一个外围设备端口挂在总线上。在需要进行 D/A 转换时，CPU 通过片选信号和写控制信号将数据写至 D/A 转换器。

2. D/A 转换器的主要技术指标

1) 分辨率

分辨率指 DAC 能分辨的最小输出模拟增量，取决于输入数字量的二进制位数。8 位的分辨率为 1/255，10 位的分辨率为 1/1023。位数越多，分辨率越高。

2) 建立时间

DAC 的建立时间即 DAC 的转换时间，是指从数字信号(二进制代码)输入 DAC 起，到输出电流(或电压)达到稳态值所需的时间。建立时间的大小决定了 D/A 转换的速度，是 DAC 最重要的指标之一。

3) 转换精度

转换精度指满量程时，DAC 的实际模拟输出值和理论值的接近程度，可分为绝对精度和相对精度。绝对精度：用二进制的最低位倍数表示，如+(1/2)LSB、+(1)LSB 等。相对精度：绝对精度除以满量程值的百分数来表示，如+0.05%等。

4) 偏移量误差

偏移量误差指输入数字量为 0 时，输出模拟量对 0 的偏移值。

3. DAC0832 简介

DAC0832 是 8 分辨率的 D/A 转换集成芯片。这个 D/A 芯片以其价格低廉、接口简单、转换控制容易等优点，在单片机应用系统中得到广泛的应用。DAC 由 8 位输入锁存器、8 位 DAC 寄存器、8 位 D/A 转换电路及转换控制电路构成。逻辑构图如图 7.1.2(a) 所示。DAC0832 的 D/A 转换结果采用电流形式输出。若需要相应的模拟电压信号，可通过一个高输入阻抗的线性运算放大器实现。运放的反馈电阻可通过 RFB 端引用片内固有电阻，也可外接。DAC0832 逻辑输入满足 TTL 电平，可直接与 TTL 电路或微机电路连接，与微处理器完全兼容。

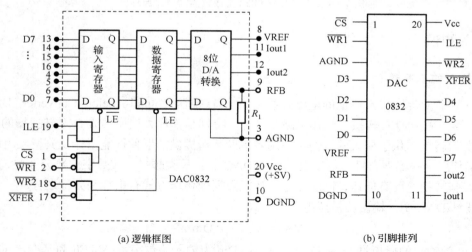

(a) 逻辑框图　　　　　　　　(b) 引脚排列

图 7.1.2　DAC0832 的逻辑框图与引脚排列

4. DAC0832 的引脚功能

DAC0832 的引脚排列如图 7.1.2(b) 所示。各引脚的功能如下。

D0~D7：8 位数据输入线，TTL 电平，有效时间应大于 90ns(否则锁存器的数据会出错)。

ILE：数据锁存允许控制信号输入线，高电平有效。

$\overline{\text{CS}}$：片选信号输入线(选通数据锁存器)，低电平有效。

$\overline{\text{WR1}}$：数据锁存器写选通输入线，负脉冲(脉宽应大于 500ns)有效。由 ILE、$\overline{\text{CS}}$、$\overline{\text{WR1}}$ 的逻辑组合产生 LE1，当 LE1 为高电平时，数据锁存器状态随输入数据线变换，LE1 负跳变时将输入数据锁存。

$\overline{\text{WR2}}$：DAC 寄存器写选通输入线，负脉冲(脉宽应大于 500ns)有效。由 $\overline{\text{WR2}}$、$\overline{\text{XFER}}$ 的逻辑组合产生 LE2，当 LE2 为高电平时，DAC 寄存器的输出随寄存器的输入而变化，LE2 的负跳变时将数据锁存器的内容送入 DAC 寄存器并开始 D/A 转换。

$\overline{\text{XFER}}$：数据传输控制信号输入线，低电平有效，负脉冲(脉宽应大于 500ns)有效。

Iout1：电流输出端 1，其值随 DAC 寄存器的内容变化；当输入全为 1 时 Iout1 最大。

Iout2：电流输出端 2，其值与 Iout1 值之和为一个常数。

RFB：反馈信号输入线，芯片内部有反馈电阻，改变 Rfb 端外接电阻值可调整转换满量程精度。

Vcc：电源输入端，Vcc 的范围为+5～+15V。

VREF：基准电压输入线，VREF 的范围为–10～+10V。

AGND：模拟信号地，模拟信号和基准电源的参考地。

DGND：数字信号地，两种地线在基准电源处共地比较好。

5. DAC0832 的工作方式

DAC0832 进行 D/A 转换，可以采用两种方法对数据进行锁存(注意 $\overline{\text{LE1}}$、$\overline{\text{LE2}}$ 低电平有效，即当它们为低电平时，输入锁存器和 DAC 寄存器工作在选通状态)。

第一种方法：输入锁存器工作在锁存状态，而 DAC 寄存器工作在直通状态。具体来说，就是使 $\overline{\text{WR2}}$ 和 $\overline{\text{XFER2}}$ 都为低电平，从而 DAC 寄存器的锁存选通端 $\overline{\text{LE2}}$ 为低电平而直通；同时，使输入锁存器的控制信号 ILE 处于高电平、$\overline{\text{CS}}$ 处于低电平，这样，当 $\overline{\text{WR1}}$ 端来一个负脉冲时，就可以完成一次转换。

第二种法：输入锁存器工作在直通状态，而 DAC 寄存器工作在锁存状态。就是使 $\overline{\text{WR1}}$ 和 $\overline{\text{CS}}$ 为低电平，ILE 为高电平，这样，输入锁存器的锁存选通端 $\overline{\text{LE1}}$ 为低电平而直通；$\overline{\text{WR2}}$ 和 $\overline{\text{XFER}}$ 端输入 1 个负脉冲时，使 DAC 寄存器工作在锁存状态，提供锁存数据进行钻换。

根据上述对 DAC0832 的输入锁存器和 DAC 寄存器不同的控制方法，DAC0832 有如下 3 种工作方式。

(1) 单缓冲方式。单缓冲方式是控制输入锁存器和 DAC 寄存器同时接收数据，或者只用输入锁存器而把 DAC 寄存器接成直通方式。此方式是只有一种模拟量输出或几路模拟量异步输出的情况。

(2) 双缓冲方式。双缓冲方式是先使输入寄存器接收数据，再控制数据寄存器的输出数据到 DAC 寄存器，即分为两次锁存输入数据。此方式适用于多个 D/A 转换同步输出的情节。

(3) 直通方式。直通方式是数据不经两级锁存，即 $\overline{\text{WR1}}$、$\overline{\text{CS}}$、$\overline{\text{WR2}}$、$\overline{\text{XFER}}$ 均接地，ILE 接高电平。数字量一旦输入，就直接进入 DAC 寄存器，进行 D/A 转换。此方式适用于连续反馈控制线路，不过在使用时，必须通过另加 I/O 接口与 CPU 连接，以匹配 CPU 与 D/A 转换。

四、本任务知识要点

1. 工作原理

利用单片机 P0(P2)端口的特点,可以作为地址/数据双重传输 I/O 口使用,作为地址线使用时,P0 口输出地址,单片机 ALE 引脚输出地址锁存信号,与外部 74LS373 配合使用锁存地址,从而实现单片机对 DAC0832 的控制与操作。具体的原理是:利用 DAC0832 工作在单缓冲方式输出锯齿波,将片选信号 $\overline{CS}$、数据传送信号 $\overline{XFER}$ 都通过地址锁存器 74LS373 连接到最低位地址线 A0(P0.0)。所以输入寄存器的地址变为 FFFEH(因为 $\overline{CS}$ 和 $\overline{XFER}$ 都是低电平有效,即 A0 低电平有效,其余地址线 A1~A15 都为高电平时的地址为 DAC0832 的最高地址,即其在系统中的地址,即为 FFFEH。)选中 DAC0832 并按单缓冲方式启动,这些状态锁存在 74LS373 的锁存端并保持。

2. "# include<absacc.h>" 头文件

在扩展外部存储器或外部设备时,程序中要包含绝对内存访问(Absolute Memory Access)的头文件<absacc.h>。该文件中有宏定义:#define DAC0832 XBYTE[0xFFFE]。其中的 XBYTE 可用来读/写单片机外部的 RAM64KB 空间字节数据,[0xFFFE]表示地址(即 D0 为 0,通过锁存器 74LS373 的 XF 选中 DAC0832 的 $\overline{CS}$)。作为数据输出时,可以直接送达 DAC0832 输入端实现数模转换。

在程序中,用 "# include<absacc.h>" 即可使用其中定义的宏来访问绝对地址,包括 CBYTE、XBYTE、PWORD、DBYTE、CWORD、XWORD、PBYTE、DWORD。例如:

```
rval=CBYTE[0x0002];      //指向程序存储器的 0002h 地址
rval=XWORD [0x0002];     //指向外 RAM 的 0004H 地址 //WORD 是一个字,两个字节,故为
                           0004H
#define  DAC0832  XBYTE[0xFFFE] //后面若出现 DAC0832,则单片机端口 P0 和 P2 联
                           合输出 0xFFFE 的绝对物理地址。
```

五、程序设计分析

DAC0832 是 8 位的 D/A 转换器件,转换结果以电流形式输出,本例为了输出电压信号生成所需要的锯齿波,采用了 μA741 运算放大器将电流信号转换为电压信号。转换后输出的电压值为 $-D \times \text{VREF}/255$,其中 D 为输出的数据字节,由于本例输出的字节由 0~255 循环递增,导致输出电压值由 5~0V 循环递减,从而形成了图 7.1.3 所示的锯齿波效果。程序流程图如图 7.1.4 所示。

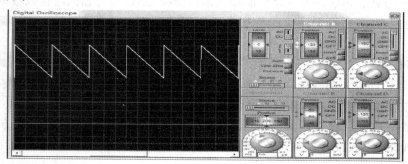

图 7.1.3　使用 DAC0832 生成的锯齿波效果图

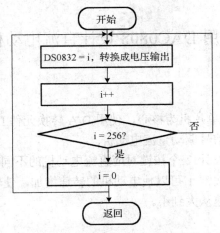

图 7.1.4　使用 DAC0832 生成锯齿波程序流程图

六、源程序

```
#include <reg51.h>              //包含单片机寄存器的头文件
#include <absacc.h>             //包含对片外存储器地址进行操作的头文件
#define uchar unsigned char
#define  DAC0832  XBYTE[0xFFFE]  //DAC0832 在系统中的地址为 FFFE
void Delay( )
{
    uchar  t,m;
    for(t=0;t<120;t++)
    for(m=0;m<120;m++);
}


void main( )
{
    uchar  i;
    while  (1)
{
for(i=0;i<256;i++)
{
    DAC0832=i;          //将数据 i 送入片外地址 FFFE
    delay( );
    }
    }
    }
```

应知应会

(1) 掌握#include <absacc.h>头文件的应用。

(2) 理解 DAC0832 的工作原理。

任务二　用 DAC0808 设计直流电动机调速器

一、任务目标

基本要求：以 AT89C51 单片机为核心，使用 D/A 转换元件 DAC0808 对单片机输出的数字信号进行转换，输出模拟信号驱动直流电动机。

具体要求：在设计中，设计 2 个按键对应直流电动机的不同转速，按下不同按键时，电动机将以不同的速度转动，按键 1 可以使电动机的转速增加，使转速从小到大，按键 2 可以使电动机的转速降低、使转速从大到小。

二、电路设计

1. 元件清单列表

使用的元件清单列表如表 7.2.1 所示。

表 7.2.1　用 DAC0808 设计的直流电动机调速器电路使用元件列表

序号	元件名称	所属类	所属子类
1	AT89C51	Microprocessor ICs	8051 Family
2	DAC0808	Data Converters	D/A Converters
3	C1～C3	Capacitors	Electrolytic Aluminum
4	R1～R5	Resistor	Chip Resistor 1/8W 5%
5	BUTTON	Switches&Relays	Switches
6	CRYSTAL	Miscellaneous	
7	MOTOR	ACTIVE	Electromechanical

2. 电路原理图

用 DAC0808 设计的直流电动机调速器电路原理图如图 7.2.1 所示。

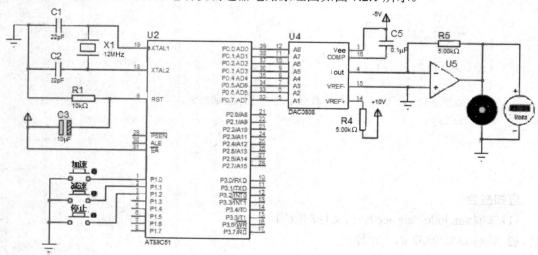

图 7.2.1　使用 DAC0808 设计的直流电动机调速器电路原理图

三、相关知识

1. DAC0808 芯片

DAC0808 是 8 分辨率的 D/A 转换集成芯片。与微处理器完全兼容。这个 DA 芯片以其价格低廉、接口简单、转换控制容易等优点，在单片机应用系统中得到广泛的应用。DAC 由 8 位输入锁存器、8 位 DAC 寄存器、8 位 D/A 转换电路及转换控制电路构成。

2. DAC0808 结构

D0～D7：8 位数据输入线，TTL 电平，有效时间应大于 90ns（否则锁存器的数据会出错）。

ILE：数据锁存允许控制信号输入线，高电平有效。

$\overline{\text{CS}}$：片选信号输入线（选通数据锁存器），低电平有效。

$\overline{\text{WR1}}$：数据锁存器写选通输入线，负脉冲（脉冲宽度应大于 500ns）有效。由 ILE、的逻辑组合产生 LE1，当 LE1 为高电平时，数据锁存器状态随输入数据线变换，LE1 负跳变时将输入数据锁存。

$\overline{\text{XFER}}$：数据传输控制信号输入线，低电平有效，负载冲（脉冲宽度应大于 500ns）有效。

$\overline{\text{WR2}}$：DAC 寄存器选通输入线，负载冲（脉冲宽度应大于 500ns）有效。由 $\overline{\text{WR2}}$、$\overline{\text{XFER}}$ 的逻辑组合产生 LE2，当 LE2 为高电平时，DAC 寄存器的输入随寄存器的输入而变化。LE2 的负跳变时将数据锁存器的内容打入 DAC 寄存器并开始 D/A 转换。

Iout1：电流输入端 1，其值随 DAC 寄存器的内容线性变化。

Iout2：电流输入端 2，其值与 Iout1 值之和为一个常数。

RFB：反馈信号输入线，改变 RFB 端外接线电阻值可调整转换满量程精度。

Vcc：电源输入端，Vcc 的范围为+5～+15V。

VREF：基准电压输入线，VREF 的范围–10～+10V。

AGND：模拟信号地。

DGND：数字信号地。

3. DAC0808 的工作方式

根据对 DAC0808 的数据锁存器和 DAC 寄存器不同的控制方式，DAC0808 有 3 种工作方式：直通方式、单缓冲方式和双缓冲方式。

四、程序设计分析

系统开始运行，先进行系统初始化，然后单片机判断按键是否按下。如果按下，执行 D/A 转换，然后驱动电机转动，并显示挡位值，如果没有，直接结束程序。主程序的流程图如图 7.2.2 所示，程序运行效果如图 7.2.3 所示。

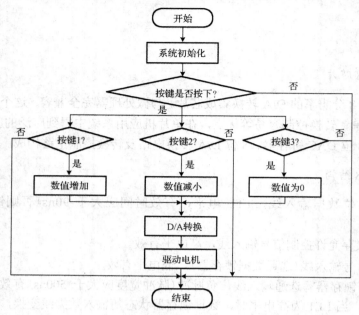

图 7.2.2 使用 DAC0808 设计的直流电动机调速器流程图

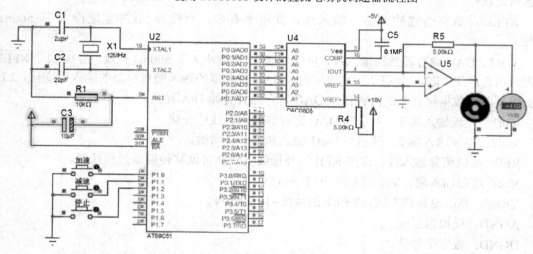

图 7.2.3 使用 DAC0808 设计的直流电动机调速器程序运行效果图

五、源程序

```
#include<reg51.h>
#include<intrins.h>
#define uchar unsigned char
#define uint unsigned int
uchar Key_State count=0;
//延时
void DelayMS(uint ms)
{
    uchar t;
    while(ms--)
```

```
        for(t=0;t<120;t++);
}
//加速子函数
void Increase_Count()
{
        count=count+40;
        if(count>255)
        count=0;
        else P0=count;
}
//减速子函数
void Minus_Count()
{
        count=count-40;
        if(count<0)
        count=255;
        else P0=count;
}
void main()
{
        P0=0x00;
        Key_State=0xff;
        while(1)
        {
            if(P1 ^ Key_State)
        {
        DelayMS(10);
        Key_State=P1;
        if((Key_State & 0x01)==0)
        Increase_Count();
        else if((Key_State & 0x02)==0)
        Minus_Count();
        else if((Key_State & 0x04)==0)
        P0=0x00;
        }
    }
}
```

应知应会

(1) 掌握 DAC0808 芯片各引脚的用途及使用方法。

(2) 理解 D/A 转换的原理。

任务三　利用 ADC0808 设计调温报警器

一、任务目标

利用 ADC0808 作为外部调温器，由单片机读入温度数值后，转换成两位十进制表示的温度值，输出到数码管显示，并与预设的警报温度对比，当温度超过设定的上下限温度（上限：160℃，下限：60℃）时，相应的报警灯闪烁，且发出一定频率的声音报警。

二、电路设计

1. 元件清单列表

使用的元件清单列表如表 7.3.1 所示。

表 7.3.1　利用 ADC0808 设计的调温报警器电路使用元件列表

序号	元件名称	所属类	所属子类
1	AT89C51	Microprocessor ICs	8051 Family
2	ADC0808	Data Converters	A/D　Converters
3	CAP-ELEC	Capacitors	Generic
4	CAP	Capacitors	Generic
5	7SEG-MPX4-CC-BLUE	Optoelectronics	7-Segment Displays
6	CRYSTAL	Miscellaneous	
7	POT-HG	Resistors	Variable
8	LED-YELLOW	Optoelectronics	LEDs
9	RES	Resistor	Chip Resistor 1/8W 5%
10	RESPACK-8		
11	SOUNDER		

2. 电路原理图

利用 ADC0808 设计的调温报警器电路的原理图如图 7.3.1 所示。

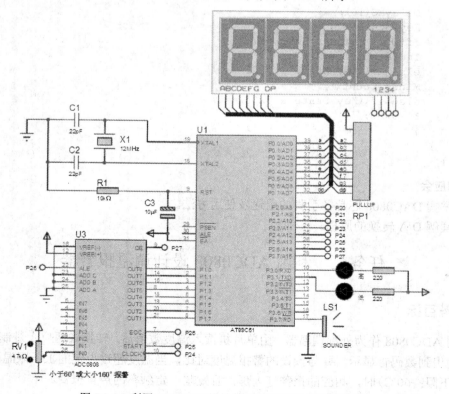

图 7.3.1　利用 ADC0808 设计的调温报警器电路原理图

三、相关知识

1. A/D 的基本概念

能将模拟量转换成数字量的电路，称为模数转换器（Analog-Digital Converter，ADC）。完成这种转换的具体电路有多种，特别是单片大规模集成 ADC 的问世，为实现 A/D 转换提供了极大的方便，使用者借助于手册提供的器件性能指标及典型应用电路，即可正确使用这些器件。

目前市场上供应的 ADC 芯片种类繁多，按工作原理可分为直接 ADC 和间接 ADC 两大类；按数码位数可分为 8 位、10 位、12 位 ADC 等；按照数据的传送方式还可分为串行 ADC 和并行 ADC。

1）直接 ADC

直接 ADC 是通过一套基准电压与取样保持电压进行比较，从而将模拟量直接转换成数字量。其特点是工作速度高，转换精度容易保证，使用也比较方便。

这类 ADC 的模拟电压与数字输出之间的转换关系是

$$Dout = Vin/VREF \times 2^n$$

式中，n 为 ADC 的位数；Dout 表示输出的数值；Vin 为输入的模拟电压；VREF 为基准电压。

直接 ADC 的电路有并联比较型和反馈比较型。反馈比较型又分为计数型和逐次渐进型。其中逐次渐进型 ADC 是目前集成 ADC 产品中用得最多的一种。

并联比较型 ADC 的转换速度较快，其转换速度实际上取决于器件的速度和时钟脉冲的宽度。但电路复杂，其转换精度受分压网络和电压比较器灵敏度的限制。这种转换器适用于高速、精度较低的场合。

2）间接 ADC

间接 ADC 是将取样后的模拟信号先转换成时间 t（即电压–时间变换型，简称 V–T 变换型）或频率 f（电压–频率变换型，简称 V–F 变换型），然后将 t 或 f 转换成数字量。

V–T 变换型 ADC 中用得最多的是双积分型 ADC，如 CB7107、MC14433 等。这种 ADC 具有很多优点。首先，其转换结果与时间常数 RC 无关，从而消除了由于斜波电压非线性带来的误差，允许积分电容在一个比较宽的范围内变化，而不影响转换结果。其次，由于输入信号积分的时间较长，且是一个固定值 T1，T2 正比于输入信号在 T1 内的平均值，这对于叠加在输入信号上的干扰信号有很强的抑制能力。最后，这种 ADC 不必采用高稳定度的时钟源，它只要求时钟源在一个转换周期（T1+T2）内保持较稳定即可。V–T 转换器被广泛应用于要求精度较高而转换速度要求不高的仪器中。

V–F 变换型 ADC 由压控电路振荡器、计数器、时钟等组成。在单片机系统中，实际只需要接一个压控电路就可以完成 A/D 转换，其余的计数、闸门时间控制等工作由单片机完成。同时，由压控电路传送到单片机的信号是一路脉冲信号，所以传送电路简单、要求低，特别适用于遥控测量等需要电气隔离的系统中。常见的压控集成电路有 KM331、AD650 等。

总体来说，间接 ADC 的特点是工作速度较低，但转换精度可以做得较高，且抗干扰性强，一般在测试仪表中用得较多。

2. ADC 的主要技术指标

1）分辨率

分辨率是指转换器所能分辨的被测量最小值，通常用输出二进制代码的位数来表示。它反映了它的输入模拟电压的最小变化量。其定义为输入满刻度电压与 2^n 的比值，其中 n 为 ADC 的位数，如 8 位 ADC 的满刻度输入电压为 5V，则其分辨率为 $5/2^8 = 5/256$（V）；10 位 ADC 的分辨率为 $5/2^{10} = 5/1024$（V）。可见，ADC 的位数越多，分辨率越小，精度越高。

2）线性度

线性度也称为非线性误差，是指实际转换特性曲线与理想直线特性之间的最大偏差。常用相对于满量程的百分数表示。例如，±1% 是指实际输出值与理论值之差在满刻度的 ±1% 以内。

3）精度

理想情况下，输入模拟信号所有转换点应当在一条直线上，但实际的特性不能做到输入模拟信号所有转换点在一条直线上。精度就是指转换结果相对于实际值的偏差。精度有如下两种表示方法。

（1）绝对精度：用二进制最低位（LSB）的倍数来表示，如 ±1LSB、±（1/2）LSB 等。

（2）相对精度：用绝对精度除以满量程值的百分比来表示，如 ±0.05% 等。

需要注意的是分辨率与精度是两个不同的概念。分辨率高的精度不一定高，但精度高的分辨率必然高。

4）转换时间

转换时间是描述 ADC 转换速度快慢的参数，指完成一次转换所需的时间。转换时间是从接到转换启动信号开始，到输出端获得稳定的数字信号（二进制代码）所经过的时间。转换时间与转换器的工作原理及其位数有关。同种工作原理的转换器，位数越多，其转换时间越长。

5）量程

量程指输入模拟电压的变化范围。

3. ADC0808 主要技术指标和特性

（1）分辨率：8 位的分辨率为 1/255。

（2）总的不可调误差：ADC0808 为 +2LSB；ADC0809 为 +1LSB。

（3）转换时间：取决于芯片的时钟频率，如 CLK=500Hz 时，Tconv=128μs。

（4）单一电源：+5V。

（5）模拟输入电压范围：单极性 0~5V；双极性 +5V，+10V（需外加一定电路）。

（6）具有可控三态输出缓存器。

（7）启动转换控制为脉冲式（正脉冲），上升沿使所有内部寄存器清零，下降沿使 A/D 转换开始。

（8）使用时不需要进行零点和满刻度调节。

4. ADC0808 内部结构和外部引脚

ADC0808 的内部结构和外部结构引脚分别如图 7.3.2 和图 7.3.3 所示。内部各部分的作用和工作原理在内部结构图中已一目了然，在此不再一一叙述，下面仅对各引脚定义分述如下。

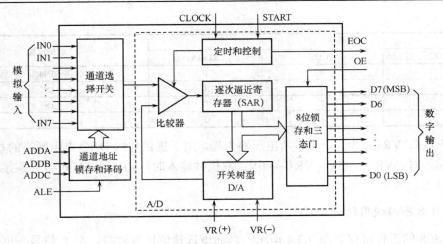

图 7.3.2 ADC0808 内部结构图

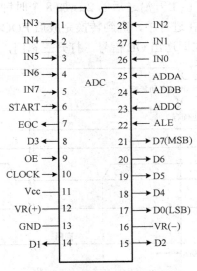

图 7.3.3 ADC0808 外部引脚图

（1）IN0～IN7 为 8 位模拟输入，通过 3 根地址线译码线 ADDA、ADDB、ADDC 来选通一路。

（2）D7～D0 为 A/D 转换后的数据输出端，为三态可控输出，故可直接和微处理器数据连接。8 位排列顺序是 D7 为最高位，D0 为最低位。

（3）ADDA、ADDSB、ADDC 为模拟通道选择地址信号，ADDA 为最低位，ADDC 为最高位。地址信号与选中通道对应关系如表 7.3.2 所示。

表 7.3.2 地址信号与选中通道对应关系

地 址			选中通道
ADDC	ADDB	ADDA	
0	0	0	IN0
0	0	1	IN1
0	1	0	IN2
0	1	1	IN3

地 址			选中通道
ADDC	ADDB	ADDA	
1	0	0	IN4
1	0	1	IN5
1	1	0	IN6
1	1	1	IN7

（4）VR（+）、VR（−）为正、负参考电压输入端，用于提供片内 DAC 电阻网络的基准电压。在单极性输入时，VR（+）=5V，VR（−）=0V；双极性输入时，VR（+）、VR（−）分别接正、负极性的参考电压。

5. 工作时序与使用说明

ADC0808 的工作时序如图 7.3.4 所示。当通道选择地址有效时，ALE 信号一出现，地址便马上被锁存，这时转换启动信号紧随 ALE 之后（或与 ALE 同时）出现。START 的上升沿将逐次逼近寄存器 SAR 复位，在该上升沿之后的 2μs 加 8 个时钟周期内（不定），EOC 信号将变为低电平，以指示转换操作正在进行中，直到转换完成后 EOC 再变高电平。微处理器收到变为高电平的 EOC 信号后，便立即送出 OE 信号，打开三态门，读取转换结果。

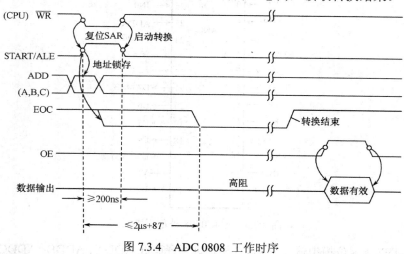

图 7.3.4　ADC 0808 工作时序

四、程序设计分析

（1）单片机作为系统的整体控制器，通过 P3.3 引脚与 DS18B20 单总线通信，获取环境温度，显示到数码管，并与预设的报警温度比较。当不超过报警温度范围时，控制 LED 不亮，当超过设定报警温度范围（60℃～160℃）时，控制 LED 频繁闪烁，并控制蜂鸣器发出一定频率声音进行报警。

（2）数码管模块：数码管用来显示当前的温度值。

（3）ADC0808 作为外部调温器，系统并没有真正读取外部温度。

（4）程序设计流程图。

利用 ADC0808 设计的调温报警器程序设计流程图如图 7.3.5 所示。其中数码管显示流程图如图 7.3.5（a）所示；温度控制报警流程图如图 7.3.5（b）所示；发声控制报警流程如图 7.3.5（c）所示。

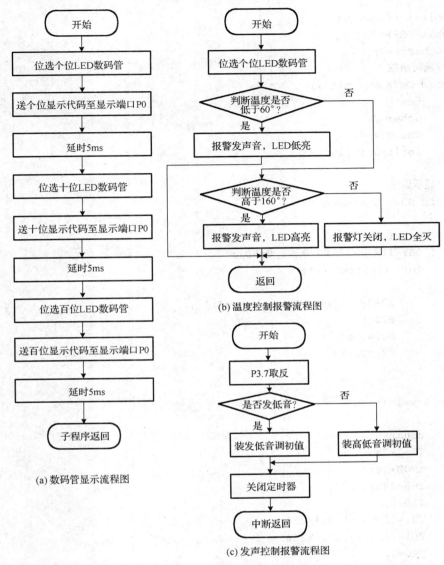

(a) 数码管显示流程图

(b) 温度控制报警流程图

(c) 发声控制报警流程图

图 7.3.5 程序设计流程图

五、源程序

```c
#include <reg51.h>
#define uchar unsigned char
#define uint unsigned int
uchar code DSY_CODE[]={0x3f,0x06,0x5b,0x4f,0x66,0x6d,0x7d,0x07,0x7f,0x6f};
uchar Temperature[]={0,0,0};
sbit ST=P2^5;
sbit OE=P2^7;
sbit EOC=P2^6;
sbit CLK=P2^4;
sbit H_LED=P3^0;
```

```c
sbit L_LED=P3^1;
sbit BEEP=P3^7;
 uchar t=0;
//延时函数
void DelayMS(unit x)
{
    uchar i;
    while(x--)
    for(i=0;i<120;i++);
}
//显示温度
void Show_Temperature()
{
    uchar i,
    DSY_IDX[]={0xF7,0xFB,0xFD};
    for  (i=0;i<3; i++)}
    {
        P0=DSY_CODE[ Temperature[i] ];
        P2&=DSY_IDX[i];
        DelayMS(5);
        P2|=0x0F;
    }
}
void main()
{
    uchar d;
    IE=0x8a;
    TMOD=18;
    TH0=245;
    TL0=0;
    TH1=(65536-1000)/256;
    TL1=(65536-1000)%256;
    TR0=1;
    H_LED=L_LED=1;
    while(1)
    {
        ST=0; ST=1; ST=0;
        while(1)
        {
            if(EOC==1)
            {
                OE=1; d=P1; OE=0;
                Temperature[2]=d/100;        //取百位数值
                Temperature[1]=d%100/10;     //取十位数值
                Temperature[0]=d%10;         //取个位数值
                Show_Temperature();
                if(d<60)                     //小于60℃，LED低灯亮，报警器发声
```

```
        {
            TR1=1;  L_LED=!H_LED;
        }
        else   if(d>160)              //大于 160℃，LED 高灯亮，报警器发声
        {
        TR1=1;  H_LED=!L_LED;
        }
        else
        {
            TR1=0;  H_LED=L_LED=1;
        }
            break;
        }
    }
}
void T0_INT() interrupt 1
{
    CLK=~CLK;
}
void T1_INT() interrupt 3
{
    TL1=(65536-1000)%256;
    BEEP=~BEEP;
    {
        if (++t!=160 )
        return;
    }
        else
        {
        if (++t!=60 ) return;
        }
        t=0;
        DelayMS(20);
    }
}
```

应知应会

(1) 掌握 ADC0808 芯片各引脚的用途及使用方法。

(2) 理解 A/D 转换的原理。

任务四 用 ADC0809 实现简易数字电压表

一、任务目标

利用单片机和 ADC 组成的系统，测量 0～5V 的模拟电压，并在数码管上显示出来。通过本任务的实现，认识 ADC 并学会使用 ADC 测量模拟信号，理解显示数据和输入信号之间的关系、计算方法和程序设计方法。

二、电路设计

1. 元件清单

使用的元件清单列表如表 7.4.1 所示。

表 7.4.1　用 ADC0809 实现简易数字电压表电路使用元件列表

元件名称	所属类	所属子类
AT89C51	Microprocessor ICs	8051 Family
RESPACK-8	Resistors	Resistors Packs
POT-HG	Resistors	Variable
ADC0809	Data Converters	A/D Converters
7SEG-MPX4-CA-BLUE	Optoelectronics	7-Segment Displays

2. 电路原理图

用 ADC0809 实现简易数字电压表电路原理图如图 7.4.1 所示。

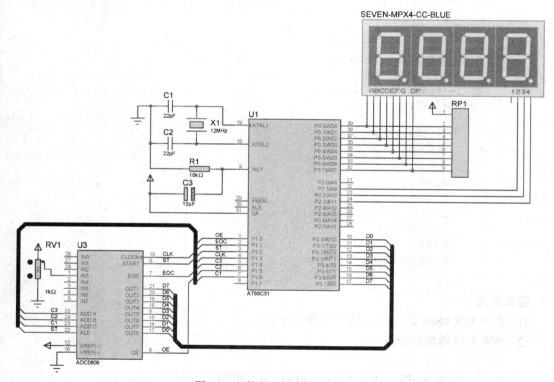

图 7.4.1　数字电压表电路原理图

三、相关知识

1. ADC0809 的内部结构

ADC0809 是 CMOS 单片机逐次逼近式 ADC，它由 8 路模拟开关、地址锁存与译码器、比较器等组成。

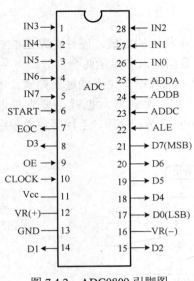

图 7.4.2　ADC0809 引脚图

2. ADC0809 的外部特性(引脚功能)

ADC0809 芯片有 28 条引脚，采用双列直插式封装，如图 7.4.2 所示。下面说明各引脚的功能。

(1) IN0～IN7：8 路模拟量输入端。

(2) D0～D7：8 路模拟量输出端。

(3) ADDA、ADDB、ADDC：3 位地址输入线，用于选通 8 路模拟输入中的一路。其真值表如表 7.4.2 所示。

(4) ALE：地址锁存允许信号，输入端，高电平有效。

(5) START：A/D 转换启动信号，输入端，高电平有效。

(6) EOC：A/D 转换结束信号，输出，当 A/D 转换结束时，此端输出一个高电平(转换期间一直为低电平)。

(7) OE：数据输出允许信号，输入端，高电平有效。当 A/D 转换结束时，此端输入一个高电平，才能输出数字量。

(8) CLOCK：时钟脉冲输入端。要求时钟频率不高于 640kHz。

(9) VR(+)、VR(−)：基准电压。

(10) Vcc：电源，+5V。

(11) GND：接地。

3. ADDA、ADDB、ADDC 真值表

真值表如表 7.4.2 所示。

表 7.4.2　ADDA、ADDB、ADDC 真值表

ADDA	ADDB	ADDC	通道号
0	0	0	IN0
0	0	1	IN1
0	1	0	IN2
0	1	1	IN3
1	0	0	IN4
1	0	1	IN5
1	1	0	IN6
1	1	1	IN7

4. ADC0809 转换器的工作过程

(1) 输入 3 位地址，并使 ALE=1,将地址存入地址锁存器中，经地址译码器从 8 路模拟通道中选通 1 路模拟量送给比较器。

(2) 送 START 一个高脉冲，START 的上升沿使逐次寄存器复位，下降沿启动 A/D 转换，并使 EOC 信号为低电平。

(3) 当转换结束时，转换的结果送入输出三态锁存器中，并使 EOC 信号回到高电平，通知 CPU 已转换结束。

(4) 当 CPU 执行一条读数据指令时，使 OE 为高电平，从输出端 D0～D7 读出数据。

四、程序设计分析

作为一个电压表，其任务是显示与输入的模拟电压值大小相应的数值，硬件电路已能够将模拟电压转换为单片机可以读取的数字，作为软件要完成数据读入和显示两个部分。

对于显示，采用动态显示程序。为了便于人眼观察，显示的数据变化不能过于频繁，本任务中的程序是每秒变化一次数据，因此要求每隔 1s 读入一次数据，也就是要求控制ADC0809 每秒转换 1 次。ADC0809 的控制程序也放在定时中断服务程序中，主程序完成程序的初始化和动态显示。程序设计流程如图 7.4.3 所示。

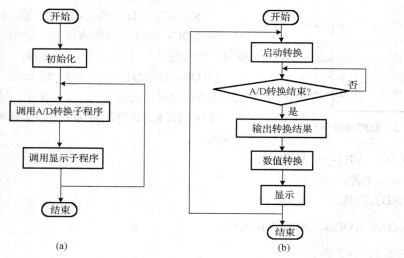

图 7.4.3　电压表程序设计流程图

五、源程序

```
#include<reg51.h>
#include<intrins.h>
#define uchar unsigned char
sbit  bw=P2^1;                       //定义数码管百位
sbit  sw=P2^2;                       //定义数码管十位
sbit  gw=P2^3;                       //定义数码管个位
sbit  OE=P3^0;                       //定义 ADC0809 端口
sbit  EOC=P3^1;
sbit  ST=P3^2;
sbit  adda=P3^4;
sbit  addb=P3^5;
sbit  addc=P3^6;
uchar code leddata_dot[]={0x40,0x79,0x24,0x30,0x19,0x12};//带小数点的 0~5
uchar code leddata[]={0xC0,0xF9,0xA4,0xB0,0x99,0x92,0x82,0xF8,0x80,
0x90};                               //共阳极 0~9 十个段码
void delay(uchar n)                  //延时子程序
{   uchar i,j;
    for(i=0;i<n;i++)
```

```
            for(j=0;j<125;j++);
}
/********************************
将 AD 转换输出的数据转换成相应的电压值并显示出来
********************************/
void convert(uchar volt_data)
{
    uchar baidata,shidata,gedata;
    baidata=volt_data/51;
    shidata=(volt_data%51)*10/51;
    gedata=((volt_data%51)*10%51)*10/51;
    if(gedata>9)
    {
        gedata=0;
        shidata=shidata+1;
        if(shidata>9)
        {
            shidata=0;
            baidata++;
        }
    }
    P0=leddata_dot[baidata];        //AD 转换的值除以 51 即为个位的电压值
    bw=1;                           //显示个位的值
    delay(3);
    bw=0;
    P0=leddata[shidata];            //显示小数点后的第一位
    sw=1;
    delay(3);
    sw=0;
    P0=leddata[gedata];             //显示小数点后的第二位
    gw=1;
    delay(3);
    gw=0;
}
void main()
{
    uchar volt_data;
    adda=0;                         //选择通道 0
    addb=0;
    addc=0;
    while(1)
    {
      ST=0;
      _nop_();
      ST=1;
      _nop_();
```

```
    ST=0;                               //启动 AD 转换
     if(EOC==0)                         //等待转换结束
      delay(100);
      while(EOC==0);
    OE=1;                               //允许输出
    volt_data=P1;                       //暂存转换结果
    OE=0;                               //关闭输出
    convert(volt_data);                 //调用数据处理子程序
    }
  }
```

应知应会

(1) 掌握 ADC0809 芯片各引脚的用途及使用方法。

(2) 理解 A/D 转换的原理。

思考题与习题

1. 修改任务一的程序，使 DAC0832 输出方波。

2. 修改任务一的程序，使 DAC0832 输出正弦波。

3. 使用 DAC0808 实现数字调压，要求按下 8 个按键中的某一个键，单片机向 DAC0808 输出 0~255 的不同数值，经转换后会输出 8 挡不同电压。

4. 利用 ADC0808 控制 PWM 输出，要求将输入的模拟量转换成数字量，并通过改变可变电阻器的阻值改变输出脉冲的占空比。

5. 利用单片机 AT89C51 和 ADC0809 设计一个电子秤，测量结果用 4 位数码管显示出来。

项目八　串口通信原理与基本方法

一、单片机串口通信基础知识

随着单片机的发展，单片机应用已从单片机通信转向多级通信或联网通信，需要实现多级之间的数据交换功能。这里介绍串行通信的基本概念、特点及分类，MCS-51 单片机串行口的结构、特点、工作方式及串行口的应用。

单片机与外界进行信息交换的过程统称为通信。不同的通信方式下，CPU 与外设之间的连线结构和数据传送方式是不同的，这样就导致了不同的通信方式的特点和适用范围也不同。这里简要介绍基本通信方式及其特点，并具体介绍串行通信的工作方式、分类及串行通信的波特率等基本概念。

1) 基本通信方式及其特点

数据通信时，根据 CPU 与外设之间连线结构和数据传送方式的不同，可以将通信方式分为两种：并行通信和串行通信。

并行通信如图 8.0.1 (a) 所示，是指数据的各位同时发送或接收，每个数据位使用单独的一条导线，有多少位数据需要传送就需要多少根数据线。并行通信的特点是各数据位同时传送，传送速度快、效率高，但并行数据传送需要较多的数据线，因此传送成本高，而且干扰也较大，可靠性较差，一般只适用于短距离传送数据。并行数据传送的距离小于 30m，计算机内部的数据传送一般多采用并行方式。

串行通信如图 8.0.1 (b) 所示，是指数据一位按接一位顺序发送或接收。串行通信的特点是数据传送按位顺序进行，最少需要一根传输线即可完成，成本低但速度慢，一般适用于较长距离传送数据。计算机与外界的数据传送大多是串行的，其传送的距离可以从几米到几千公里。

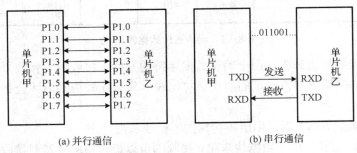

(a) 并行通信　　　　　　(b) 串行通信

图 8.0.1　并行通信与串行通信

2) 串行通信的数据传送方式

串行通信的数据传送方式有单工、半双工、全双工及多工方式。

(1) 单工方式。单工方式的数据传送是单向的，两串行通信设备 A、B 之间的数据传送仅按一个方向传输，一个固定为发送端，另一个固定为接收端，即数据只能由发送设备单向传输到接收设备，数据传输只需要一根数据线即可，如图 8.0.2(a)所示。单工方式用途有限，常用于串行口的打印数据传输与简单系统间的数据采集。例如，计算机与打印机之间的串行通信就是单工方式，因为只能由计算机向打印机传送数据，而不可能有相反方向的数据传送。

（2）双半工方式。双半工方式的数据传送也是双向的，如图 8.0.2(b)所示。但任何时刻只能由其中的一方发送数据，另一方接收数据。因此半双工方式可以使用一条数据线，实际应用中应采用某种协议实现收/发开关转换。

（3）全双工方式。全双工方式的数据传送是双向的，两串行通信设备 *A*、*B* 之间的数据传送可按两个方向传送，且可同时发送和接收数据，因此全双工方式的串行通信需要两条数据线。如图 8.0.2(c)所示，*A* 设备的发送端接 *B* 设备的接收端，*A* 设备的接收端接 *B* 设备的发送端。

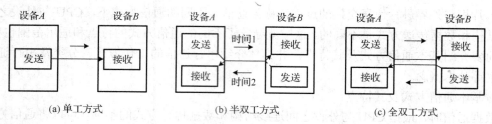

图 8.0.2　串行通信的数据传送方式

3）串行通信的分类

串行通信根据数据传送时编码格式的不同又分为同步通信和异步通信两种方式。

（1）同步通信。

同步通信中，所有设备都使用同一个时钟，以数据块为单位进行数据传送，每个数据块包括同步字符、数据块和校验字符循环冗余检验（Cyclic Redundancy Check，CRC）。

同步通信数据帧格式如图 8.0.3 所示。

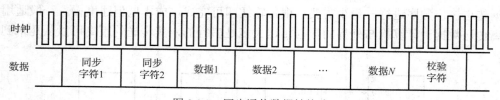

图 8.0.3　同步通信数据帧格式

同步字符位于数据块开头，用于确认数据字符的开始；接收时，接收端不断对传输线采样，并把采样到的字符与双方约定的同步字符比较，只有比较成功后才会把后面接收到的字符加以存储。

数据字符在同步字符之后，由所需传输的数据块长度决定。

检验字符有 1～2 个，位于数据块末尾，接收端可以通过检验字符对接收到的数据字符的正确性进行检验。

同步通信中的同步字符可以采用统一的标准格式，也可以由用户约定。同步通信的优点是数据传输速率较高，缺点是要求发送时钟和接收时钟保持严格同步，硬件电路复杂，所以较少使用。

（2）异步通信。

异步通信中，每个设备都有自己的时钟信号，通信中这些时钟频率必须保持一致。异步通信以字符为单位进行数据传送，每一个字符均按固定的格式传送，又被称为帧。帧是一个字符的完整通信格式。

　　每一帧数据由起始位(低电平)、数据位、奇偶校验位和停止位(高电平)组成，典型的异步通信数据帧格式如图 8.0.4 所示。

图 8.0.4　异步通信数据帧格式

　　起始位为"0"，占用 1 位，用来表示 1 个字符数据的开始；其后是数据位，可以是 5 位、6 位、7 位或 8 位，传输时待发送数据的低位在前，高位在后；接下来是奇偶校验位，即可编程位，在单片机单独通信时，它为奇偶标志位，进行多机通信时，它为地址/数据标志位；最后是停止位，用逻辑"1"表示一个字符信息的结束，可以是 1 位、1 位半或者两位。

　　4) 串行通信的波特率

　　波特率是用来衡量串行通信系统中数据传输的快慢程度。数字通信传输的是一个接一个按节拍传送的数字信号单元。波特率是指每秒传送信号的数量，单位为 B(Baud)。而每秒钟传送二进制数的信号数，即二进制数的位数，定义为比特率，单位是 bit/s(Bit Per Second)。

　　在串行通信系统中，传送的信号可能是二进制、八进制、十进制等，只有在二进制通信系统中波特率和比特率在数值上才是相等的。在单片机串行通信中，传送的信号是二进制信号，因此波特率与比特率在数值上相等，单位采用 bit/s。

　　例 8.0.1　通信双方每秒钟所传送数据的速率是 240 字符/秒，每一个字符包含 10 位(1 个起始位，8 个数据位，1 个停止位)，则波特率为

$$240×10=2400bit/s=2400B$$

　　在串行通信中，相互通信的甲乙双方必须具有相同的波特率，否则无法成功地完成串行数据通信。

二、MCS-51 单片机的串行口

　　MCS-51 单片机内置的一个全双工的串行通信接口，既可作为通用异步接收/发送器(Universal Asynchronous Receiver/Transmitter，UART)用，也可作为同步移位寄存器使用，还可用于网络通信，其帧格式可有 8 位、10 位和 11 位，并能设置各种波特率。下面着重介绍单片机串行口 UART 的结构、特点、工作方式及简单应用。

　　1. MCS-51 单片机串行口的结构

　　MCS-51 单片机内置串行通信接口的结构如图 8.0.5 所示，串行数据从 TXD(P3.1)引脚输出，从 RXD(P3.0)引脚输入。

　　串行通信接口 UART 的发送、接收使用两个物理上独立的同名接收/发送缓冲寄存器 SBUF，它们的字节地址都是 99H。发送缓冲器只能写入数据不可以读出数据，而接收缓冲器只可以读出数据不可以写入数据。这样，两个同名的寄存器就可以用读、写指令加以区分。

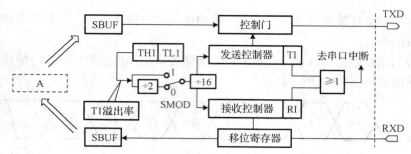

图 8.0.5 单片机串行口结构

需要注意的是，无论是否采用中断方式工作，每接收/发送一个数据都必须用指令对 RT/TI 清零，以备下一次接收/发送数据。

由于串行口接收部分由输入移位寄存器和接收缓冲器构成双缓冲结构，所以在接收缓冲器读出数据之前，串行口可以开始接收第二个字节。但是当第二个字节已接收完毕时，第一个字节还没有读出，则将丢失其中一个字节。

2. MCS-51 单片机串行口控制

MCS-51 单片机串行口除了用于数据通信外，还可以通过外接移位寄存器非常方便地构成一个或多个并行 I/O 口，或实现串并转换功能用来驱动键盘或显示器。在 MCS-51 单片机中，有两个 SFR 寄存器 SCON 和 PCON，用于串行口的初始化编程。

1) 串行口控制寄存器 SCON

SCON 用于定义串行口工作方式和实施接收/发送控制，字节地址为 98H，可按位寻址，位地址为 98H～9FH，SCON 的格式及各位的含义如表 8.0.1 所示。

表 8.0.1 SCON 寄存器格式

SCON	D7	D6	D5	D4	D3	D2	D1	D0
位名称	SM0	SM1	SM2	REN	TB8	RB8	TI	RI
位地址	9FH	9EH	9DH	9CH	9BH	9AH	99H	98H
功能	工作方式选择		多机通信	接收允许	发第 9 位	收第 9 位	发送中断	接收中断

下面分别介绍 SCON 的各位功能。

（1）SM0、SM1：串行口工作方式控制位。SM0、SM1 的 4 种组合控制了串行口的 4 种工作方式，如表 8.0.2 所示。

表 8.0.2 SM0、SM1 的组合方式

SM0 SM1	工作方式	功能描述	波特率
0 0	方式 0	8 位移位寄存器	fosc/12
0 1	方式 1	10 位 UART	可变
1 0	方式 2	11 位 UART	fosc/64 或 fosc/32
1 1	方式 3	11 位 UART	可变

其中，f_{osc} 为系统晶振频率。串行口的这 4 种工作方式中，方式 0 并不用于通信，而是通过外部移位寄存器芯片实现扩展 I/O 口的功能，该方式又称为移位寄存器方式；方式 1、2、3

都是异步通信方式。方式 1 每帧信息有 10 位，用于双机通信；方式 2 和 3 每帧信息都是 11 位，其区别仅在于波特率不同。方式 2 和 3 主要用于多机通信，也可用于双机通信。

实际应用中，可通过软件方式查询 TI 或 RI，也可通过中断方式判断发送、接收过程是否完成。

(2)RB8：在方式 2 和 3 中，用于存放收到的第 9 位数据；在双机通信中，作为奇偶校验；在多机通信中，用作区别地址帧/数据帧的标志。在方式 1 时，SM2=0，RB8 接收的是停止位。在方式 0 时，RB8 不用。

(3)TB8：在方式 2 和 3 中，是要发送的第 9 位数据；在双机通信中，用于对接收到的数据进行奇偶校验；在多机通信中，用作判断地址帧/数据帧的标志，TB8=0 表示发送的是数据，TB8=1 表示发送的是地址。

(4)TI：发送中断标志位，用于指示一帧信息发送是否完成，可位寻址。在工作方式 0 时发送完第 8 位数据后由硬件自动置位 TI。在其他方式下，开始发送停止位时硬件自动置位 TI，TI 置位表示一帧信息发送完成，同时申请中断。TI 在发送数据后必须由软件清零。

(5)RI：接收中断标志位，用于指示一帧信息是否接收完成，也可位寻址。当串行接收(不考虑 SM2)时，在方式 0 时接收完第 8 位数据后或在其他方式接收到停止位的中间时刻由硬件置位 RI，RI 置位表示一帧信息接收完毕，并发出中断申请，它也必须由软件清零。

(6)SM2：多机通信控制位，允许工作在方式 2 和 3 的单片机实现多机通信。在工作方式 2 或 3 时，若 SM2=1，当接收到的第 9 位数据(RB8)为 0 时，不启动接收中断标志 RI，即 RI=0，并将接收到的前 8 位数据丢弃；当 RB8=1 时，把接收到的前 8 位数据送入 SBUF，且置 RI=1，发出中断申请，接收数据有效；当 SM2=0 时，不管第 9 位是 0 还是 1，都将接收到的前 8 位数据送入 SBUF，并发出中断申请。在工作方式 1 时，若 SM2=1，当接收有效停止位时，置 RI=1，数据有效；没有接收到有效停止位时，RI=0，数据无效。在工作方式 0 时，SM2 不用，应设置为 0.

(7)REN：接收允许控制位，用于控制是否允许接收数据。REN=0 时，表示禁止接收数据；REN=1 时，表示允许接收数据。该位的置位/清零由软件控制。

2)电源控制寄存器 PCON

PCON 是主要为实现电源控制而设置的专用寄存器，字节地址为 87H，不可位寻址，PCON 的格式如表 8.0.3 所示。

表 8.0.3　PCON 寄存器格式

PCON (87H)	D7	D6	D5	D4	D3	D2	D1	D0
	SMOD	IDL	—	—	—	GF1	GF0	PD

PCON 的 GF1、GF0、PD 和 IDL 位在前面已经介绍过，它们都跟串行通信无关，用于单片机的电源控制。其中的 SMOD 为波特率加倍位，在计算串行方式 1、2、3 的波特率时，若 SMOD=0，波特率不加倍；若 SMOD=1，波特率加倍。系统复位时默认 SMOD=0。

在 C51 语言中，由于不能进行位寻址，因此只能直接对 PCON 进行赋值，例如：

```
PCON=0x80;              //设置 SMOD=1
```

该语句直接为 PCON 赋值 0x80，即置 SMOD=1，波特率加倍。

任务一　基于工作方式 0 的扩展并行输出控制流水灯

一、任务目标

本任务使用单片机串行口 RXD 将一段流水灯控制码送至串/并转换芯片 74LS164，循环点亮 8 位发光二极管 LED，电路原理图及仿真效果如图 8.1.1 所示。

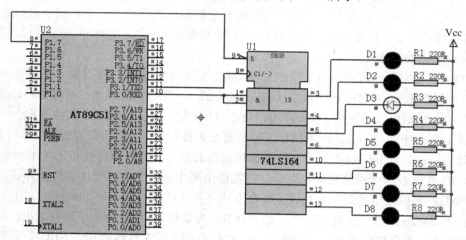

图 8.1.1　基于工作方式 0 扩展并行输出控制流水灯电路图

二、电路设计

1. 元件清单列表

元件清单列表如表 8.1.1 所示。

表 8.1.1　元件清单

元件名称	所属类	所属子类
AT89C51	Microprocessor ICs	8051 Family
MINRES100R	Resistors	0.6w Metal Film
74LS164	TTL 74LS series	Registers
LED-YELLOW	Optoelectronics	LEDS

2. 电路原理图

1）相关知识

单片机串行口在方式 0 下发送数据时，是把串行端口设置成"并入串出"的输出口，此时，需要外接一片 8 位串行输入和并行输出的同步移位芯片，如 74LS164 或者 CD4094，本任务采用了 74LS164。如图 8.1.2 所示，串行口的数据通过 RXD 端加到 74LS164 的输入端，串行口输出移位时钟通过 TXD 引脚加到 74LS164 的时钟端，将 74LS164 的选通端接单片机 AT89C51 的 P1.7 端口。让 P1.7 先发出一个清 0 信号（低电平）到 74LS164 的第 9 引脚，然后将数据写入 SBUF，单片机即可自动启动数据发送，移位脉冲同样由 TXD 自动送出。

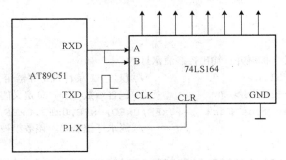

图 8.1.2　外接移位寄存器输出

要使用方式 0，只要设置串行控制寄存器 SCON，使 SM0=0，SM1=0 即可。

2）本任务知识要点

（1）串行通信工作方式 0 输出的设定。

当 SM0=0，SM1=0 时，串行口工作在方式 0。串行口在方式 0 下为 8 位同步移位寄存器输入/输出方式，用于通过外接移位寄存器扩展 I/O 接口，也可以外接同步输入/输出设备。方式 0 下的波特率固定为 $f_{osc}/12$。此时，串行口本身相当于"并入串出"（发送状态）的移位寄存器。串行数据由 RXD（P3.0）逐位移出（低位在前，高位在后）；TXD（P3.1）输出移位时钟，频率为 $f_{osc}/12$。发送数据时，每送出 8 位数据，TI 自动置 1，需要用软件清零 TI 位。

（2）工作方式 0 的波特率计算。

方式 0 的波特率固定等于时钟频率的 1/12，而且与 PCON 中的 SMOD 无关。即

$$方式 0 的波特率=\frac{f_{osc}}{12} \tag{8-1-1}$$

例如，对于 12MHz 的外部晶振频率，串行工作方式 0 可以获得 1Mbit/s 的波特率。

在串行工作方式 0 下，单片机的每个机器周期产生一个移位时钟，对应着一位数据的发送和接收。在程序设计时只要指定串口工作于方式 0 即可，无须在程序中设置波特率。

三、程序设计分析

当一个数据写入串行口发送缓冲器 SBUF 时，串行口将 8 位数据以 $f_{osc}/12$ 波特率从 RXD 端输出，发送完毕后，TI 置 1。再次发送数据前，必须由软件将 TI 清零。程序流程图如图 8.1.3 所示。

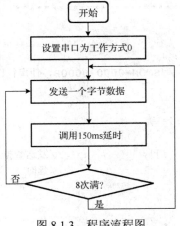

图 8.1.3　程序流程图

四、源程序

```
/*使用工作方式 0 扩展并行输出控制流水灯*/
#include<reg51.h>                    //包含 51 单片机寄存器定义的头文件
#include<intrins.h>                  //包含函数_nop_()定义的头文件
unsigned char code Tab[ ]={0xFE,0xFD,0xFB,0xF7,0xEF,0xDF,0xBF,0x7F};
                                     //流水灯控制码，该数组被定义为全局变量
sbit P17=P1^7;
/*********************************************************
函数功能：延时约 100ms
*********************************************************/
 void delay(void)
{
    unsigned char m,n;
        for(m=0;m<200;m++)
        for(n=0;n<250;n++)
        ;
 }
/*********************************************************
函数功能：发送一个字节的数据
*********************************************************/
void Send(unsigned char dat)
{
    P17=0;            //P1.7 引脚输出清 0 信号，对 74LS164 清 0
    _nop_();          //延时一个机器周期
    _nop_();          //延时一个机器周期，保证清 0 完成
    P17=1;            //结束对 74LS164 的清 0
    SBUF=dat;         //将数据写入发送缓冲器，启动发送
    while(TI==0)      //若没有发送完毕，等待
    ;
    TI=0;             //发送完毕，TI 被置"1"，需将其清 0
}
/*******************************************
函数功能：主函数
*******************************************/
void main(void)
{
    unsigned char i;
    SCON=0x00;        //SCON=0000 0000B，使串行口工作于方式 0
    while(1)
    {
        for(i=0;i<8;i++)
        {
            Send(Tab[i]);             //发送数据
            delay();                  //延时
        }
    }
}
```

任务二　基于工作方式 0 的扩展并行输入控制流水灯

一、任务目标

本任务用 AT89C51 串行口外接 74LC165 并出/串入移位寄存器扩展 8 位并行输入口，8 位并行输入口的每位都接一个拨动开关，要求读入开关量的值，用来控制 P0 口连接的 LED 的亮灭，电路原理图及仿真效果如图 8.2.1 所示。

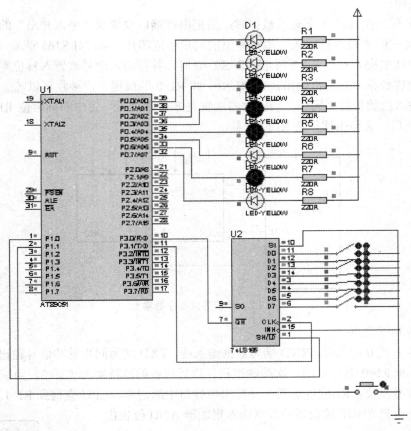

图 8.2.1　基于工作方式 0 扩展并行输入控制流水灯电路图

二、电路设计

1. 元件清单列表

元件清单列表如表 8.2.1 所示。

表 8.2.1　元件清单

元件名称	所属类	所属子类
AT89C51	Microprocessor ICs	8051 Family

续表

元件名称	所属类	所属子类
MINRES220R	Resistors	0.6w Metal Film
BUTTON	Switches & Relays	Switches
74LS165	TTL 74LS series	Registers
SWITCH	Switches & Relays	Switches
LED-YELLOW	Optoelectronics	LEDS

2. 电路原理图

1) 相关知识

单片机串行口在方式 0 下输入数据时，是把串行端口设置成"串入并出"的输入口，此时，需要外接一片 8 位并行输入、串行输出的同步移位芯片，如 74LS165 或者 CD4014，本任务采用了 74LS165，如图 8.2.2 所示。当 S/L=0 时，并行输入信号被置入移位寄存器中；当 S/L=1 时，允许数据串行移位输出。在 REN=1 和 RI=0 的前提下，接收器以 $f_{osc}/12$ 的波特率对 RXD 端输入的数据信息采样，当接收器接收完 8 位数据后，置中断标志位 RI=1，请求中断，响应中断后，必须由软件将 RI 位清零。

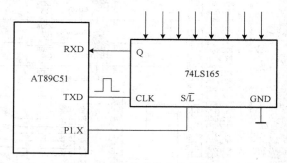

图 8.2.2　外接移位寄存器输出

2) 本任务知识要点

串行口为方式 0 输入时，RXD 端为数据输入端，TXD 端为同步脉冲信号输出端。当允许接收 REN=1 和 RI=0 时，启动一次接收过程。串行接收的波特率为 $f_{osc}/12$。当接收完一帧数据后，控制信号复位，RI 位自动置 1 并发出串行口中断请求。CPU 查询到 RI=1 或响应中断后便可通过指令把 SBUF 接收到的数据送入累加器 A。RI 位也由软件复位。

方式 0 下，串行口的发送条件是 TI=0，接收条件是 RI=0 且 REN=1（允许接收数据）。

三、程序设计分析

串行口外接一片 8 位并行输入、串行输出的同步移位寄存器 74LS165，将 8 个开关的状态通过串口的方式 0 读入单片机内。74LS165 的引脚 1 为控制端，若引脚 1 为 0，则 74LS165 可以并行输入数据，且串行输出端关闭；若引脚 1 为 1，则并行输入关闭，可以串行输出。程序流程图如图 8.2.3 所示。

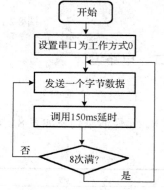

图 8.2.3　程序流程图

四、源程序

```c
/*使用工作方式 0 扩展并行输入控制流水灯*/
#include<reg51.h>
#define uchar unsigned char
sbit P10=P1^0;
sbit KEY=P1^1;
/**********************************************
函数功能：延时函数 10ms
**********************************************/
void delay(void)
{
    uchar m,n;
    for(m=0;m<200;m++)
    for(n=0;n<25;n++);
}
/**********************************************
函数功能：主函数
**********************************************/
void main()
{
    SCON=0;                        //串口方式 0，允许串口接收
    RI=1;
    while(1)
    {
        if(KEY==0)                 //若按键按下
        {
            delay();
            if(KEY==0)
            {
                while(KEY==0);
                P10=0;             //读入并行输入口的 8 位数据
                P10=1;             //并口输入封锁，串行转换开始
                REN=1;             //允许接收数据
                RI=0;              //清零 RI
                while(RI==0);      //RI 不为 1，则等待
                P0=SBUF;           //接收到的按键值显示在 P0 口
                RI=0;
            }
        }
    }
}
```

任务三　基于工作方式 1 的单工通信控制流水灯

一、任务目标

本任务使用单片机 U1 通过串行口 TXD 端将 P1 口按键数据以方式 1 发送至单片机 U2 的 RXD，点亮 U2 单片机 P1 口对应的 8 位 LED。其于工作方式 1 的单工通信控制流水灯电路图如图 8.3.1 所示。

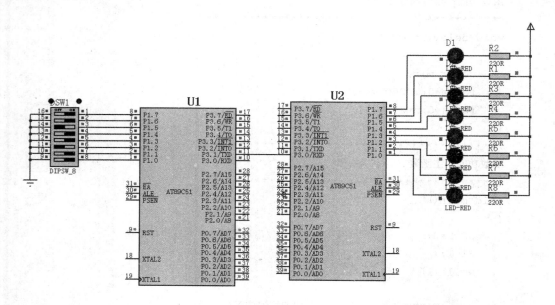

图 8.3.1　基于工作方式 1 的单工通信控制流水灯电路图

二、电路设计

1. 元件清单列表

元件清单列表如表 8.3.1 所示。

表 8.3.1　元件清单

元件名称	所属类	所属子类
AT89C51	Microprocessor ICs	8051 Family
MINRES100R	Resistors	0.6w Metal Film
DIPSW_8	Switches & Relays	Switches
LED-RED	Optoelectronics	LEDS

2. 电路原理图

1)相关知识

本任务需要针对两个单片机(U1 和 U2)分别设计两个程序，程序 1 完成数据发送任务，将 U1 单片机采集到的按键信息发送至 SBUF；程序 2 完成数据接收任务，将接收数据存入

SBUF，然后载入累加器，并输出至 P1，点亮对应端口的 LED。根据要求，对单片机 U1 编程时，需设置 SM0=0，SM1=1，对单片机 U2 编程时，除了设置 SM0=0，SM1=1，还需要设置 REN=1，使接收允许。

本任务选择波特率为 9600bit/s，查表 8.3.2 可知，只需设置 SMOD=0，TH1=TL1=0xFD 即可。仿真时需要注意两个单片机的晶振频率都应当设置成 11.0592MHz，PROTUES 和 Keil μVision 中的设置如图 8.3.2 和图 8.3.3 所示。

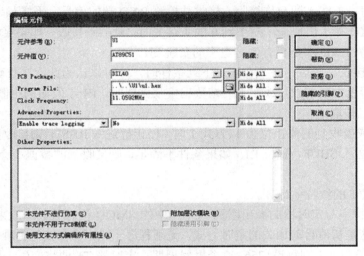

图 8.3.2 在 PROTEUS 中设置单片机晶振频率

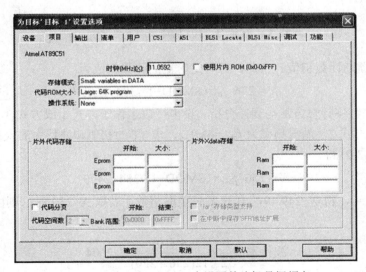

图 8.3.3 在 Keil μVision 中设置单片机晶振频率

2）本任务知识要点

（1）串行通信工作方式 1 的设定。

方式 1 用于串行数据的发送和接收，为 10 位通用异步方式。引脚 TXD 和 RXD 分别为数据的发送端和接收端。

在方式 1 中，一帧数据为 10 位，1 位起始位（低电平）、8 位数据位（低位在前，高位在后）

和 1 位停止位(高电平)。方式 1 的波特率取决于定时器 1 的溢出率和 PCON 中的波特率选择位 SMOD。

在方式 1 发送时，数据由 TXD 端输出，利用写发送缓冲器指令就可以启动数据的发送过程。发送时的定时信号即发送移位脉冲，由定时器 T1 送来的溢出信号经 16 分频或 32 分频(取决于 SMOD 的设定值)后获得。在发送完一帧数据后，置位发送中断标志 TI，并申请中断，置 TXD 为 1 作为停止位。

在 REN=1 时，方式 1 即允许接收。接收并检测 RXD 端的信号，采样频率为波特率的 16 倍。当检测到 RXD 端上出现一个从 1 到 0 的负跳变时，就启动接收，如果接收不到有效的负跳变，则重新监测 RXD 端是否有信号电平的负跳变。

当一帧数据接收完毕后，必须在满足下列条件时，才可以认为此次接收真正有效。

① RI=0，即无中断请求，或在上一帧数据接收完毕时，RI=1 发出的中断请求已被响应，SUBF 中的数据已被取走。

② SM2=0 或接收到的停止位为 1(方式 1 时，停止位进入 RB8)，则接收到的数据是有效的，并将此数据送入 SBUF，置位 RI。如果条件不满足，则接收到的数据不会装入 SBUF，该数据丢失。

(2)工作方式 1 的波特率计算。

方式 1 的波特率与定时器的溢出率及 PCON 中的 SMOD 位有关。一般来说，经常使 T1 工作为方式 2，这是初值自动加载的定时方式，无须程序干预，可以获得更准确的波特率。如果计数器的初始值为 X，则每过 $(256-X)$ 个机器周期，定时器 T1 便将产生一次溢出，溢出的周期为 $(256-X) \times 12/f_{osc}$，则

$$方式 1、方式 3 的波特率 = \frac{2^{SMOD}}{32} \times \frac{f_{osc}}{12(2^8 - X)} \tag{8-3-1}$$

其中，X 是定时器的计数初值。由此，可得定时器的计数初值为

$$X = 256 - f_{osc}(SMOD+1)/384 \times 波特率 \tag{8-3-2}$$

例 8.3.1 波特率计算方法与误差分析。设串行口工作于方式 1 或方式 3，波特率为 2400 bit/s，T1 工作于方式 2，晶振频率为 $f_{osc}=6MHz$，求 T1 的初值和波特率的误差。

解 由式(8-3-2)得

$$X = 256 - f_{osc} \times (SMOD+1)/384 \times 2400$$

若取 SMOD=0，得 $X=249.49$，由于 X 只能取整数，若取 $X=250$ 时，则由式(8-3-1)得波特率为

$$波特率 = \frac{1}{32} \times \frac{6 \times 10^6}{12(256 - 250)} \approx 2604$$

波特率相对误差为

$$\varepsilon = \frac{2604 - 2400}{2400} \times 100\% = 8.5\%$$

同理，若取 $X=249$，则计算得波特率为 2232，此时的波特率相对误差为

$$\varepsilon = \frac{2232 - 2400}{2400} \times 100\% = -7\%$$

实践表明，当两个串行通信设备之间的波特率误差超过 2.5%时，串行通信将无法进行，且通信速率越高，发送、接收波特率的允许误差范围就越小，为此，取 SMOD=1，重新计算得 X=242.98，取 X=243，对应的波特率为 2403.8，相对误差为 0.16%，可满足精度要求，但误差不能完全消除。

彻底消除波特率误差的办法，就是调整单片机系统的晶振频率，当其为 1.8432 的整数或半整数倍时，均可消除波特率非整数误差，当 X 出现小数时，可调整 SMOD 使之为整数，11.0592MHz 则是最常用的一种常用晶振频率，因为它是 1.8432 的 6 倍，且与标准频率 12MHz 最接近。这样，标准设备及 PC 常用的波特率在 51 机上都可无误差地产生出来。若将上面的波特率改为 11.0592MHz，SMOD=0，计算得

$$X = 256 - 11.0592 \times (0+1)/384 \times 2400 = 244 = F4H$$

常用的串行口波特率以及各参数的关系如表 8.3.2 所示。串行口工作之前应对串口通信进行初始化，主要是设置产生波特率的定时器 1、串行口控制和中断控制。具体步骤如下：

(1) 确定 T1 的工作方式(编程 TMOD 寄存器)；

(2) 计算 T1 的初值，装载 TH1、TL1；

(3) 启动 T1(编程 TCON 中的 TR1 位)；

(4) 确定串行口控制(编程 SCON 寄存器)。

因此，可以设置 TH1=TL1=F4H，C51 程序设计如下：

```
TMOD=0x20;        //设置定时/计数器 1 定时，工作于方式 2
TH1=0xF4;         //设置定时/计数器 1 的初始值
TL1=0xF4;
TR1=1;            //启动定时/计数器 1 开始定时计数
PCON=0x00;        //设置 SMOD 为 0
SCON=0x50;        //设置串行工作方式 1，允许接收
```

表 8.3.2 常用串口波特率与定时初值对应表

波特率 /(bit/s)	晶振 /MHz	初值		误差 /%	晶振 /MHz	初值		误差/%	
		SMOD=0	SMOD=1			SMOD=0	SMOD=1	SMOD=0	SMOD=1
300	11.0592	0xA0	0x40	0	12	0x98	0x30	0.16	0.16
600	11.0592	0xD0	0xA0	0	12	0xCC	0x98	0.16	0.16
1200	11.0592	0xE8	0xD0	0	12	0xE6	0xCC	0.16	0.16
1800	11.0592	0xF0	0xE0	0	12	0xEF	0xDD	2.12	−0.79
2400	11.0592	0xF4	0xE8	0	12	0xF3	0xE6	0.16	0.16
3600	11.0592	0xF8	0xF0	0	12	0xF7	0xEF	−3.55	2.12
4800	11.0592	0xFA	0xF4	0	12	0xF9	0xF3	−6.99	0.16
7200	11.0592	0xFC	0xF8	0	12	0xFC	0xF7	8.51	−3.55
9600	11.0592	0xFD	0xFA	0	12	0xFD	0xF9	8.51	−6.99
14400	11.0592	0xFE	0xFC	0	12	0xFE	0xFC	8.51	8.51
19200	11.0592	—	—	0	12	—	0xFD	—	8.51

三、程序设计分析

当一个数据写入串行口发送缓冲器 SBUF 时,串行口将 8 位数据以 $f_{osc}/12$ 的波特率从 RXD 端输出,发送完毕后, TI 置 1。再次发送数据前,必须由软件将 TI 清零。程序流程图如图 8.3.4 所示。

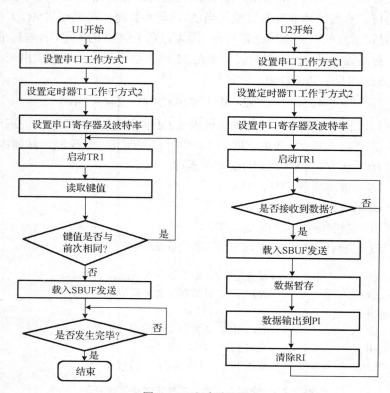

图 8.3.4 程序流程图

四、源程序

```c
/*单片机 U1 的数据发送程序*/
#include"reg51.h"
#define uint unsigned int
#define uchar unsigned char
void main(void)
{
        uchar i=0;
        TMOD=0x20;              //设置定时器 T1 工作于方式 2
        SCON=0x40;              //设置串口工作方式 1,只能发送,禁止接收
        PCON=0x00;              //设置波特率为 9600bit/s
        TH1=0xfd;
        TL1=0xfd;
        TR1=1;                 //启动定时器 T1
```

```
        P1=0xff;
        while(1)
        {
            while(P1==0xff);//判断是否拨动了开关按钮
            i=P1;               //读取键值
            SBUF=i;             //载入SBUF
            while(TI==0);
            TI=0;
            while(P1!=0xff);
        }
}


/*单片机U2的数据接收程序*/
#include"reg51.h"
#define uint unsigned int
#define uchar unsigned char
void main(void)
{
        uchar i=0;
        TMOD=0x20;              //设置定时器T1工作于方式2
        SCON=0x50;             //设置串口工作方式1,允许接收
        PCON=0x00;             //设置波特率9600bit/s
        TH1=0xfd;
        TL1=0xfd;
        TR1=1;                 //启动定时器T1
        P1=0xff;
        while(1)
        {
            while(RI==0);     //采用查询方法判断是否接收到数据
            RI=0;
            i=SBUF;           //载入累加器
            P1=i;             //输出至P1
        }
}
```

任务四　基于工作方式 2/3 的单工通信控制流水灯

一、任务目标

本任务中的主控单片机 U1 与副单片机 U2 进行串行通信,主控单片机 U1 将 8 个流水灯的控制码信息以方式 2 发送给副单片机 U2,副单片机 U2 将这个控制码信息送入 P1 口点亮对应的 8 位 LED 灯。基于工作方式 2 的单工通信控制流水灯电路图如图 8.4.1 所示。

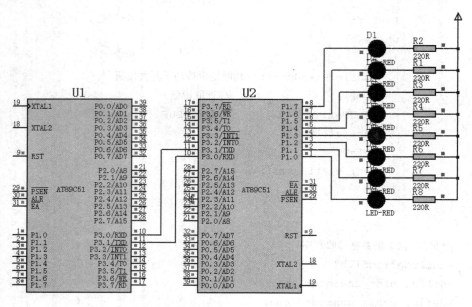

图 8.4.1　基于工作方式 2 的单工通信控制流水灯电路图

二、电路设计

1. 元件清单列表

元件清单列表如表 8.4.1 所示。

表 8.4.1　元件清单

元件名称	所属类	所属子类
AT89C51	Microprocessor ICs	8051 Family
MINRES100R	Resistors	0.6w Metal Film
LED-RED	Optoelectronics	LEDS

1）相关知识

方式 2 比方式 1 多了一个奇偶校验位，因此需要将副单片机 U2 的 RB8 和 PSW 的奇偶校验位进行比较，如果相同，则接收数据，否则拒绝接收数据。

主控单片机 U1 与副单片机 U2 的 RXD 端和 TXD 端相互交叉相连，且主控单片机禁止串行口接收数据，而副单片机允许串行口接收数据。在主控单片机程序中，需用软件设置 TB8。

2）本任务知识要点

串行通信工作方式 2 的设定。

串行口在工作方式 2 下是 9 位异步通信方式。每帧信息为 11 位，1 位起始位、8 位数据位（低位在前，高位在后）、1 位可编程的第 9 位和 1 位停止位。

2. 电路原理

方式 2 发送数据时，数据从 TXD 端输出。发送的每帧信息是 11 位，其中附加的第 9 位数据被送往 SCON 中的 TB8，此位可以用作多机通信的数据、地址标志，也可用作数据的奇偶校验位，可用软件进行置 1 或清 0。

发送数据前，首先根据通信双方的协议，用软件设置 TB8，再执行一条写缓冲器的指令，将数据写入 SBUF，即启动发送过程。串行口自动取出 SCON 中的 TB8，并装到发送的帧信息中的第 9 位，再逐位发送，发送完一帧信息后，置 TI=1。

在方式 2 接收时，数据由 RXD 端输入，置 REN=1 后，即开始接收过程。当检测到 RXD 端出现从 1 到 0 的负跳变时，确认起始位有效，开始接收此帧的其余数据。在接收完一帧后，当 RI=0、SM2=0 或接收到第 9 位数据是 1 时，8 位数据装入接收缓冲器，第 9 位数据装入 SCON 中的 RB8，并置 RI=1。若不满足上面两个条件，接收到的信息会丢失，且不会置位 RI。

工作方式 2 的波特率计算。

方式 2 的波特率取决于 PCON 中 SMOD 位的状态。如果 SMOD=0，方式 2 的波特率为 f_{osc} 的 1/64，如果 SMOD=1，方式 2 的波特率为 f_{osc} 的 1/32。即

$$方式 2 的波特率 = \frac{2^{SMOD}}{64} \cdot f_{osc} \tag{8-4-1}$$

例如，对于 12MHz 的外部晶体振荡频率，通过寄存器 PCON 可以选择波特率。

```
PCON=0x00;                //设置 SMOD=0
```
该语句设置 SMOD=0，可以获得 187.5Kbit/s 的波特率。

```
PCON=0x80;                //设置 SMOD=1
```
该语句设置 SMOD=1，可以获得 375Kbit/s 的波特率。

三、程序设计分析

当一个数据读入串行口发送缓冲器 SBUF 时，串行口将 8 位数据以 $f_{osc}/64$ 波特率从 RXD 端输出，发送完毕后，TI 置 1。再次发送数据前，必须由软件将 TI 清零。程序流程图如图 8.4.2 所示。

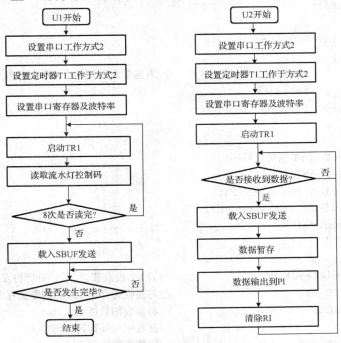

图 8.4.2　程序流程图

四、源程序

```
/*主控单片机 U1 的数据发送程序*/
#include<reg51.h>
#define uchar unsigned char
uchar LED_Tab[ ]={0xfe,0xfd,0xfb,0xf7,0xef,0xdf,0xbf,0x7f};
                                    //流水灯控制码
void send(uchar dat)
{
    TB8=PSW^0;                      //软件设置 TB8
    SBUF=dat;                       //数据载入 SBUF
    while(TI==0);                   //若 TI 没有置"1"，则等待发送完毕
    TI=0;                           //软件清零 TI
}
void delay(void)                    //延时约 100ms
{
    uchar m,n;
    for(m=0;m<200;m++)
    for(n=0;n<250;n++);
}
void main(void)
{
    uchar i;
    SCON=0x80;                      //设置串口为方式 2，禁止接收数据
    PCON=0x00;                      //设置 SMOD=0
    while(1)
    {
        for(i=0;i<8;i++)
        {
            send(LED_Tab[i]);       //发送数组中的某个流水灯控制码
            delay();
        }
    }
}
/*副单片机 U2 的数据接收程序*/
#include<reg51.h>
#define uint unsigned int
#define uchar unsigned char
uchar receive()
{
    uchar dat;
    while(RI==0);                   //若 RI 没有置"1"，则等待发送完毕
    ACC=SBUF;                       //将接收寄存器 SBUF 的数据存入累加器 A
    dat=ACC;                        //将接收的数据送入 dat
    RI=0;                           //接收完一帧数据，清零 RI
    return dat;                     //将接收的数据返回
}
```

```
void main(void)
{
    SCON=0xb0;                    //设置串口为方式 2，允许接收数据，SM2=1，REN=1
    PCON=0x00;                    //设置 SMOD=0
    while(1)
    {
        P1=receive();             //将接收到的数据送入 P1 口
    }
}
```

应知应会

(1) 了解单片机串行通信的基本概念，熟悉单片机串行口的基本使用方法。

(2) 掌握 51 系列单片机串行通信的结构及工作方式，掌握不同工作方式的特点。

(3) 掌握单片机串行通信实现控制的基本方法、相关程序的设计及编写方法。

思考题与习题

1. 试说明串行通信与并行通信的优缺点。

2. 异步串行通信按帧格式进行数据传送，帧格式由哪几部分组成？

3. 串行口有几种工作方式？各工作方式的波特率如何确定？

4. MCS-51 单片机串行口控制寄存器 SCON 各位的含义是什么？

5. 如果晶体振荡器频率为 11.0592MHz，串行口工作于方式 1，波特率为 4800bit/s，试给出用 T1 作为波特率发生器的方式控制字和计数初值。

6. 用 AT89C51 单片机的串行口通信实现对发光二极管的控制，8 个发光二极管接在 74LS164 芯片的并行口输出端。要求从低位到高位依次点亮发光二极管实现跑马灯的效果，发光二极管每次亮灭时间间隔为 1s。请绘制相关电路图并编程调试运行。

项目九 多机通信

任务一 单片机的双机通信

一、任务目标

单片机甲机的 P1.0、P1.3 端口外接一个 LED，P1.7 外接按键 K1，P0 端口作为输出口，外接一个 LED 数码管；单片机乙机的 P1.0、P1.3 端口同样外接一个 LED，P1.7 外接按键 K2，要求使用单片机串行通信，甲机按键 K1 每按下 1 次，甲、乙两机的 LED 同时交替点亮，乙机按键 K2 每按下 1 次，甲机的 LED 数码管加 1 显示。

二、电路设计

1. 元件清单列表

元件清单列表如表 9.1.1 所示。

表 9.1.1 元件清单

元件名称	所属类	所属子类
AT89C51	Microprocessor ICs	8051 Family
MINRES220R	Resistors	0.6w Metal Film
BUTTON	Switches & Relays	Switches
MAX232	Microprocessor	Peripherals
7SEG-COM-CAT-GRN	Optoelectronics	7-Segment Displays
COMPIM	Miscellaneous	
CAP	Capacitors	Generic
CAP-POL	Capacitors	Generic
74LS164	TTL 74LS series	Registers
LED－YELLOW	Optoelectronics	LEDS

2. 电路原理

单片机双机通信电路原理图如图 9.1.1 所示。

1）相关知识

本任务属于全双工单片机双机通信，甲机和乙机都能发送和接收数据。甲机将按键 K1 产生的中断次数通过 SBUF 发送出去，如果乙机有数据发送过来，则通过 SBUF 接收数据，并将该数据显示在 LED 数码管上。乙机将按键 K1 产生的中断次数通过 SBUF 发送出去，如果甲机有数据发送过来，则通过 SBUF 接收数据。两机数据的发送和接收均采用查询方式实现。

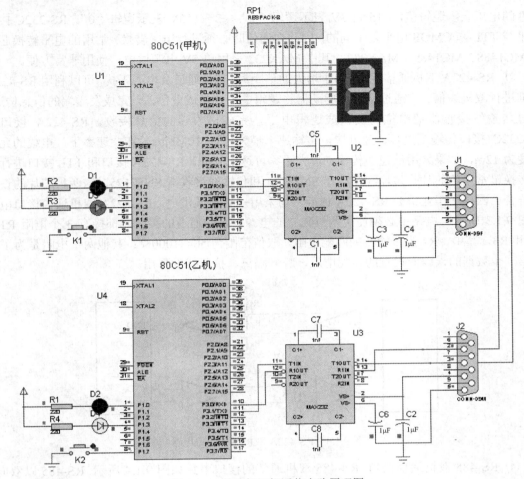

图 9.1.1 单片机双机通信电路原理图

2) 本任务知识要点

利用 MCS-51 系列单片机的串行口可以进行两个单片机之间点对点串行异步通信。在设计双机通信技术中，主要包括双机通信接口设计和双机通信软件设计两部分。

（1）单片机双机通信接口设计。

根据 MCS-51 单片机双机通信距离、抗干扰性等要求，可选择 TTL 电平传输、RS-232C、RS-422A、RS-485 串行接口方法。

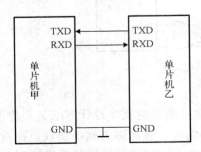

图 9.1.2 TTL 电平传输双机通信接口电路

① TTL 电平通信接口。如果两个单片机应用系统相距 1m 之内，它们的串行口可直接相连，从而实现了双机通信。TTL 电平传输双机通信接口电路如图 9.1.2 所示。

② RS-232C 双机通信接口。如果双机通信距离在 30m 之内，可利用 RS-232C 标准接口实现双机通信。RS-232C 标准是一种电压型总线标准，可用于设计计算机接口与终端或外设之间的连接，以不同

极性的电压表示逻辑值，–15～–3V 表示逻辑"1"，+3～+15V 表示逻辑"0"。RS-232C 接口电平与 TTL 和 CMOS 电平是不同的，因此在通信时必须进行电平转换。常用的电平转换芯片有 MC1488、MC1489、MAX232，其中 MAX232 采用单 5V 电源供电，使用非常方便。

　　③ RS-422A 双机通信接口。为了增大通信距离，减少通道及电源干扰，可以利用 RS-422A 标准进行双机通信。它通过传输线驱动器将逻辑电平变换成电位差，完成发送端的信息传递；通过传输线接收器把电位差变换成逻辑电平，完成接收端的信息接收。RS-422A 接口比 RS-232C 接口传输距离长、速度快，传输速率最大可达 10Mbit/s。在此速率下，电缆的允许长度为 12m，如果采用低速率传输，最大距离可达 1200m。RS-422A 接口和 TTL 接口进行电平转换最常用的芯片是传输线驱动器 SN75174 和传输线接收器 SN57175，这两种芯片的设计都符合美国电子工业协会 RS-422A 标准，均采用+5V 电源供电。RS-422A 双机通信接口电路如图 9.1.3 所示。电路中必须使用两组独立的电源。每个通道的接收端都接有 3 个电阻 R1、R2 和 R3。其中，R1 为传输线的匹配电阻，取值范围为 50～1000Ω；其他两个电阻是为了解决第一个数据的误码而设置的匹配电阻，起到隔离、抗干扰的作用。

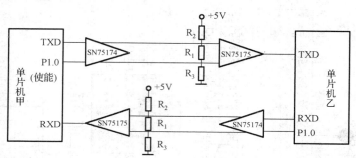

图 9.1.3　RS-422A 双机通信接口电路

　　④ RS-485 双机通信接口。RS-485 双机通信的接口电路如图 9.1.4 所示。RS-485 以双向、半双工的方式实现了双机通信。在单片机系统发送或接收数据前，应先将 SN75174 的发送门或接收门打开，当 P1.0=1 时发送门打开，接收门关闭；当 P1.0=0 时，接收门打开，发送门关闭。

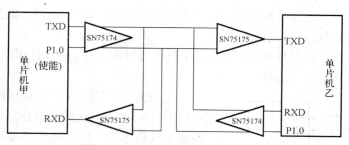

图 9.1.4　RS-485 双机通信接口电路

　　(2) 单片机双机通信软件设计。

　　除 RS-485 串行通信外，TTL、RS-232C、RS-422A 双机通信的软件设计方法是一样的。为了确保通信成功，通信双方必须在软件上有一系列的约定，通常称为软件协议。在双机通信技术中，可用查询方式或中断方式完成双机通信接口设计和双机通信软件设计两部分内容。

三、程序设计分析

程序流程图如图 9.1.5 所示。

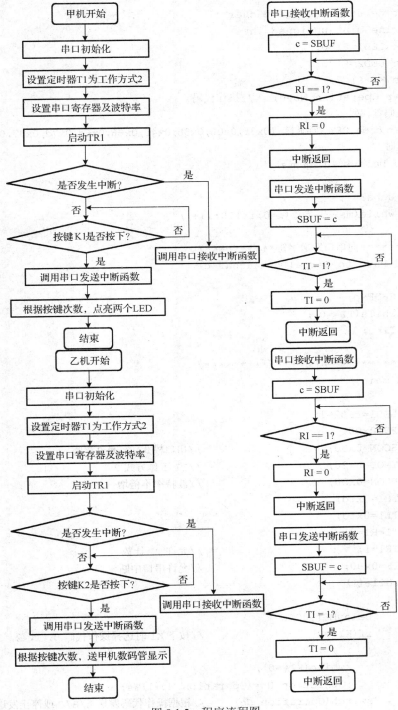

图 9.1.5 程序流程图

四、源程序

```
/*********单片机双机通信***********/
#include<reg51.h>
#define uchar unsigned char
#define uint unsigned int
sbit LED1=P1^0;
sbit LED2=P1^3;
sbit K1=P1^7;
uchar Operation_No=0;     //操作代码
//数码管代码
uchar code DSY_CODE[]={0x3f,0x06,0x5b,0x4f,0x66,0x6d,0x7d,0x07,0x7f,0x6f};
//延时
void DelayMS(uint ms)
{
    uchar i;
    while(ms--) for(i=0;i<110;i++);
}
/********向串口发送字符**********/
void Putc_to_SerialPort(uchar c)
{
    SBUF=c;
    while(TI==0);
    TI=0;
}
/************主程序************/
void main()
{
    LED1=LED2=1;
    P0=0x00;
    SCON=0x50;              //串口模式1，允许接收
    TMOD=0x20;              //T1 工作方式 2
    PCON=0x00;              //波特率不倍增
    TH1=0xfd;
    TL1=0xfd;
    TI=RI=0;
    TR1=1;                  //允许 T1 计数
    IE=0x90;                //允许串口中断
    while(1)
    {
        DelayMS(100);
        if(K1==0)           //按下 K1 时选择操作代码 0，1，2，3
        {
            while(K1==0);
            Operation_No=(Operation_No+1)%4;
        switch(Operation_No)     //根据操作代码发送 A/B/C 或停止发送
            {
```

```
            case 0: Putc_to_SerialPort('X');
                    LED1=LED2=1;
                    break;
            case 1: Putc_to_SerialPort('A');
                    LED1=~LED1;LED2=1;
                    break;
            case 2: Putc_to_SerialPort('B');
                    LED2=~LED2;LED1=1;
                    break;
            case 3: Putc_to_SerialPort('C');
                    LED1=~LED1;LED2=LED1;
                    break;
            }
        }
    }
}
/*****************************************
甲机串口接收中断函数
*****************************************/
void Serial_INT() interrupt 4
{
    if(RI)
    {
        RI=0;
        if(SBUF>=0&&SBUF<=9) P0=DSY_CODE[SBUF];
        else P0=0x00;
    }
}


/****************************************************************
名称：乙机程序接收甲机发送字符并完成相应动作
说明：乙机接收到甲机发送的信号后，根据相应信号控制 LED 完成不同闪烁动作
****************************************************************/
#include<reg51.h>
#define uchar unsigned char
#define uint unsigned int
sbit LED1=P1^0;
sbit LED2=P1^3;
sbit K2=P1^7;
uchar NumX=-1;
//延时
void DelayMS(uint ms)
{
    uchar i;
    while(ms--) for(i=0;i<110;i++);
}
/*****************************主程序*****************************/
```

```
void main()
{
    LED1=LED2=1;
    SCON=0x50;                    //串口方式1，允许接收
    TMOD=0x20;                    //T1工作方式2
    TH1=0xfd;                     //波特率9600
    TL1=0xfd;
    PCON=0x00;                    //波特率不倍增
    RI=TI=0;
    TR1=1;
    IE=0x90;
    while(1)
    {
        DelayMS(100);
        if(K2==0)
        {
            while(K2==0);
            NumX=++NumX%11;       //产生0～10范围内的数字，其中10表示关闭
            SBUF=NumX;
            while(TI==0);
            TI=0;
        }
    }
}
void Serial_INT() interrupt 4
{
    if(RI)   //如收到则LED则动作
    {
    RI=0;
    switch(SBUF)                  //根据所收到的不同命令字符完成不同动作
    {
        case 'X':    LED1=LED2=1;break;      //全灭
        case 'A':    LED1=0;LED2=1;break;    //LED1亮
        case 'B':    LED2=0;LED1=1;break;    //LED2亮
        case 'C':    LED1=LED2=0;            //全亮
    }
    }
}
```

任务二　单片机的多机通信

一、任务目标

单片机多机通信系统中，有一个主机、两个从机，主机的按键 S1 控制从机 1，按键 S2 控制从机 2，当按下主机上的按键时，相应被控制的从机上连接的数码管显示按键次数。

二、电路设计

1. 元件清单列表

元件清单列表如表 9.2.1 所示。

表 9.2.1 元件清单

元件名称	所属类	所属子类
AT89C51	Microprocessor ICs	8051 Family
74HC573	TTL 74HC series	Flip-Flops & Latches
BUTTON	Switches & Relays	Switches
7SEG-COM-CAT-GRN	Optoelectronics	7-Segment Displays

2. 电路原理

单片机多机通信原理图如图 9.2.1 所示。

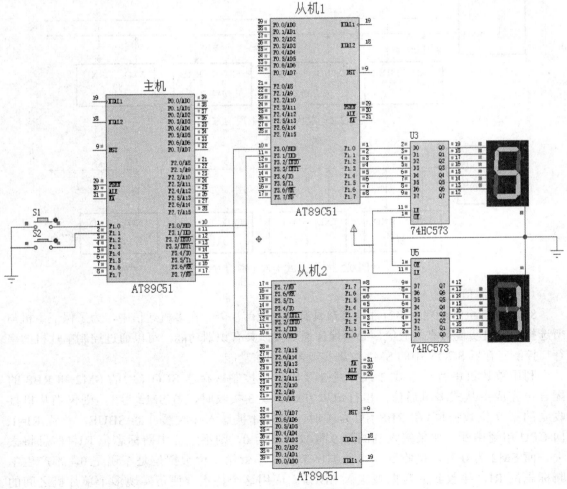

图 9.2.1 单片机多机通信原理图

1）相关知识

单片机多机通信系统中，主机的 P3.0（RXD）端接从机的 P3.1（TXD）端，主机的 P3.1 接从机的 P3.0 端，从机数码管采用 74HC573 驱动，74HC573 的锁存控制端直接接高电平，锁存器工作在数据直通状态。

多机通信的软件流程包括主机部分流程和从机部分流程。本任务采用串口通信方式 3，主机每一次都向从机传输 2 字节的信息，第一字节传输的是从机的地址，第二字节传输的是从机的数据。传输地址时，令主机的 TB8=1；传输数据时令主机的 TB8=0。

2）本任务知识要点

在实际应用系统中，单机及双机通信不能满足实际需要，而需要多台单片机互相配合才能完成某个过程或任务。多台单片机间的相互配合是按实际需要将它们构成各种分布式系统，使它们之间相互通信，以完成各种功能的。串行口的方式 2 和 3 具有多机通信功能，即可实现一台主单片机和若干台从单片机构成的多机分布式系统。主从式全双工通信方式和主从式半双工通信方式分别如图 9.2.2 和图 9.2.3 所示。

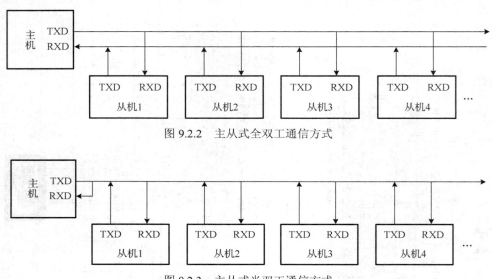

图 9.2.2　主从式全双工通信方式

图 9.2.3　主从式半双工通信方式

（1）多机通信原理。

8051 单片机的全双工串行通信接口具有多机通信功能。在多机通信中，为了保证主机与所选择的从机实现可靠的通信，必须保证通信接口具有识别功能，可以通过控制单片机的串行口控制寄存器 SCON 中的 SM2 位来实现多机通信功能。

利用单片机串行口方式 2 或方式 3 及串行口控制寄存器 SCON 中的 SM2 和 RB8 的配合可完成主从式多机通信。串行口以方式 2 或 3 接收时，若 SM2 为 1，则仅当从机接收到的第 9 位数据位（在 RB8 中）为 1 时，数据才被送入接收缓冲器 SBUF，并置 RI=1，向 CPU 申请中断；如果接收到的第 9 位数据位为 0，则不置位中断标志位 RI，信息将丢失。而 SM2 为 0 时，接收到一个数据字节后，不管第 9 位数据位是 1 还是 0，都产生中断标志位 RI，接收到的数据被送入 SBUF。应用这个特点，便可实现多个单片机之间的串行通信。

(2)多机通信协议。

多机通信是一个复杂的通信过程，必须由通信协议来保证其可操作性和操作秩序。这些通信协议至少包括从机的地址、主机的控制命令、从机的状态字格式和数据通信格式等的约定。

① 使所有的从机 SM2 位置 1，都处于只接收地址帧的状态。

② 主机向从机发送一帧地址信息，其中包含 8 位地址，第 9 位为 1 表示的是地址帧。

③ 在所有从机接收到地址帧后进行中断处理，从机都来判别主机发来的地址信息是否与自己的地址相符。若地址相符，置 SM2=0，进入正式通信，并把本机的地址发送回主机作为应答信号，然后开始接收主机发送过来的数据或命令信息。其他从机由于地址不符，它们的 SM2 维持为 1，无法与主机通信，从中断返回。

④ 主机接收从机发回的应答地址信号后，与其发送的地址信息进行比较，如果相符，则清除 TB8 位，正式发送数据信息；如果不相符，则发送错误信息。

⑤ 被寻址的从机通信完毕后，置 SM2=1，恢复多机系统原有的状态。

⑥ 通信的各机之间必须以相同的帧格式及波特率进行通信。

(3)单片机多机通信接口设计。

当一台主机与多台从机之间距离较近时，可直接用 TTL 电平进行多机通信，多机全双工通信连接方式如图 9.2.4 所示。当一台主机与多台从机之间的距离较远时，可采用 RS-232C 接口、RS-422A 接口或 RS-485 接口。

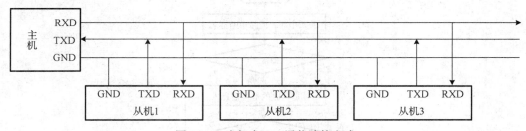

图 9.2.4 多机全双工通信连接方式

三、程序设计分析

单片机多机通信系统中，可能设置的通信协议更加复杂，但是都是从上述多机通信协议演变处理得到的，即主机通过把 TB8 置 1 或者清 0 表示发送的是地址还是数据，从机通过判断地址是否和自己本身的地址相符合来决定是否接收数据。主机程序流程图如图 9.2.5 所示。

从机采用串口中断的方式读取接收的数据，在从机主程序初始化过程中，将 SM2 位置 1。这样，如果主机发送的是数据信息，即发送的第 9 位 TB8=0，由于从机已经将 SM2 置 1，从机不会触发串行口中断，即从机丢弃发送的数据，如果主机先发送的是地址信息，即发送的第 9 位 TB8=1，则从机的 RB8=1，不管从机 SM2 是 0 还是 1，都将触发串行口中断，即所有的从机都可以接收到主机发送的地址信息。在串行口中断服务程序中，从机判断接收到的地址是否和自己一致，如果一致，则将 SM2 置 0，否则退出中断服务程序。

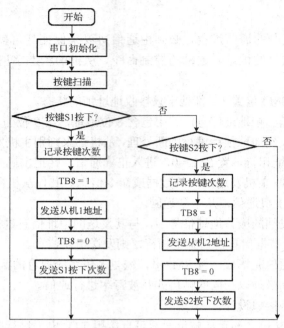

图 9.2.5 主机程序流程图

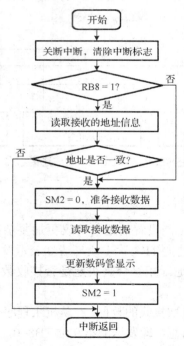

图 9.2.6 从机中断服务流程图

四、源程序

```
/********主机程序**********/
#include<reg51.h>
```

```
#define uchar unsigned char
#define uint unsigned int
sbit key1=P1^0;                        //定义按键 S1 为从机 1 控制键
sbit key2=P1^1;                        //定义按键 S1 为从机 1 控制键
uchar code seg7[]={0x3f,0x06,0x5b,0x4f,0x66,0x6d,0x7d,0x07,0x7f,0x6f};
uchar code address[]={0xfe,0xfd};   //从机 1、从机 2 的地址
uchar countkey1,countkey2;
void delayms(unit xms)
{
    uint i,j;
    for(i=xms;i>0;i--)
        for(j=110;j>0;j--);
}
void init()
{
    TMOD=0x20;                         //设置定时器 1 工作方式 2
    TH1=0xfd;                          //波特率 9600bit/s
    TL1=0xfd;
    TR1=1;
    SM0=1;                             //设置串口通信方式 3
    SM1=1;
    EA=1;                              //开放串口中断
    ES=1;
}
void mian()
{
    init();
    while(1)
    {
        if(key1==0)                    //若 S1 按下
        {
            delayms(2);
            if(key1==0)
            {
                while(!key1);
                countkey1++;           //记录 S1 按下的次数
                if(countkey1==10)
                countkey1=0;
                TB8=1;                 //第 9 位数据/地址识别位, 1 为地址
                SBUF=address[0];       //发送地址
                while(!TI);
                TI=0;
                TB8=0;
                SBUF=seg7[countkey1];  //发送数据
                while(!TI);
                TI=0;
            }
```

```
                }
            if(key2==0)
            {
                delayms(2);
                if(key2==0)
                {
                    while(!key2);
                    countkey2++;
                    if(countkey2==10)
                    countkey2=0;
                    TB8=1;
                    SBUF=address[1];
                    while(!TI);
                    TI=0;
                    TB8=0;
                    SBUF=seg7[countkey2];
                    while(!TI);
                    TI=0;
                }
            }
        }
    }

/*********从机1程序*********/
#include<reg51.h>
#define uchar unsigned char
#define uint unsigned int
uchar rxbuf,txbuf;
uchar addr=0xfe;            //从机1地址
void init()
{
    TMOD=0x20;             //设置定时器1工作方式2
    TH1=0xfd;              //波特率9600bit/s
    TL1=0xfd;
    TR1=1;
    SM0=1;                 //设置串口通信方式3
    SM1=1;
    REN=1;
    EA=1;                  //开放串口中断
    ES=1;
    SM2=1;
}
void main()
{
    init();
    while(1)
    {
        ;
    }
```

```
    }
void es_int()interrupt 4
{
    RI=0;
    ES=0;
    if(RB8==1)
    {
        rxbuf=SBUF;
        if(rxbuf==addr)          //判断地址是否一致
        {
            SM2=0;
        }
    }
    else
    {
        rxbuf=SBUF;
        P1=rxbuf;
        SM2=1;
    }
        ES=1;
    }
```

从机 2 的程序只需将从机 1 程序中的中断代码 uchar addr=0xfe 改成 uchar addr=0xfd 即可，限于篇幅原因，在此省略。

任务三　单片机和 PC 串口通信

一、任务目标

通过串口调试助手模拟 PC 给 AT89C51 发送一个数据，AT89C51 接收数据后在数码管上显示，并将该数据返发给串口调试助手。

二、电路设计

1. 元件清单列表

元件清单列表如表 9.3.1 所示。

表 9.3.1　元件清单

元件名称	所属类	所属子类
AT89C51	Microprocessor ICs	8051 Family
7SEG-BCD	Optoelectronics	7-Segment Displays
MAX232	Microprocessor	Peripherals
COMPIM	Miscellaneous	
CAP	Capacitors	Generic
CAP-POL	Capacitors	Generic

2. 电路原理

PC 的串口是标准的 RS-232 接口，因此在单片机和 PC 之间要加上电平转换电路。这里采用 MAX232 作为电平转换电路。在实际通信时，只要利用一根 9 针的导线将图中的 J1 口和 PC 的出口连接起来即可，如图 9.3.1 所示。

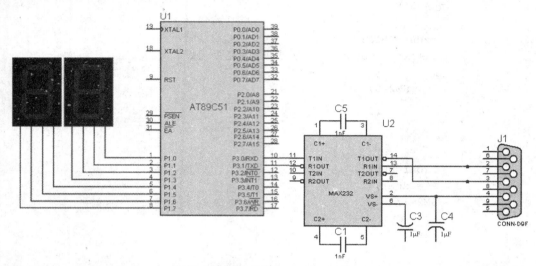

图 9.3.1　单片机与 PC 串口通信

1）相关知识

串口调试助手通过 RS-232 串口发送数据给单片机，单片机接收数据后将该数据也通过 RS-232 串口返回给串口调试助手。

在这需要特别注意的是波特率的设置。由于单片机的晶振为 12MHz 和 11.0592MHz 的波特率初值都是 TH1=0xFD、TL1=0xFD，但通过查表可知晶振频率为 12MHz 时存在误差，在传输过程中难免会发送错误。所以在给 PROTEUS 的 AT89C51 设置晶振时，应设置成 11.0592MHz。

2）本任务知识要点

（1）单片机与计算机之间的通信。

PC 与单个单片机，特别是与多个单片机构成的小型分布系统实现了分级分布式控制，并得到了广泛应用。PC 与单片机间的点对点双机通信传输过程如下。由单片机发送握手信号（0xFF），PC 接收到握手信号后发送应答信号（0x00），并准备接收数据，单片机收到应答信号后准备发送数据，并说明整个挂钩过程成功，总的测量次数和键值作为第 0 组数据发送，发送完毕后发累加校验和，若发现传输出错则重新发送，每组 960 个测量数据，直至传输结束。

PC 与单片机通信时，发送和接收工作状态见图 9.3.4 中的虚线部分。由于两机同时工作，需要考虑延时和等待，以达到两机之间的最佳配合，所以一般在本机发送信号前让接收机处于接收等待状态。

（2）RS-232 接口连接。

目前，RS-232 是 PC 与通信工业中应用最广泛的一种串行接口，其中 RS 代表美国电子工业协会（Electronic Industry Association，EIA）推荐标准，232 是标识号。RS-232 定义为一种在串行通信中增加通信距离的单端口标准。一个完整的 RS-232 接口有 22 根线，采用标准的 25 芯插头座（DB25）。除此之外，目前广泛应用的还有一种 9 芯的 RS-232 接口（DB9）。它们的外观都是 D 形的，对接的两个接口又分为针式和孔式两种，如图 9.3.2 所示。DB9 的引脚定义如表 9.3.2 所示。

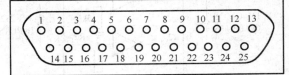　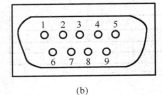

图 9.3.2　孔式 DB25 与 DB9 外形图

表 9.3.2　RS-232 引脚定义

符号	DB9 引脚号	DB25 引脚号	信号流向	功能
DCD	1	8	输入	载波检测（Data Carrier Detect）
RXD	2	3	输入	接收数据（Receive Data）
TXD	3	2	输出	发送数据（Transmit Data）
DTR	4	20	输出	数据终端准备好（Data Terminal Ready）
GND	5	7	公共地端	信号地（Signal Ground）
DSR	6	6	输入	数据装置准备好（Data Set Ready）
RTS	7	4	输出	请示发送（Request To Send）
CTS	8	5	输入	清除发送（Clear To Send）
RI	9	22	输入	振铃指示（Ring Indicator）

　　RS-232 采取不平等传输方式，即单端通信，是指发送和接收双方的数据信号都是相对于信号地的。由于 RS-232 电平采用负逻辑，即规定逻辑"1"电平为 $-3\sim-15V$，逻辑"0"电平为 $+3\sim+15V$，而单片机使用的 CMOS 电平规定逻辑"1"电平为 3.5～5V，逻辑"0"电平为 0～0.8V，所以在单片机与 RS-232 进行连接通信之前，需要在单片机的串行接口上连接电平转换电路，将与 TTL 兼容的 CMOS 电平转换成 RS-232 的标准电平，转换后的典型值为逻辑"1"电平为 $-10V$，逻辑"0"电平为 $+10V$。RS-232 是为点对点通信而设计的，其驱动器负载为 $3\sim7k\Omega$。

　　常用的 RS-232 电平转换芯片为 MAX232。MAX232 芯片是 MAXIM 公司生产的、包含两路接收器和驱动器的 IC 芯片，内部有一个电源电压变换器，可以把 +5V 电源电压变换成 RS-232 输出电平所需的 +10V 电压。所以，采用此芯片接口的串行通信系统只需要单一的 +5V 电源就可以了。其引脚图和外部连接电路图如图 9.3.3 所示。

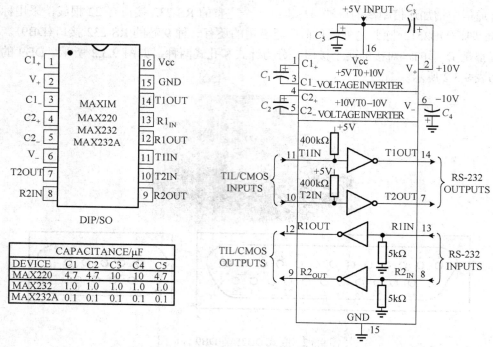

图 9.3.3　MAX232 引脚及标准外部连接电路图

RS-232 串行通信信号引脚分为两类：一类为基本的数据传送信号引脚，另一类是用于 MODEM 控制的引脚信号。在无 MODEM 的电路中，可以采用最简单的连接方式，即只使用 3 个引脚信号：TXD、RXD 和 GND。使用这种方式的引脚连接如图 9.3.4 所示。

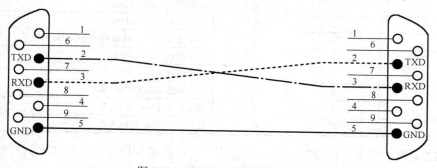

图 9.3.4　RS-232 引脚最简连接

三、程序设计分析

在 Keil C 中 C51 的串行发送和接收数据命令书写格式如下：

　　接收数据：N=SBUF

意思是将串口缓冲器 SBUF 中接到外部发来的数据传给单片机的某个寄存器 N。这条命令即完成串行数据的接收功能。

　　发送数据：SBUF=N

意思是将单片机中某个寄存器 N 的数据传给串口缓冲器 SBUF，SBUF 接收到数据后自动将数据发送到外部串口接收器中。这条命令即完成串行数据的发送功能。

程序中 "P1=SBUF;" 指接收外部发来的数据，并将其赋给 P1；"while(RI==0)；RI=0;" 是每接收一次数据帧完成，就要将 RI 用软件清 0，"while(TI==0)；TI=0" 是每发送一次数据帧完成，都将 TI 用软件清 0。程序流程图如图 9.3.5 所示。

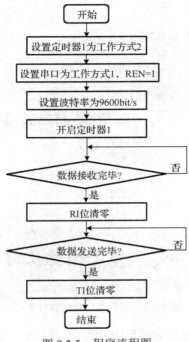

图 9.3.5　程序流程图

四、源程序

```
/**********RS-232 串口应用************/
#include<reg51.h>
void main()
{
    TMOD=0x20;                  //定时器 1 设置为工作方式 2
    SM0=0;
    SM1=1;
    REN=1;                      //串口工作方式 1，允许接收控制位 REN=1
    PCON=0;                     //波特率不加倍
    TH1=0xfd;
    TL1=0xfd;                   //波特率为 9600bit/s
    TR1=1;                      //开启定时/计数器 1
    P1=SBUF;                    //接收数据
    while(RI==0);
    RI=0;
    SBUF=P1;                    //发送数据
    while(TI==0);
    TI=0;
}
```

五、运行与调试

本任务运行需要额外两个软件，即串口调试助手和虚拟串口，读者可以自行在网络上下载。串口调试助手用于收发数据，虚拟串口则为计算机打开两个虚拟的串口供 PROTEUS 和串口调试助手通信。

1. 设置虚拟串口

运行虚拟串口软件，显示界面如图 9.3.6 所示。

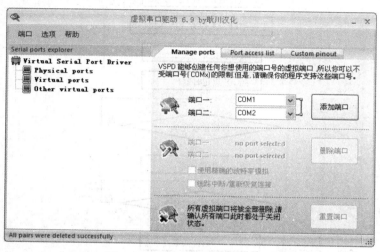

图 9.3.6　虚拟串口驱动软件界面

在软件界面左侧可以看到此时计算机中共有 3 种端口，即 Physical ports（物理端口）、Virtual ports（虚拟端口）及 Other virtual ports（其他虚拟端口）。由于在 PROTEUS 仿真中不能使用计算机的物理端口，因此要借助虚拟串口软件建立一对虚拟串口来完成仿真。只需单击右侧界面的"添加端口"按键，即可添加一对虚拟串口 COM1 和 COM2，如图 9.3.7 所示。

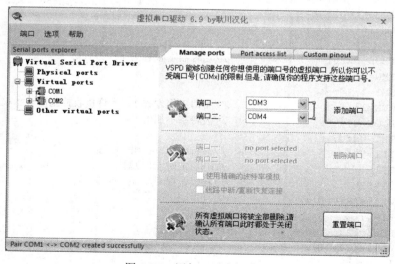

图 9.3.7　添加一对虚拟串口

2. 设置串口调试助手

运行串口调试助手，选择串口为 COM1，比特率为 9600bit/s，其他设置如图 9.3.8 所示。

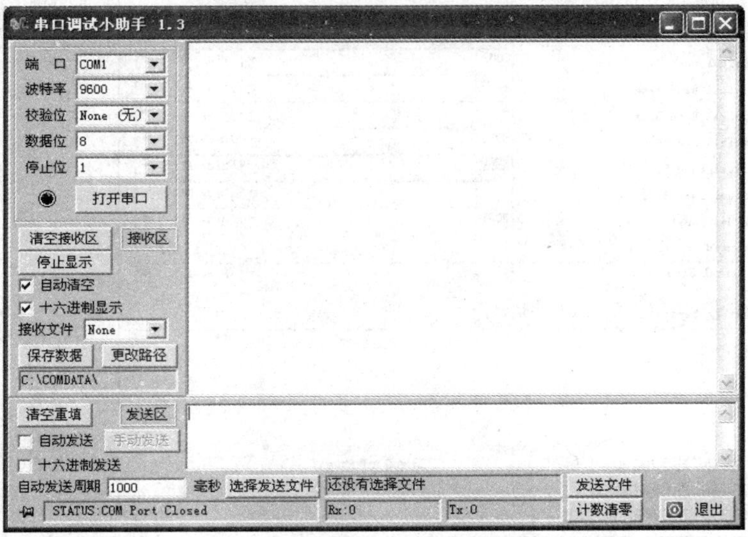

图 9.3.8 设置串口调试助手

3. 设置 PROTEUS 中的 COMPIM 和 AT89C51

进入 PROTEUS 电路图，在导入 C 语言程序时，设置 AT89C51 的晶振频率为 11.0592MHz，如图 9.3.9 所示；双击 COMPIM 元件，按图 9.3.10 设置其参数。需要注意的是，COMPIM 和串口调试助手的串口选择要与虚拟串口软件的串口分配（本任务分配为 COM1 和 COM2）对应。本次仿真中，串口调试助手选择虚拟串口 COM1，COMPIM 选择虚拟串口 COM2。

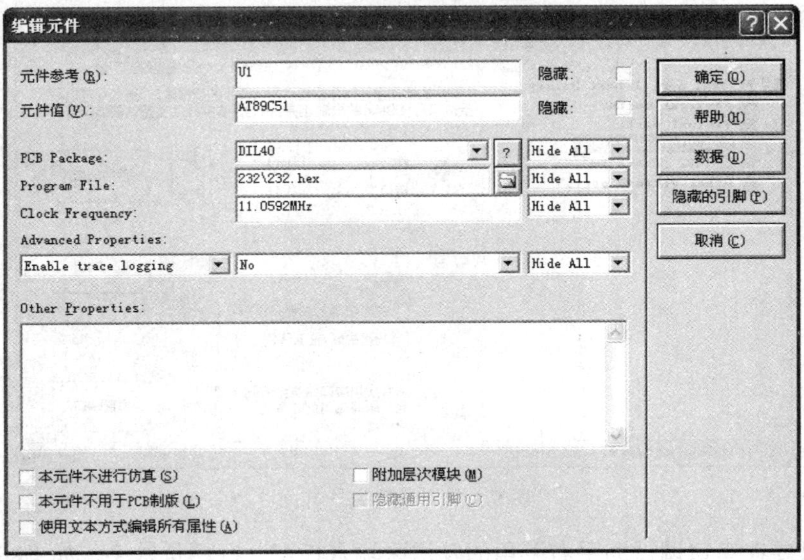

图 9.3.9 设置 PROTEUS 中的 AT89C51 晶振频率

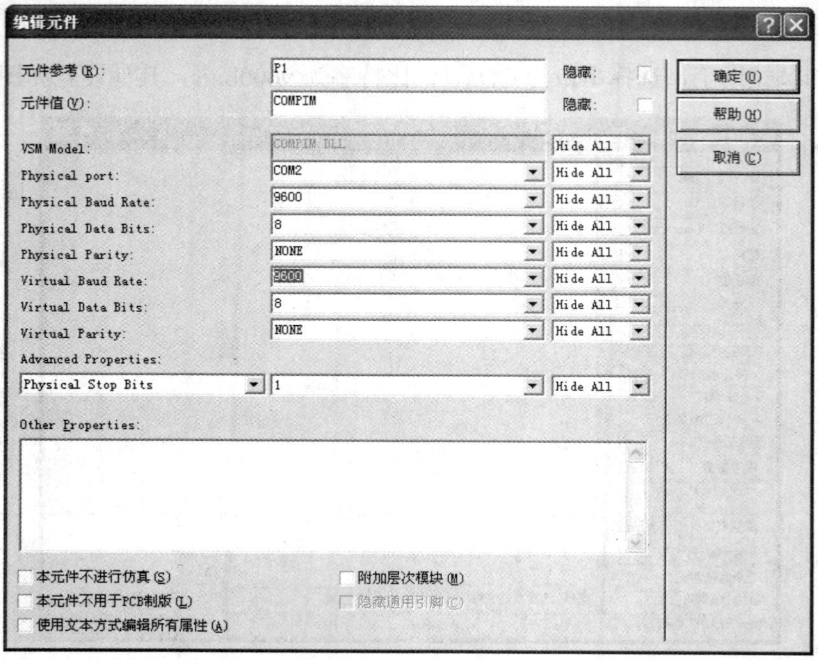

图 9.3.10　设置 PROTEUS 中的 COMPIM 参数

4. 执行 PROTEUS 和串口调试助手

设置完毕后，进入 PROTUES 的仿真电路，单击运行后，可以看到虚拟串口的 Virtual ports 串口发生了变化，两个虚拟串口的波特率的设置情况完全一致，均为 9600-N-8-1，如图 9.3.11 所示。

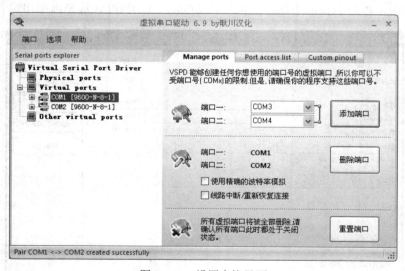

图 9.3.11　设置完毕界面

这时，只要在串口调试助手右下角的发送区输入任意一个两位数字，如"86"，然后单击"手动发送"，这时串口调试助手和 PROTUES 仿真电路中的数码管就会显示如图 9.3.12 所示的界面。

图 9.3.12 程序运行界面

应知应会

(1)熟悉串行通信的应用方式，熟悉串行口双机通信、多机通信的实现方法。

(2)掌握双机通信及多机通信的实现方法，相关程序的设计及编写。

(3)掌握中断程序在串行通信中的使用方法。

思考题与习题

1．单片机双机通信接口有哪些类型？各有什么特点？

2．简述利用串行口进行多机通信的原理。

3．试说明串行口多机通信协议有哪些内容。

项目十 通用液晶显示设计

任务一 字符式液晶 LM016L 显示方法

一、任务目标

用单片机控制液晶 LM016L 显示，从第一行第一列开始显示字符"ji   dian xi"，第二行第一列开始显示"2014 年 5 月 3 日   ℃".

二、电路设计

1. 元件清单列表

元件清单列表如表 10.1.1 所示。

表 10.1.1 元件清单

元件名称	所属类	所属子类
AT89C52	Microprocessor ICs	8051 Family
POT-LIN	Resistors	Variable
RESPACK-8	Resistors	Resistors Packs
LM016L	Optoelectronics	Alphanumeric LCDs

2. 电路原理图

DB0～DB7 连接在 P0 口上，RS、R/W、E 分别连在 P2.0、P2.1、P2.2 上，LM016L 背光源连接如图 10.1.1 所示。

3. 相关知识

1) 字符式液晶 LM016L 的特点

(1) 液晶 LM016 L 是一款 16 字符×2 行的字符液晶显示屏，内置 HD44780 控制器，可直接产生 192 种常见字符图形(每个字符 5×7)，字符编码与 ASC II 兼容，并且允许用户自定义字符(64 个)来显示。

(2) 只需要单一的+5V 供电即可，功耗低（10～15MW）。

(3) 指令功能强，可组成各种输入、显示、移位方式，满足不同需要。

(4) 接口简单方便，可与 8 位微处理器相连。

(5) 工作温度宽为–20～70℃，寿命达 50000 小时(25℃)。

2) 字符式液晶 LM016L 的结构

采用 HD44780 控制芯片见图 10.1.2，所以控制液晶就是控制 HD44780，其控制信号共有 14 个，如表 10.1.2 所示。

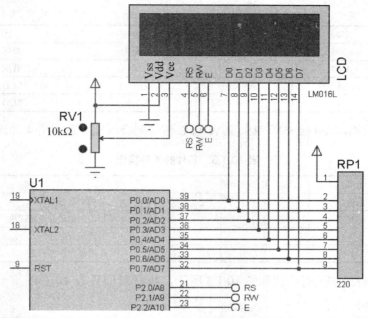

图 10.1.1　LM016L 背光源连接

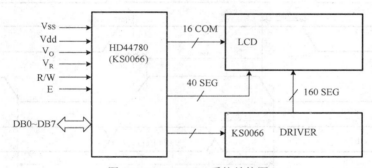

图 10.1.2　LM016L 系统结构图

表 10.1.2　HD44780 控制芯片各引脚功能

引脚号	引脚名	电平	输入/输出	作用
1	Vss			电源地
2	Vcc			电源(+5V)
3	Vee			对比电压调整
4	RS	0/1	输入	1 数据/0 指令
5	R/W	0/1	输入	0 写入/1 读出
6	E	1,1→0	输入	1 读使能/1→0 写使能
7	DB0	0/1	输入/输出	数据总线 0
8	DB1	0/1	输入/输出	数据总线 1
9	DB2	0/1	输入/输出	数据总线 2
10	DB3	0/1	输入/输出	数据总线 3
11	DB4	0/1	输入/输出	数据总线 4
12	DB5	0/1	输入/输出	数据总线 5

引脚号	引脚名	电平	输入/输出	作用
13	DB6	0/1	输入/输出	数据总线 6
14	DB7	0/1	输入/输出	数据总线 7
15	A	+Vcc		LCD 背光+
16	K	Vss		LCD 背光−

其中，Vss 接地，Vdd 接+5V，RS、R/W 与 E 信号配合确定对芯片的 4 种操作见表 10.1.3。

表 10.1.3　芯片的 4 种操作

RS	R/W	E	操作
0	0	↓	指令寄存器写入
0	1	1	忙标志和地址计数器读出
1	0	↓	数据寄存器写入
1	1	1	数据寄存器读出

具体执行 4 种操作的时序图如图 10.1.3 所示，执行时间见表 10.1.4。

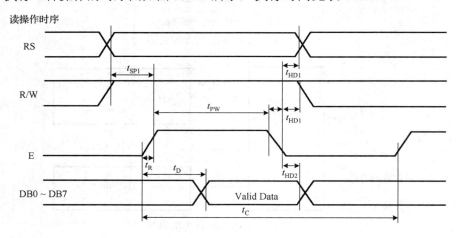

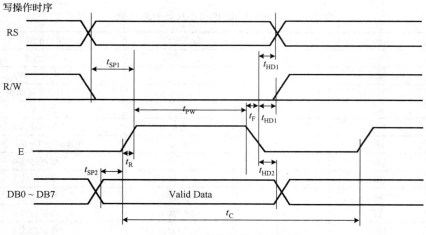

图 10.1.3　四种操作的时序图

表 10.1.4

时序参数	符号	极限值			单位	测试条件
		最小值	典型值	最大值		
E 信号周期	t_c	400	—	—	ns	引脚 E
E 脉冲宽度	t_{PM}	150	—	—	ns	
E 上升沿/下降沿时间	t_R, t_F	—	—	25	ns	
地址建立时间	t_{SP1}	30	—	—	ns	引脚 E、RS、R/W
地址保持时间	t_{MD1}	10	—	—	ns	
数据建立时间(读操作)	t_D	—	—	100	ns	引脚 DB0~DB7
数据保持时间(读操作)	t_{MD2}	20	—	—	ns	
数据建立时间(写操作)	t_{SP2}	40	—	—	ns	
数据保持时间(写操作)	t_{MD2}	10	—	—	ns	

3)基本操作时序

(1)读状态。输入：RS=L，RW=H，E=H；输出：DB0~DB7=状态字。

(2)写指令。输入：RS=L，RW=L，E=下降沿脉冲；输出：DB0~DB7=指令码 。

(3)读数据。输入：RS=H，RW=H，E=H；输出：DB0~DB7=数据 。

(4)写数据。输入：RS=H，RW=L，E=下降沿脉冲；DB0~DB7=数据 。

4)LM016L 指令集

对 LM016L 的控制命令就是通过表 10.1.5 所示的特定信号组合而成的，表 10.1.5 列出了 LM016L 能够识别的 11 条指令。

表 10.1.5　LM016L 指令集

序号	指令	RS	R/W	D7	D6	D5	D4	D3	D2	D1	D0
1	清显示	0	0	0	0	0	0	0	0	0	1
2	光标返回	0	0	0	0	0	0	0	0	1	*
3	置输入模式	0	0	0	0	0	0	0	1	I/D	S
4	显示开/关控制	0	0	0	0	0	0	1	D	C	B
5	光标或字符移位	0	0	0	0	0	1	S/C	R/L	*	*
6	设置功能	0	0	0	0	1	DL	N	F	*	*
7	置字符发生存储器地址	0	0	0	1	字符发生存储器地址					
8	置数据存储器地址	0	0	1	显示数据存储器地址						
9	读忙标志或地址	0	1	BF	计数器地址						
10	写数到 CGRAM 或 DDRAM)	1	0	要写的数据内容							
11	从 CGRAM 或 DDRAM 读数	1	1	读出的数据内容							

指令说明如下。

(1)清屏指令：清除液晶显示器，即将 DDRAM 的内容全部填入"空白"的 ASCII 码 20H，光标撤回液晶显示屏的左上方，将地址计数器(AC)的值设为 0，指令码为 01H。

(2)光标归位指令：把光标撤回到显示器的左上方，把地址计数器(AC)的值设置为 0，保持 DDRAM 的内容不变，指令码为 02H。

(3)模式设置指令：设定每次输入 1 位数据后光标的移位方向(I/D=0 时光标左移，I/D =1 时光标右移)，设定每次写入的一个字符时显示屏是否移动(S=0 不移动，S=1 时右移一个字符)。

(4) 显示开关控制指令：控制显示器开/关(D=1/0)，光标显示/关闭(C=1/0)以及光标是否闪烁(B=1/0)。

(5) 使光标(S/C=1)移位(R/L=1，右移；R/L=0，左移)或使整个显示屏幕(S/C=0)移位(R/L=1，右移；R/L =0，左移)。

(6) 设定数据总线位数(DL=1，8 位；DL =0，4 位)，显示的行数(N=1，2 行；N=0，1 行)及字型(F=1，5×10；F =0，5×7)。

(7) 设定 CGRAM(Character Generator RAM)地址指令：设定下一个要存入数据的 CGRAM 的地址，DB5DB4DB3 为字符号，也就是将来要显示该字符时要用到的字符地址 (000～111)(能定义 8 个字符)，DB2DB1DB0 为行号。(000～111)(8 行)。

(8) 设定 DDRAM 地址指令：设定下一个要存入数据的 DDRAM 的地址。

(9) 读取忙信号或 AC 地址指令：BF=1 表示液晶显示器忙，暂时无法接收单片机送来的数据或指令；当 BF=0 时，液晶显示器可以接收单片机送来的数据或指令；读地址计数器(AC)的内容。

(10) 数据写入 DDRAM 或 CGRAM 指令：将字符码写入 DDRAM，以使液晶显示屏显示出相对应的字符；将使用者设计的图形存入 CGRAM。

(11) 从 CGRAM 或 DDRAM 读出数据指令。

5) 基础函数

根据指令与基本操作时序，可以方便得到以下三个基本函数。

(1) 查忙函数。

```
uchar Lcd_busy( )                    //要求返回 1 或 0；
{
    uchar flag;                      //忙闲标志 flag(DB7=1 为忙，DB7=0 为闲)
    RS=0;                            //RS 低、RW 高
    RW=1;
    EN=1;                            //使能
    Delay(1);
    flag=P0&0x80;                    //取 DB7 之值
    EN=0;
    return flag;                     //返回 DB7 之值
}
```

(2) 写指令函数。

```
void Lcd_wmc(uchar dat)
{
    P0=dat;                          //指令由 P0 放在总线上
    RS=0;                            //RS、R/W 拉低
    RW=0;
    EN=1;                            //使能
    Delay(220);                      //延时
    EN=0;                            //结束
}
```

（3）写数据函数。

```
void Lcd_wmd(uchar dat)
{
    P0=dat;                    //数据由 P0 放在总线上
    RS=1;                      //RS 高、RW 低
    RW=0;
    EN=1;                      //使能
    Delay(220);
    EN=0;
}
```

6）字符显示原理

HD44780 内置了 192 个常用字符，存于字符产生器 CGROM（Character Generator ROM）中，还有几个允许用户自定义的字符产生 RAM，称为 CGRAM。图 10.1.6 说明了 CGROM 和 CGRAM 与字符的对应关系。

表 10.1.6　CGROM 和 CGRAM 与字符的对应关系

字符码 0x00～0x0F 为用户自定义的字符图形 RAM（对于 5×7 点阵的字符，可以存放 8组，5×10 点阵的字符，存放 4 组），0x20～0x7F 为标准的 ASCII 码，0xA0～0xFF 为日文字符和希腊文字符，其余字符码（0x10～0x1F 及 0x80～0x9F）没有定义。

想要在 LM016L 屏幕的第一行第一列显示一个"A"字，就要向 DDRAM 的 00H 地址写入"A"字的代码就行了。每一行共有 40 个地址，在 1602 中只用前 16 个就行了。第二行同样用前 16 个地址。DDRAM 地址与显示位置的对应关系如表 10.1.7 所示。

表 10.1.7　DDRAM 地址与显示位置的对应关系

00H	01H	02H	03H	04H	05H	06H	07H	08H	09H	0AH	0BH	0CH	0DH	0EH	0FH
40H	41H	42H	43H	44H	45H	46H	47H	48H	49H	4AH	4BH	4CH	4DH	4EH	4FH

CGROM 就是字符产生器，其作用是把预显示的字符代码（如"A"的代码 41H）转化为字模。字模代表了在点阵屏幕上点亮和熄灭的信息数据。例如，"A"字的字模，说明如图 10.1.4 所示。

图 10.1.4 左边的数据就是字模数据，右边就是将左边数据用"○"代表 0，用"■"代表 1，可以看到显示的是"A"。内置了 192 个常用字符的字模，字符产生器中另外有 8 个允许用户自定义的字符产生 RAM，称为 CGRAM。

```
01110    ○■■■○
10001    ■○○○■
10001    ■○○○■
10001    ■○○○■
11111    ■■■■■
10001    ■○○○■
10001    ■○○○■
```
图 10.1.4　"A"的字模数据

自定义字符时，首先要确定字符地址（参照指令集），地址为 40H～7FH 共 64 个字节，可以写 8 个字符，每个字符 8 个字节；其次向该地址写入字模，具体见下面的函数。从表 10.1.6 上可以看到，在表的最左边是一列可以允许用户自定义的 CGRAM，从上往下看是 16 个，实际只有 8 个字节可用。它的字符码是 00000000～00000111 这 8 个地址，表的下面还有 8 个字节，但因为这个 CGRAM 的字符码规定 0～2 位为地址，3 位无效，4～7 全为零。因此 CGRAM 的字符码只有最后三位能用，也就是 8 个字节。等效为 0000X111，X 为无效位，最后三位取值范围为 000～111，共 8 个。

要想显示这 8 个用户自定义的字符，操作方法和显示 CGROM 一样，先设置 DDRAM 位置，再向 DDRAM 写入字符码，例如，"A"就是 41H。现在要显示 CGRAM 的第一个自定义字符，就向 DDRAM 写入 00H，如果要显示第 8 个就写入 08H 个字节。

7）自定义字符函数

void Lcd_ram()如下：

```
{
    uint i,j,k=0,temp=0x40;      //设定 CGRAM 地址指令 01000000（DB5～DB0 含义）
    for(i=0;i<4;i++)             //自定义 4 个字符
    {
        for(j=0;j<8;j++)
        {
            Lcd_wmc(temp+j);
            //字符地址 0x40～0x47、0x48～0x4F、0x50～0x57、//0x58～0x5F(C)
            Lcd_wmd(num[k]);//分别写入 CGRAM 的字模
            k++;
        }
    }
```

```
            temp=temp+8;
        }
    }
```

　　希望在 LM016L 的某一特定位置显示某一特定字符，一般要遵循"先指定地址，后写入内容"的原则。特别注意，第一行地址的起始是 80H，终止是 8FH，16 个地址。第二行起始地址是 C0H，终止是 CFH，也是 16 个地址。但如果希望在 LCD 上显示一串连续的字符(如单词等)，并不需要每次写字符码之前都指定一次地址，这是因为液晶控制模块中有一个计数器叫地址计数器 AC(Address Counter)。地址计数器的作用是负责记录写入 DDRAM 数据的地址，或从 DDRAM 读出数据的地址。该计数器的作用不仅仅是"写入"和"读出"地址，它还能根据用户的设定自动进行修改。例如，如果规定地址计数器在"写入 DDRAM 内容"这一操作完成后自动加 1，那么在第一行第一列定写入一个字符后，如果不对字符显示位置(DDRAM 地址)重新设置，再写入一个字符，则这个新的字符会出现在第一行第二列。

　　8) 本任务知识要点

　　(1) LM016L 初始化设置方法如下。

　　单行显示，5×7 点阵字体，光标移动，显示区不移　(30H　06H　　0EH　　01H)

　　双行显示，5×7 点阵字体，光标移动，显示区不移　(38H　06H　　0EH　　01H)

```
    void Lcd_init()
    {
        Lcd_wmc(0x38);                    //设置 8 位格式  2 行 5×7
        Lcd_wmc(0x01);                    //清除屏幕显示
        Lcd_wmc(0x06);                    //设定输入方式增量不移位
        Lcd_wmc(0x0c);                    //整体显示、关光标、不闪烁
    }
```

　　(2) 确认显示位置，根据位置指令可知：第一行显示地址为 80H～8FH，第二行显示地址为 C0H～CFH。例如，想要在第二行第三列显示一个字符，地址码就是 C2H。

```
    void Lcd_set_xy( unsigned char x, unsigned char y )
    {
        if (y==0) x |= 0x80;              //当要显示第一行时地址码+0x80
        else x |= 0xC0;                   //在第二行显示的是地址码+0xC0
        Lcd_wmc (x);                      //发送地址码 0x80～0x8F 或者 0xC0～0xCF
    }
```

　　(3) 设置要显示的内容，即上面提到的 CGROM 内的字符编码。例如，显示"A"，将编码 41H 写入液晶屏显示即可。通常设置地址和显示内容用一个函数来完成。

```
    void DisplayOneChar(unsigned char x, unsigned char y, unsigned char Data)
    {
        Lcd_set_xy( x, y );               //发送地址码;
        Lcd_wmd (Data);                   //发送要显示的字符编码;
    }
```

　　显示字符"A"调用过程如下代码：

```
    DisplayOneChar(0, 0, 0x41);                //在第一行第一个字符显示一个大写字母 A
```

(4)显示整个字符串,定义一个字符串显示函数,可以通过直接输入字符方式进行显示。

```
    void Lcd_str (unsigned char x, unsigned char y, unsigned char *p)
    {
        Lcd_set_xy( x, y );
        while(*p!= '\0')                        //发送地址码
         {
            Lcd_wmd(*p);                        //发送要显示的字符编码
            p++;
         }
    }
```

调用方法如下:

```
    Lcd_str (0, 0, "ji dian xi");               //液晶 LM016L 第一行显示
```

三、程序设计分析

在第一行第一列开始显示字符"ji　dian xi",第二行第一列开始显示"2014 年 5 月 3 日　 ℃"。这是任务要求,根据 LM016L 的结构特点要求,采用模块化编程思路,进行程序设计。图 10.1.5 是依据芯片特性,写出的模块函数(8 个模块,不含延时函数)及主程序的流程图。需要注意的是,在第二行显示时,常用字符与自定义字符交替显示,可有多种编写方法,大家可以做一些尝试,另外显示种类也比较多,自己多实验。

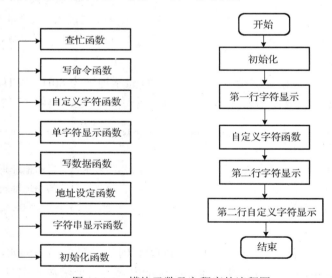

图 10.1.5　模块函数及主程序的流程图

四、源程序

```
    #include<reg52.h>
    #define uchar unsigned char
    #define uint unsigned int
```

```c
uchar code lcd_char0[ ]={"ji Dian xi"};
uchar code lcd_char1[ ]={"2014"};
uchar code num[ ]={0x08,0x0f,0x12,0x0f,0x0a,0x1f,0x02,0x02,    //年
0x0f,0x09,0x0f,0x09,0x0f,0x09,0x0b,0x11,                       //月
0x0f,0x09,0x09,0x0f,0x09,0x09,0x0f,0xff,                       //日
0x13,0x04,0x08,0x08,0x08,0x04,0x03,0xff};                      //℃
sbit RS=P2^0;
sbit RW=P2^1;
sbit EN=P2^2;
void Delay(uint i)
{
    for(; i>0 ; i--);
}
uchar Lcd_busy()                    //查忙函数
{
    uchar flag;
    RS=0;
    RW=1;
    EN=1;
    Delay(1);
    flag=P0&0x80;
    EN=0;
    return flag;
}
void Lcd_wmc(uchar dat)             //写命令函数
{
    while(Lcd_busy());
    P0=dat;
    RS=0;
    RW=0;
    EN=1;
    Delay(220);
    EN=0;
}
void Lcd_wmd(uchar dat)             //写数据函数
{
    while(Lcd_busy());
    P0=dat;
    RS=1;
    RW=0;
    EN=1;
    Delay(220);
    EN=0;
}
void Lcd_ram( )                     //自定义字符函数
{
```

```
        uchar i,j,k=0;
        uchar temp=0x40;            //设定 CGRAM 地址指令 01000000(DB5～DB0 含义)
        for(i=0;i<4;i++)            //自定义 4 个字符
        {
            for(j=0;j<8;j++)
            {
                Lcd_wmc(temp+j);      //字符地址 0x40～0x47、0x48～0x4f、
                                      //0x50～0x57、//0x58～0x5f(c)
                Lcd_wmd(num[k]);      //分别写入 CGRAM 的字模
                k++;
            }
            temp=temp+8;
        }
    }
    void Lcd_init()
    {
        Lcd_wmc(0x38);              //设置 8 位格式  2 行 5×7
        Lcd_wmc(0x01);              //清除屏幕显示
        Lcd_wmc(0x06);              //设定输入方式屏不移位
        Lcd_wmc(0x0c);              //整体显示、开光标、不闪烁
    }
    void Lcd_set_xy(uchar x, uchar y)       //地址设定函数
    {
        if (y==0)
            x|=0x80;
        else
            x|=0xc0;
        Lcd_wmc(x);
    }
    void DisplayOneChar(uchar x,uchar y,uchar Data)       //单字符显示
    {
        Lcd_set_xy(x,y);
        Lcd_wmd(Data);
    }
    void Lcd_str (uchar x,uchar y,uchar *p)               //字符串显示函数
    {
        Lcd_set_xy(x,y);           //发送地址码
        while(*p!= '\0')
        {                          //发送要显示的字符编码
            Lcd_wmd(*p);
            p++;
        }
    }
    void main()
    {
        P0=0xff;
        Lcd_init();
```

```
Lcd_str(0, 0, Lcd_char0);
Lcd_str(0, 1, Lcd_char1);
Lcd_ram();
DisplayOneChar(4, 1, 0x00);          //年
DisplayOneChar(6, 1, 0x35);          //05
DisplayOneChar(7, 1, 0x01);          //月
DisplayOneChar(9, 1, 0x33);          //3
DisplayOneChar(10, 1, 0x02);         //日
DisplayOneChar(12, 1, 0x03);         //℃
while(1);
}
```

显示结果如图 10.1.6 所示。

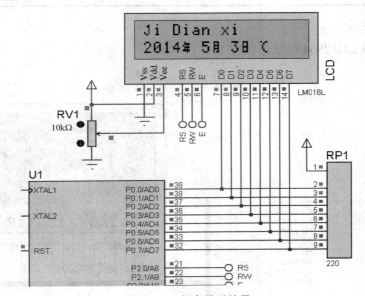

图 10.1.6　程序显示结果

应知应会

(1) 掌握液晶 LM016L 的组成与特点。

(2) 理解 8 个模块函数的含义与写法。

(3) 理解液晶 LM016L 显示控制原理。

(4) 掌握单片机操作液晶 LM016L 的程序设计。

任务二　LCD12864 点阵图形液晶显示

一、任务目标

本任务要用单片机控制 LCD12864。第一屏显示"科技出版社";第二屏显示"白日依山尽,黄河入海流。欲穷千里目,更上一层楼"。第三屏显示一幅"野马"图片,利用按键来控制显示转换。

二、电路设计

1. 元件清单列表

元件清单列表如表 10.2.1 所示。

表 10.2.1　元件清单

元件名称	所属类	所属子类
AT89C52	Microprocessor ICs	8051 Family
BUTTON	Switches&Relays	Switches
RESPACK-8	Resistors	Resistors Packs
AMPIRE128×64	Optoelectronics	Graphical LCDs

2. 电路原理

单片机控制 LCD12864 接线图如图 10.2.1 所示。

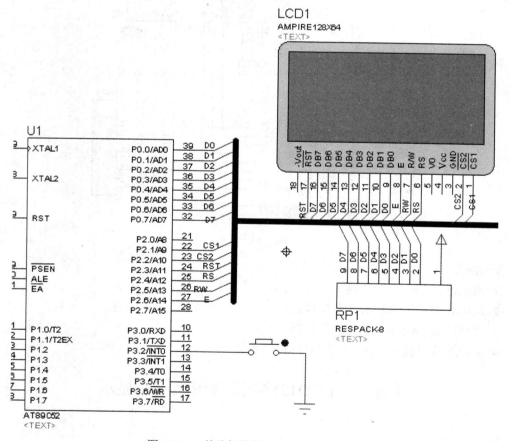

图 10.2.1　单片机控制 LCD12864 接线图

1)相关知识

无字库型 LCD12864。

首先介绍不带字库的 LCD12864，现就以 PROTEUS 中的 LCD12864 为例来说明，

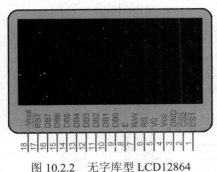

LCD2
AMPIRE128X64

-Vout RST DB7 DB6 DB5 DB4 DB3 DB2 DB1 DB0 E R/W RS V0 Vcc GND CS2 CS1
18 17 16 15 14 13 12 11 10 9 8 7 6 5 4 3 2 1

图 10.2.2 无字库型 LCD12864

PROTEUS 中 AMPIRE128×64，该液晶驱动器为 KS0108，这种控制器指令简单，不带字库。支持 4 位/8 位并口，如图 10.2.2 所示。

LCD12864 是一种图形点阵液晶显示器，它主要由行驱动器/列驱动器及 128×64 全点阵液晶显示器组成。此块液晶中含有两个液晶驱动器，一块驱动器控制 64×64 个点，左、右显示，所以 AMPIRE128×64 引脚由 $\overline{CS1}$ 和 $\overline{CS2}$ 来控制。可完成图形显示，也可以显示 8×4 个（16×16 点阵）汉字。LCD12864 引脚功能如表 10.2.2 所示

表 10.2.2　12864 各引脚功能

引脚名称	LEVER	引脚功能描述
GND	0	电源地
Vcc	+5.0V	电源电压
V0	□	液晶显示器驱动电压
RS	1/0	RS =1，表示 DB7～DB0 为显示数据 RS =0，表示 DB7～DB0 为显示指令数据
R/W	1/0	R/W=1，E=1，数据被读到 DB7～DB0 R/W=0，E=1→0，数据被写到 IR 或 DR
E	1/0	R/W=0，E 信号下降沿锁存 DB7～DB0 R/W=1，E=1，DDRAM 数据读到 DB7～DB0
DB0	1/0	数据线
DB1	1/0	数据线
DB2	1/0	数据线
DB3	1/0	数据线
DB4	1/0	数据线
DB5	1/0	数据线
DB6	1/0	数据线
DB7	1/0	数据线
CS1	1/0	0:选择芯片(右半屏)信号
CS2	1/0	0:选择芯片(左半屏)信号
RET	1/0	复位信号，低电平复位
Vout	−10V	LCD 驱动负电压

2) 内部结构与功能

在使用 LCD12864 前先必须了解以下功能器件才能进行编程。LCD12864 的内部功能器件及相关功能如图 10.2.3 所示。

液晶显示模块 LM12864 是使用 KS0108B 及其兼容控制驱动器(如 HD61202)作为列驱动器，同时使用 KS0107B 及其兼容驱动器(如 HD61202)作为行驱动器的液晶模块。

该液晶模块共有两片 KS0108B 或兼容控制驱动器和一片 HD61202 或兼容驱动器，结构如图 10.2.3 所示。

(1)指令寄存器(IR)。

IR 用于寄存指令码，与数据寄存器数据相对应。当 D/I=0 时，在 E 信号下降沿的作用下，指令码写入 IR。

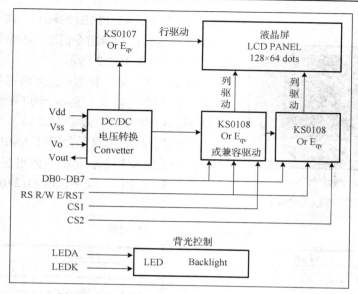

图 10.2.3　LCD12864 内部功能器件及相关功能

（2）数据寄存器（DR）。

DR 用于寄存数据，与指令寄存器寄存指令相对应。当 D/I=1 时，在下降沿作用下，图形显示数据写入 DR，或在 E 信号高电平作用下由 DR 读到 DB7～DB0 数据总线。DR 和 DDRAM 之间的数据传输是模块内部自动执行的。

（3）忙标志（BF）。

BF 标志提供内部工作情况。BF=1 表示模块在内部操作，此时模块不接收外部指令和数据。BF=0 时，模块为准备状态，随时可接收外部指令和数据。

利用 STATUS READ 指令，可以将 BF 读到 DB7 总线，从而检验模块的工作状态。

（4）显示控制触发器（DFF）。

此触发器是用于模块屏幕显示开和关的控制。DFF=1 为开显示（DISPLAY ON），DDRAM 的内容就显示在屏幕上，DFF=0 为关显示（DISPLAY OFF）。

DDF 的状态是由指令 DISPLAY ON/OFF 和 RST 信号控制的。

（5）XY 地址计数器。

XY 地址计数器是一个 9 位计数器。高 3 位是 X 地址计数器，低 6 位是 Y 地址计数器，XY 地址计数器实际上是作为 DDRAM 的地址指针，X 地址计数器为 DDRAM 的页指针，Y 地址计数器为 DDRAM 的 Y 地址指针。

X 地址计数器是没有记数功能的，只能用指令设置。

Y 地址计数器具有循环记数功能，各显示数据写入后，Y 地址自动加 1，Y 地址指针为 0～63。

（6）显示数据 RAM（DDRAM）。

DDRAM 是存储图形显示数据的。数据为 1 表示显示选择，数据为 0 表示显示非选择。DDRAM 与地址和显示位置的关系见 DDRAM 地址表。

（7）Z 地址计数器。

Z 地址计数器是一个 6 位计数器，此计数器具备循环记数功能。它用于显示行扫描同步。当一行扫描完成，此地址计数器自动加 1，指向下一行扫描数据，RST 复位后 Z 地址计数器为 0。

Z 地址计数器可以用指令 DISPLAY START LINE 预置。因此，显示屏幕的起始行，即 DDRAM 的数据从哪一行开始显示在屏幕的第一行就由此指令控制。此模块的 DDRAM 共 64 行，屏幕可以循环滚动显示 64 行。

（8）该液晶内部把 128×64 点划分为 8 页，每页 8 行，共 64 行，128 列分左、右半屏，每半屏各 64 列。

3）LCD12864 的指令表系统

如表 10.2.3 所示。

表 10.2.3　LCD12864 的指令表系统

指令名称	控制状态		指令代码							
	RD	R/W	D7	D6	D5	D4	D3	D2	D1	D0
显示开关设置	0	0	0	0	1	1	1	1	1	D
显示起始行设置	0	0	1	1	L5	L4	L3	L2	L1	L0
页面地址设置	0	0	1	0	1	1	1	P2	P1	P0
列地址设置	0	0	0	1	C5	C4	C3	C2	C1	C0
读取状态字	0	1	BUSY	0	NO/OFF	RESET	0	0	0	0
写显示数字	1	0	数据							
读显示数字	1	1	数据							

几点重要指令说明如下。

① 显示开/关设置如下。

R/W	D/I	DB7	DB6	DB5	DB4	DB3	DB2	DB1	DB0
0	0	0	0	1	1	1	1	1	1/0

功能：设置屏幕显示开/关。DB0=1，开显示；DB0=0，关显示。不影响显示 RAM（DD RAM）中的内容。

② 行命令设置如下。

R/W	D/I	DB7	DB6	DB5	DB4	DB3	DB2	DB1	DB0
0	0	1	1	行地址（0～63）					

功能：执行该命令后，所设置的行将显示在屏幕的第一行。显示起始行是由 Z 地址计数器控制的，该命令自动将 DB0～DB5 位地址送入 Z 地址计数器，起始地址可以是 0～63 范围内的任意一行。Z 地址计数器具有循环计数功能，用于显示行扫描同步，当扫描完一行后自动加一。

③ 设置页地址如下。

R/W	D/I	DB7	DB6	DB5	DB4	DB3	DB2	DB1	DB0
0	0	1	0	1	1	1	页地址（0～7）		

功能：执行本指令后，下面的读写操作将在指定页内，直到重新设置。页地址就是 DDRAM 的行地址，页地址存储在 X 地址计数器中，DB2～DB0 可表示 8 页，读写数据对页地址没有影响，除本指令可改变页地址外，复位信号（RST）可把页地址计数器内容清零。

④ 设置列地址如下。

R/W	D/I	DB7	DB6	DB5	DB4	DB3	DB2	DB1	DB0
0	0	0	1	列地址（0～63）					

功能：DDRAM 的列地址存储在 Y 地址计数器中，读写数据对列地址有影响，在对 DDRAM 进行读写操作后，Y 地址自动加一。

⑤ 状态检测设置如下。

R/W	D/I	DB7	DB6	DB5	DB4	DB3	DB2	DB1	DB0
1	0	BF	0	ON/OF	RET	0	0	0	0

功能：读忙信号标志位（BF）、复位标志位（RST）以及显示状态位（ON/OFF）。

BF=1：内部正在执行操作；BF=0：空闲状态。

RET=1：正处于复位初始化状态；RET=0：正常状态。

ON/OFF=1：表示显示关闭；ON/OFF=0：表示显示开。

⑥ 写显示数据设置如下。

R/W	D/I	DB7	DB6	DB5	DB4	DB3	DB2	DB1	DB0
0	1	D7	D6	D5	D4	D3	D2	D1	D0

功能：写数据到 DDRAM，DDRAM 是存储图形显示数据的，写指令执行后 Y 地址计数器自动加 1。D7～D0 为 1 表示显示，为 0 表示不显示。写数据到 DDRAM 前，要先执行"设置页地址"及"设置列地址"命令。

⑦ 读显示数据设置如下。

R/W	D/I	DB7	DB6	DB5	DB4	DB3	DB2	DB1	DB0
1	1	D7	D6	D5	D4	D3	D2	D1	D0

功能：从 DDRAM 读数据，读指令执行后 Y 地址计数器自动加 1。从 DDRAM 读数据前要先执行"设置页地址"及"设置列地址"命令。

⑧ 屏幕显示与 DDRAM 地址映射关系如下。

Y	CS1=1							CS2=1							行号
	0	1	2	3	…	62	63	0	1	2	3	…	62	63	
X=0				DB0 ↓ DB7							DB0 ↓ DB7				0 ↓ 7
↓				DB0 ↓ DB7							DB0 ↓ DB7				8 ↓ 55
X=7				DB0 ↓ DB7							DB0 ↓ DB7				56 ↓ 63

4）时序图

读数据时序图和写数据时序图分别如图 10.2.4 和图 10.2.5 所示。

5）显示原理

KS0108 显示存储器为 512 字节，划分为 8 页，每页分为 8 行，64 个字节存储空间，8 页共控制 64×64 个点阵，而 8 个点对应一个字节，每页半屏对应 8×8 个字节，可显示 8×8 字符 8 个，整个半屏可显示 64 个，即每页 8 个，共 8 页。例如，显示 16×16 点阵汉字，需要 2 页来完成，每 2 页半屏可显示 4 个汉字，整个半屏可显示 4 行共 16 个汉字，这就是页选择的含义。

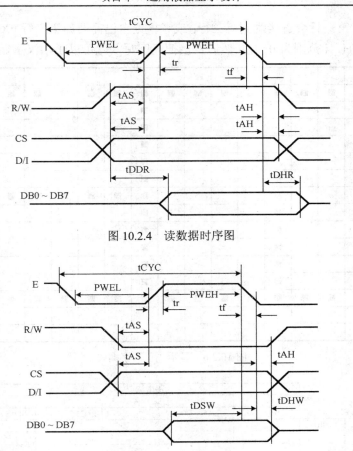

图 10.2.4 读数据时序图

图 10.2.5 写数据时序图

要在确定的位置准确地显示自定字符，还必须指定显示内容在屏上起始列的位置，即显存中该页 64 个字节存储位置中的第几个位置，对应从半屏的最左边到最右边，范围为 00～3FH。只要把显示数据送入指定的页和列，对应的屏幕位置上就会有显示。除指定列以外，起始行也要指定才行，行的划分不是按页排序的，是按整屏划分成 64 行，范围为 63～00。特别的是最上边一行是 00，第二行为 63，从上至下依次递减。连续显示时，行地址指针自动减一。

KS0108 控制器在显示时，在显示屏是按列显示的，从左到右依次取值显示，每个汉字都是 16×16 点阵，汉字的字模必须以"按列取模"和"字节倒序"的方式来操作，一个汉字需要 32 个字节，其中前 16 个字节是 1 页(8 行)16 列，表示汉字的上半部分，后 16 个字节是下一页(8 行)16 列，表示该字的下半部分。例如，显示"正"字，如图 10.2.6 所示。

上半部 16 个字节编码如下所示：

0x00,0x02,0x02,0xC2,0x02,0x02,0x02,0x02,0xFE,0x82,0x82,0x82,0x82,0x82,0x02，0x00

下半部分下一页(8 行)16 列编码如下：

0x20,0x20,0x20,0x3F,0x20,0x20,0x20,0x20,0x3F,0x20,0x20,0x20,0x20,0x20,0x20,0x00

一个汉字的二级单元是一个 16×16 的区域，因此 128×64 液晶可以显示 4 行 8 列共 32 个汉字，如图 10.2.7 所示。而它的一个二级单元如表 10.2.4 所示。在无字库时，对汉字的取模有横向或纵向两种，要注意。只要设定好这个二级单元的地址 0X80+i，这样设定 i 的范围为

0～31，这里注意第一行会直接跳到第三行；或者根据自己需要如第二行 0X90+i，i 范围为 0～7；第三行 0X88+i，i 范围为 0～7。然后直接把汉字写入就可以了，汉字显示坐标：

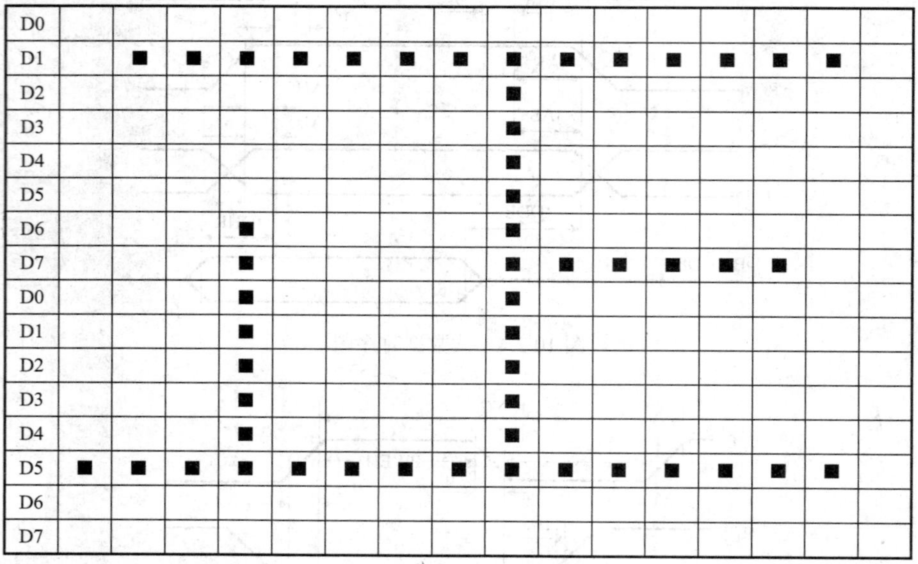

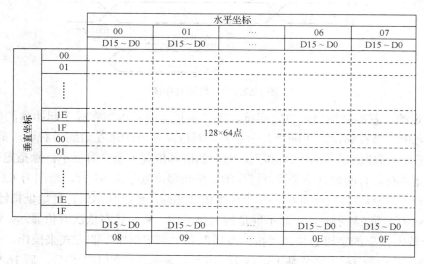

图 10.2.6　显示"正"字编码

图 10.2.7　128×64 液晶显示

表 10.2.4　二级单元的地址

80H	81H	82H	83H	84H	85H	86H	87H
90H	91H	92H	93H	94H	95H	96H	97H
88H	88H	8AH	8BH	8CH	8DH	8EH	8FH
98H	98H	9AH	9BH	9CH	9DH	9EH	9FH

6）绘图 RAM（GDRAM）

绘图显示 RAM 提供 128×8 个字节的记忆空间，在更改绘图 RAM 时，先连续写入水平与垂直的坐标值, 再写入两个字节的数据到绘图 RAM, 而地址计数器会对水平地址(X 地址)自动加一, 当水平地址为 0XFH 时会重新设为 00H; 不会对垂直地址做进位自动加一。在写入绘图 RAM 的期间, 绘图显示必须关闭, 整个写入绘图 RAM 的步骤如下:

① 关闭绘图显示功能。

② 先将水平的位元组坐标(X)写入绘图 RAM 地址; 再将垂直的坐标(Y)写入绘图 RAM 地址。

③ 将 D15~D8 写入 RAM 中; 将 D7~D0 写入 RAM 中。

④ 坐标对于图像显示, 这个地址表很重要。水平方向 X 以字节为单位(2 字节 16 位); 垂直方向 Y 以位为单位, 屏幕分上下两屏。垂直坐标上下屏都为 Y: 00~1F(也即 0X80+Y), 以位为单位。水平坐标上半屏为 X1: 00~07(也即 0X80+X1); 下半屏为 X2: 08~0F(也 0X80+X2)。由图 10.2.7 可以看到水平坐标一个单位是 2 字节(即 16 位 D15~D0), X 地址会自动加一, 是直接加一个单位(即 2 字节 16 位), 如 00→01(也即 0X80+00→0X80+01), 从第一行第一列跳到第一行第二列。

本任务知识要点

根据以上芯片结构、时序与指令表, 利用单片机构造下面几个重要函数。

(1)延时函数。

```
void  delay(uint n)
{
    uchar i;
    for(;n>0;n--)
    for(i=0; i<10; i++);
}
```

(2)状态检查函数(LCD 是否忙)。

```
void checkBusy()
{
    RS=0;                    //数据\指令选择, RS="0", 表示 DB7~DB0 为显示指令数据
    RW=1;                    //R/W="1", E="1"数据被读到 DB7~DB0
    EN =1;                   //EN 下降沿
    P0=0x00;
    Delay(10);
    data=P0;
    while(data & 0x80); //仅当第 7 位为 0 时才可操作(判别 busy 信号)
    EN =0;
}
```

(3)写命令到 LCD 程序。RS=0,RW=0,EN=1, 即来一个脉冲写一次。

```
void write_com(uchar cmd)
{
    checkBusy();                //检测 LCD 是否忙
    RS=0;
    RW=0;
    EN=1;
```

```
            P0=cmd;
            delay(2);
            EN =0;
        }
```

(4)写数据到 LCD 函数。RS=1,RW=0,EN=1，即来一个脉冲写一次。

```
    void write_data(uchar data)
    {
        CheckBusy ();                  //检测 LCD 是否忙
        RS=1;
        RW=0;
        P0=data;
        delay(2);
        EN=1;
        delay(2);
        EN=0;
    }
```

(5)LCD 初始化函数。

```
    void init_lcd()
    {
        delay(1);
        CS1=1;                               //刚开始关闭两屏
        CS2=1;
        delay(1);
        write_com(Disp_Off);;                //写初始化命令
        write_com(Page_Add+0);               //页设置
        write_com(Start_Line+0);             //行设置
        write_com(Col_Add+0);                //列设置
        write_com(Disp_On);                  //开显示
    }
```

(6)清除 LCD 内存函数。

```
    void Clr_Scr()
    {
    uchar j, k;
    CS1=0;                               //左、右屏均开显示
    CS2=0;
    write_com(Page_Add+0);
    write_com(Col_Add+0);
    for(k=0;k<8;k++)                     //控制页数 0~7，共 8 页
        {
            write_com(Page_Add+k);       //每页进行写
            for(j=0;j<64;j++)            //每页最多可写 32 个中文文字或 64 个 ASCII 字符
                {
                    write_com(Col_Add+j);
                    write_data(0x00);
```

```
                                //控制列数 0~63，共 64 列，写点内容，列地址自动加 1
        }
    }
}
```

(7) 指定位置显示汉字 16×16 函数。

```
void hz_Disp16(uchar page, uchar column, uchar code *hzk)
{
    uchar j=0, i=0;
    for(j=0; j<2; j++)                      //2 页构成 16 行
    {
        write_com(Page_Add+page+j);         //定页
        write_com(Col_Add+column);          //定列 16 列
        for(i=0; i<16; i++)
            write_data(hzk[16*j+i]);
    }
}
```

(8) 左屏位置显示函数。

```
void Bmp_Left_Disp(uchar page,uchar column, uchar code *Bmp)
{
    uchar j=0,i=0;
    CS1=0;
    CS2=1;
    for(j=0; j<8; j++)
    {
        write_com(Page_Add+page+j);         //共 8 页
        write_com(Col_Add+column);          //64 列
        for(i=0;i<64;i++)
            write_data(Bmp[128*j+i]);
    }
}
```

(9) 右屏位置显示函数。

```
void Bmp_Right_Disp(uchar page, uchar column,  uchar code *Bmp)
{
    uchar j=0, i=0;
    CS1=1;
    CS2=0;
    for(j=0; j<8; j++)
    {
        write_com(Page_Add+page+j);
        write_com(Col_Add+column);
        for(i=64; i<128; i++)
            write_data(Bmp[128*j+i]);
    }
}
```

三、程序设计分析

本任务设计显示三屏内容，由于在 PROTEUS 中 LCD12864 模块没有字模，所以要利用软件自建字模。整个程序建立思路是：依据 LCD12864 芯片的控制指令要求，结合屏幕显示的地址分配，单片机从字模中取出字码，按控制时序与指令，送入 LCD12864 芯片的指定位置显示。按照模块化设计思路，该任务主要划分为 9 个模块，具体如图 10.2.8 所示。

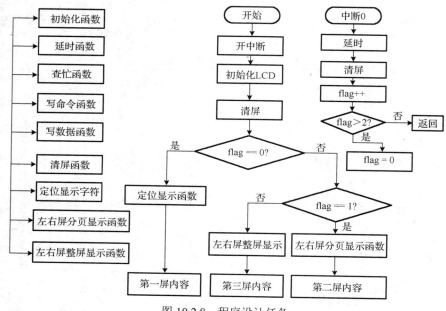

图 10.2.8   程序设计任务

图 10.2.8 是整个程序的(含中断)的流程图。例如,显示第一屏时，首先要确定"科技"二字在屏上是左屏首页第 32～63 列，其次依次送入这两个字的字码，只要条件达到(flag=0)即可显示；同理确定"出版社"三个字显示。第二屏显示采用分页显示方法，即每一行诗按页(2 页)按屏(左右)按列(0～63)取码，满半屏 64×64 点，非显示的区域用"0"补充，先显示左半屏、后显示右半屏，左右结合看到整屏诗句。第三屏采用左右半屏整屏取码方式，首先取左半屏码，后取右半屏码，左右结合，看到整屏画面。

四、源程序

```
/*LCD12864 液晶显示*/
#include <reg52.h>
#define Disp_Off   0x3e
#define Disp_On    0x3f
#define Page_Add   0xb8              //页地址
#define Col_Add    0x40              //列地址
#define Start_Line 0xC0              //行地址
#define uchar unsigned char
#define data_ora P0                 //液晶数据总线
sbit CS1=P2^1 ;                      //片选 1
```

```
sbit CS2=P2^2 ;                    //片选 2
sbit RST=P2^3 ;                    //复位信号
sbit RS=P2^4 ;                     //数据/指令 选择
sbit RW=P2^5 ;                     //读/写 选择
sbit EN=P2^6 ;                     //读/写 使能
uchar flag;
uchar code hz_ke[]=               //科
{
    0x24,0x24,0xA4,0xFE,0xA3,0x22,0x00,0x22,0xCC,0x00,0x00,0xFF,0x00,
    0x00,0x00,0x00,0x08,0x06,0x01,0xFF,0x00,0x01,0x04,0x04,0x04,0x04,
    0x04,0xFF,0x02,0x02,0x02,0x00,
};
uchar code hz_ji[]=               //技
  { 0x10,0x10,0x10,0xFF,0x10,0x90,0x08,0x88,0x88,0x88,0xFF,0x88,0x88,
    0x88,0x08,0x00,0x04,0x44,0x82,0x7F,0x01,0x80,0x80,0x40,0x43,0x2C,
    0x10,0x28,0x46,0x81,0x80,0x00,
};
 uchar code hz_chu[]=              //出
{ 0x00,0x00,0x7C,0x40,0x40,0x40,0x40,0xFF,0x40,0x40,0x40,0x40,0xFC,
    0x00,0x00,0x00,0x00,0x7C,0x40,0x40,0x40,0x40,0x40,0x7F,0x40,0x40,
    0x40,0x40,0x40,0xFC,0x00,0x00,
};
uchar code hz_ban[]=              //版
{0x00,0xFE,0x20,0x20,0x3F,0x20,0x00,0xFC,0x24,0xE4,0x24,0x22,0x23,
    0xE2,0x00,0x00,0x80,0x7F,0x01,0x01,0xFF,0x80,0x60,0x1F,0x80,0x41,
    0x26,0x18,0x26,0x41,0x80,0x00,
};
uchar code hz_she[]=              //社
{0x08,0x08,0x89,0xEE,0x98,0x00,0x40,0x40,0x40,0x40,0xFF,0x40,0x40,
    0x40,0x40,0x00,0x02,0x01,0x00,0xFF,0x00,0x43,0x40,0x40,0x40,0x40,
    0x7F,0x40,0x40,0x40,0x40,0x00,
};
 uchar code Bmp1[]=               //白日依山尽 128×16
{
    0x00,0x00,0x00,0x00,0x00,0x00,0x00,0x00,0x00,0x00,0x00,0x00,0x00,
    0x00,0x00,0x00,0x00,0x00,0x00,0x00,0x00,0x00,0x00,0x00,0x00,0x00,
    0x00,0x00,0x00,0x00,0x00,0x00,0x00,0x00,0xF8,0x08,0x08,0x0C,0x0A,
    0x09,0x08,0x08,0x08,0x08,0xF8,0x00,0x00,0x00,0x00,0x00,0x00,0xFE,
    0x82,0x82,0x82,0x82,0x82,0x82,0x82,0xFE,0x00,0x00,0x00,0x00,0x00,
    0x80,0x60,0xF8,0x07,0x08,0x08,0xC8,0x39,0xCE,0x08,0x08,0x08,0x88,
    0x08,0x00,0x00,0x00,0x00,0xF0,0x00,0x00,0x00,0x00,0xFF,0x00,0x00,0x00,
    0x00,0xF0,0x00,0x00,0x00,0x00,0x00,0x00,0xFE,0x22,0x22,0x22,0x22,
    0x22,0xE2,0x22,0x22,0x7E,0x00,0x00,0x00,0x00,0x00,0x00,0x00,0x00,
    0x00,0x00,0x00,0x00,0x00,0x00,0x00,0x00,0x00,0x00,0x00,0x00,0x00,
    0x00,0x00,0x00,0x00,0x00,0x00,0x00,0x00,0x00,0x00,0x00,0x00,0x00,
    0x00,0x00,0x00,0x00,0x00,0x00,0x00,0x00,0x00,0x00,0x00,0x00,0x00,
    0x00,0x00,0x00,0x00,0x00,0x00,0xFF,0x41,0x41,0x41,0x41,0x41,0x41,
```

```
            0x41,0x41,0x41,0xFF,0x00,0x00,0x00,0x00,0x00,0x00,0xFF,0x40,0x40,
            0x40,0x40,0x40,0x40,0x40,0xFF,0x00,0x00,0x00,0x00,0x01,0x00,0x00,
            0xFF,0x04,0x02,0x01,0xFF,0x40,0x21,0x06,0x0A,0x11,0x20,0x40,0x00,
            0x00,0x00,0x3F,0x20,0x20,0x20,0x20,0x3F,0x20,0x20,0x20,0x20,0x7F,
            0x00,0x00,0x00,0x10,0x08,0x06,0x01,0x10,0x10,0x22,0x22,0x44,0x80,
            0x01,0x02,0x04,0x08,0x08,0x00,0x00,0x00,0x00,0x00,0x00,0x00,0x00,
            0x00,0x00,0x00,0x00,0x00,0x00,0x00,0x00,0x00,
} ;
uchar code Bmp2[]=          //黄河入海流    128×16
{ 0x00,0x00,0x00,0x00,0x00,0x00,0x00,0x00,0x00,0x00,0x00,0x00,0x00,
            0x00,0x00,0x00,0x00,0x00,0x00,0x00,0x00,0x00,0x00,0x00,0x00,0x00,
            0x00,0x00,0x00,0x00,0x00,0x00,0x10,0x10,0x12,0xD2,0x52,0x5F,0x52,
            0xF2,0x52,0x5F,0x52,0xD2,0x12,0x10,0x10,0x00,0x10,0x60,0x02,0x8C,
            0x00,0x04,0xE4,0x24,0x24,0xE4,0x04,0x04,0xFC,0x04,0x04,0x00,0x00,
            0x00,0x00,0x00,0x00,0x01,0xE2,0x1C,0xE0,0x00,0x00,0x00,0x00,0x00,
            0x00,0x00,0x10,0x60,0x02,0x0C,0xC0,0x10,0x08,0xF7,0x14,0x54,0x94,
            0x14,0xF4,0x04,0x00,0x00,0x10,0x60,0x02,0x8C,0x00,0x44,0x64,0x54,
            0x4D,0x46,0x44,0x54,0x64,0xC4,0x04,0x00,0x00,0x00,0x00,0x00,0x00,
            0x00,0x00,0x00,0x00,0x00,0x00,0x00,0x00,0x00,0x00,0x00,0x00,0x00,
            0x00,0x00,0x00,0x00,0x00,0x00,0x00,0x00,0x00,0x00,0x00,0x00,0x00,
            0x00,0x00,0x00,0x00,0x00,0x00,0x00,0x00,0x00,0x00,0x00,0x00,0x00,
            0x00,0x00,0x00,0x00,0x00,0x00,0x00,0x9F,0x52,0x32,0x12,0x1F,0x12,
            0x32,0x52,0x9F,0x00,0x00,0x00,0x00,0x04,0x04,0x7E,0x01,0x00,0x00,
            0x0F,0x04,0x04,0x0F,0x40,0x80,0x7F,0x00,0x00,0x00,0x80,0x40,0x20,
            0x10,0x0C,0x03,0x00,0x00,0x00,0x03,0x0C,0x30,0x40,0x80,0x80,0x00,
            0x04,0x04,0x7C,0x03,0x00,0x01,0x1D,0x13,0x11,0x55,0x99,0x51,0x3F,
            0x11,0x01,0x00,0x04,0x04,0x7E,0x01,0x80,0x40,0x3E,0x00,0x00,0xFE,
            0x00,0x00,0x7E,0x80,0xE0,0x00,0x00,0x00,0x00,0x00,0x00,0x00,0x00,
            0x00,0x00,0x00,0x00,0x00,0x00,0x00,0x00,0x00,
} ;
uchar code Bmp3[]=          //欲穷千里目      128×16
{ 0x00,0x00,0x00,0x00,0x00,0x00,0x00,0x00,0x00,0x00,0x00,0x00,0x00,
            0x00,0x00,0x00,0x00,0x00,0x00,0x00,0x00,0x00,0x00,0x00,0x00,0x00,
            0x00,0x00,0x00,0x00,0x00,0x00,0x00,0x88,0x44,0x23,0x18,0x21,0x42,
            0x8C,0x20,0x18,0x0F,0xC8,0x08,0x28,0x18,0x00,0x10,0x0C,0x44,0x24,
            0x14,0x04,0xC5,0x06,0x04,0x04,0x14,0x24,0x44,0x14,0x0C,0x00,0x80,
            0x80,0x84,0x84,0x84,0x84,0x84,0xFC,0x82,0x82,0x82,0x83,0x82,0x80,
            0x80,0x00,0x00,0x00,0xFE,0x92,0x92,0x92,0x92,0xFE,0x92,0x92,0x92,
            0x92,0xFE,0x00,0x00,0x00,0x00,0x00,0xFE,0x22,0x22,0x22,0x22,0x22,
            0x22,0x22,0x22,0x22,0xFE,0x00,0x00,0x00,0x00,0x00,0x00,0x00,0x00,
            0x00,0x00,0x00,0x00,0x00,0x00,0x00,0x00,0x00,0x00,0x00,0x00,0x00,
            0x00,0x00,0x00,0x00,0x00,0x00,0x00,0x00,0x00,0x00,0x00,0x00,0x00,
            0x00,0x00,0x00,0x00,0x00,0x00,0x00,0x00,0x00,0x00,0x00,0x00,0x00,
            0x00,0x00,0x00,0x00,0x01,0x00,0x7F,0x21,0x21,0x21,0x7F,0x80,0x40,
            0x30,0x0C,0x03,0x1C,0x60,0x80,0x00,0x00,0x81,0x41,0x21,0x11,0x0D,
            0x03,0x01,0x41,0x81,0x41,0x3F,0x00,0x00,0x00,0x00,0x00,0x00,0x00,
            0x00,0x00,0x00,0x00,0xFF,0x00,0x00,0x00,0x00,0x00,0x00,0x00,0x00,
```

```
        0x40,0x40,0x44,0x44,0x44,0x44,0x44,0x7F,0x44,0x44,0x44,0x44,0x44,
        0x40,0x40,0x00,0x00,0x00,0xFF,0x42,0x42,0x42,0x42,0x42,0x42,0x42,
        0x42,0x42,0xFF,0x00,0x00,0x00,0x00,0x00,0x00,0x00,0x00,0x00,0x00,
        0x00,0x00,0x00,0x00,0x00,0x00,0x00,0x00,0x00,
};
uchar code Bmp4[]=          /*更上一层楼    128×16 */
{ 0x00,0x00,0x00,0x00,0x00,0x00,0x00,0x00,0x00,0x00,0x00,0x00,0x00,
        0x00,0x00,0x00,0x00,0x00,0x00,0x00,0x00,0x00,0x00,0x00,0x00,0x00,
        0x00,0x00,0x00,0x00,0x00,0x00,0x02,0x02,0xF2,0x92,0x92,0x92,0x92,
        0xFE,0x92,0x92,0x92,0x92,0xF2,0x02,0x02,0x00,0x00,0x00,0x00,0x00,
        0x00,0x00,0xFF,0x40,0x40,0x40,0x40,0x40,0x40,0x00,0x00,0x00,0x80,
        0x80,0x80,0x80,0x80,0x80,0x80,0x80,0x80,0x80,0x80,0x80,0x80,0x80,
        0x80,0x00,0x00,0x00,0xFE,0x12,0x92,0x92,0x92,0x92,0x92,0x92,0x92,
        0x92,0x92,0x9E,0x00,0x00,0x10,0x90,0xFF,0x90,0x10,0x00,0x90,0x52,
        0x34,0x10,0x7F,0x10,0x34,0x52,0x90,0x00,0x00,0x00,0x00,0x00,0x00,
        0x00,0x00,0x00,0x00,0x00,0x00,0x00,0x00,0x00,0x00,0x00,0x00,0x00,
        0x00,0x00,0x00,0x00,0x00,0x00,0x00,0x00,0x00,0x00,0x00,0x00,0x00,
        0x00,0x00,0x00,0x00,0x00,0x00,0x00,0x00,0x00,0x00,0x00,0x00,0x00,
        0x00,0x00,0x00,0x00,0x80,0x80,0x87,0x4C,0x54,0x24,0x34,0x4F,0x44,
        0x44,0x84,0x84,0x87,0x80,0x80,0x80,0x40,0x40,0x40,0x40,0x40,0x40,
        0x7F,0x40,0x40,0x40,0x40,0x40,0x40,0x40,0x40,0x00,0x00,0x00,0x00,
        0x00,0x00,0x00,0x00,0x00,0x00,0x00,0x00,0x00,0x00,0x00,0x00,0x00,
        0x80,0x60,0x1F,0x04,0x44,0xE4,0x54,0x4C,0x44,0x44,0x44,0x54,0x64,
        0xC4,0x04,0x00,0x06,0x01,0xFF,0x00,0x01,0x82,0x82,0x5A,0x56,0x23,
        0x22,0x52,0x4E,0x82,0x02,0x00,0x00,0x00,0x00,0x00,0x00,0x00,0x00,
        0x00,0x00,0x00,0x00,0x00,0x00,0x00,0x00,0x00,
};
uchar code Yema[]=
{
/*-------------------------------------------------------------------
宽×高(像素)：128×64
    字模格式/大小 ：单色点阵液晶字模，纵向取模，字节倒序/1024 字节
-----------------------------------------------------------------*/
        0x00,0x00,0x00,0x00,0x00,0x00,0x00,0x00,0x00,0x00,0x00,0x00,0x00,
        0x00,0x00,0x00,0x00,0x00,0x00,0x00,0x00,0x00,0x00,0x00,0x00,0x00,
        0x00,0x00,0x00,0x00,0x00,0x00,0x00,0x00,0x00,0x00,0x00,0x00,0x00,
        0x00,0x00,0x00,0x00,0x00,0x00,0x00,0x00,0x00,0x00,0x00,0x00,0x00,
        0x80,0x90,0xD0,0x78,0xF8,0xF8,0xF8,0xF0,0xF0,0xF0,0xE0,0xE0,0xE0,
        0xA0,0x00,0x00,0x00,0x00,0x00,0x00,0x00,0x00,0x00,0x00,0x00,0x00,
        0x00,0x00,0x00,0x00,0x00,0x00,0x00,0x00,0x00,0x00,0x00,0x00,0x00,
        0x00,0x00,0x00,0x00,0x00,0x00,0x00,0x00,0x00,0x00,0x00,0x00,0x00,
        0x00,0x00,0x00,0x00,0x00,0x00,0x00,0x00,0x00,0x00,0x00,0x00,0x00,
        0x00,0x00,0x00,0x00,0x00,0x00,0x00,0x00,0x00,0x00,0x00,0x00,0x00,
        0x00,0x00,0x00,0x00,0x00,0x00,0x00,0x00,0x00,0x00,0x00,0x00,0x00,
        0x00,0x00,0x00,0x00,0x00,0x00,0x00,0x00,0x00,0x00,0x00,0x00,0x00,
        0x00,0x00,0x00,0x00,0x00,0x00,0x00,0x00,0x00,0x00,0x00,0x00,0x00,
        0x00,0x00,0x00,0x00,0x00,0x00,0x00,0x06,0x0F,0x0F,0x07,0x0F,0x0F,
```

0x0F,0xCF,0xFF,0x7F,0xFF,0xFF,0xFF,0xFF,0xFF,0xFF,0xFF,0xFF,0xDD,
0x9F,0x0E,0x00,0x00,0x00,0x00,0x00,0x00,0x00,0x00,0x00,0x00,0x00,
0x00,0x00,0x00,0x00,0x00,0x00,0x00,0x00,0x00,0x00,0x00,0x00,0x00,
0x00,0x00,0x00,0x00,0x00,0x00,0x00,0x00,0x00,0x00,0x00,0x00,0x00,
0x00,0x00,0x00,0x00,0x00,0x00,0x00,0x00,0x00,0x00,0x00,0x00,0x00,
0x00,0x00,0x00,0x00,0x00,0x00,0x00,0x00,0x00,0x00,0x00,0x00,0x00,
0x00,0x00,0x00,0x00,0x00,0x00,0x00,0x00,0x00,0x00,0x00,0x00,0x00,
0x00,0x00,0x00,0x00,0x00,0x00,0x00,0x00,0x00,0x00,0x00,0x00,0x00,
0x00,0x00,0x00,0x00,0x00,0x00,0x00,0x00,0x00,0xE0,0xF0,0x78,0xF8,
0xF0,0xE0,0xC0,0xC0,0x80,0xC0,0xE0,0xE0,0xF0,0xFC,0xFE,0xFF,0xFF,
0xFE,0xFF,0xFF,0xFF,0xFF,0xFF,0xFF,0xFF,0xFF,0xFD,0x3B,0x03,0x00,
0x00,0x00,0x00,0x00,0x00,0x00,0x00,0x80,0x40,0x20,0x80,0x00,0x00,
0x00,0x00,0x00,0x00,0x00,0x00,0x00,0x00,0x00,0x00,0x00,0x00,0x00,
0x00,0x00,0x00,0x00,0x00,0x00,0x00,0x00,0x00,0x00,0x00,0x00,0x00,
0x00,0x00,0x00,0x00,0x00,0x00,0x00,0x00,0x00,0x00,0x00,0x00,0x00,
0x00,0x00,0x00,0x00,0x00,0x00,0x00,0x00,0x00,0x00,0x00,0x00,0x00,
0x00,0x00,0x00,0x00,0x00,0x00,0x00,0x00,0x00,0x00,0x00,0x00,0x00,
0x00,0x00,0x00,0x00,0x00,0x00,0x00,0x00,0x00,0x00,0x00,0x00,0x00,
0x00,0x00,0x00,0x00,0x00,0xF8,0xFF,0xFF,0xFC,0x9C,0x3C,0x3D,0x3F,
0x7F,0xFD,0xFF,0xFF,0xFF,0xFF,0xFF,0xFF,0xFF,0xFF,0xFF,0xFF,0xFF,
0xFF,0xFF,0xF9,0xE1,0xC3,0x87,0x05,0x01,0x01,0x00,0x00,0x00,0x00,
0x00,0x00,0x00,0x00,0x0F,0xFF,0xFE,0xE3,0xF1,0x00,0x00,0x00,0x00,
0x00,0x00,0x00,0x00,0x00,0x00,0x00,0x00,0x00,0x00,0x00,0x00,0x00,
0x00,0x00,0x00,0x00,0x00,0x00,0x00,0x00,0x00,0x00,0x00,0x00,0x00,
0x00,0x00,0x00,0x00,0x00,0x00,0x00,0x00,0x00,0x00,0x00,0x00,0x00,
0x00,0x00,0x00,0x00,0x00,0x00,0x00,0x00,0x00,0x00,0x00,0x00,0x00,
0x00,0x00,0x00,0x00,0x00,0x00,0x00,0x00,0x00,0x00,0x00,0x00,0x00,
0x00,0x00,0x00,0x00,0x00,0x00,0x00,0x00,0x00,0x00,0x00,0x00,0x00,
0x00,0x00,0x00,0x01,0x00,0x01,0x1F,0x1F,0x78,0xF0,0x00,0x00,0x00,
0x01,0x01,0x03,0x07,0x0F,0x1F,0x3F,0x7F,0xFF,0xFF,0xFF,0xFF,0xFF,
0xFF,0xFF,0xFF,0xFF,0xFF,0xFE,0xFE,0xFC,0xF8,0xF0,0xE0,0x80,0x80,
0x80,0xC0,0xE0,0xFF,0xDF,0x7F,0x1F,0x00,0x00,0x00,0x00,0x00,0x00,
0x00,0x00,0x00,0x00,0x00,0x00,0x00,0x00,0x00,0x00,0x00,0x00,0x00,
0x00,0x00,0x00,0x00,0x00,0x00,0x00,0x00,0x00,0x00,0x00,0x00,0x00,
0x00,0x00,0x00,0x00,0x00,0x00,0x00,0x00,0x00,0x00,0x00,0x00,0x00,
0x00,0x00,0x00,0x00,0x00,0x00,0x00,0x00,0x00,0x00,0x00,0x00,0x00,
0x00,0x00,0x00,0x00,0x00,0x00,0x00,0x00,0x00,0x00,0x00,0x00,0x00,
0x00,0x00,0x00,0x00,0x00,0x00,0x00,0x00,0x00,0x00,0x00,0x00,0x00,
0x00,0x00,0x00,0x00,0x00,0x00,0x00,0x00,0x00,0x00,0x00,0x00,0x00,
0x00,0x00,0x00,0x00,0x00,0x00,0x07,0x1F,0x7F,0xFF,0xFF,0xEF,0xFF,
0xFF,0xFF,0xFF,0xFF,0xFF,0xFF,0x7F,0x7F,0x1F,0x07,0xBF,0xFF,0x3F,
0x1F,0x05,0x00,0x00,0x00,0x00,0x00,0x00,0x00,0x00,0x00,0x00,0x00,
0x00,0x00,0x00,0x00,0x00,0x00,0x00,0x00,0x00,0x00,0x00,0x00,0x00,
0x00,0x00,0x00,0x00,0x00,0x00,0x00,0x00,0x00,0x00,0x00,0x00,0x00,
0x00,0x00,0x00,0x00,0x00,0x00,0x00,0x00,0x00,0x00,0x00,0x00,0x00,
0x00,0x00,0x00,0x00,0x00,0x00,0x00,0x00,0x00,0x00,0x00,0x00,0x00,
0x00,0x00,0x00,0x00,0x00,0x00,0x00,0x00,0x00,0x00,0x00,0x00,0x00,

```
        0x00,0x00,0x00,0x00,0x00,0x00,0x00,0x00,0x00,0x00,0x00,0x00,0x00,
        0x00,0x00,0x00,0x00,0x00,0x00,0x00,0x00,0x01,0x03,0x07,0x07,0x07,
        0x07,0x06,0x06,0x06,0x06,0x0E,0x0E,0x0E,0x1F,0x1F,0x07,0x9F,0xFF,
        0xFF,0x7B,0x61,0x00,0x00,0x00,0x00,0x00,0x01,0x00,0x00,0x00,0x00,
        0x00,0x00,0x00,0x00,0x00,0x00,0x00,0x00,0x00,0x00,0x00,0x00,0x00,
        0x00,0x00,0x00,0x00,0x00,0x00,0x00,0x00,0x00,0x00,0x00,0x00,0x00,
        0x00,0x00,0x00,0x00,0x00,0x00,0x00,0x00,0x00,0x00,0x00,0x00,0x00,
        0x00,0x00,0x00,0x00,0x00,0x00,0x00,0x00,0x00,0x00,0x00,0x00,0x00,
        0x00,0x00,0x00,0x00,0x00,0x00,0x00,0x00,0x00,0x00,0x00,0x00,0x00,
        0x00,0x00,0x00,0x00,0x00,0x00,0x00,0x00,0x00,0x00,0x00,0x00,0x00,
        0x00,0x00,0x00,0x00,0x00,0x00,0x00,0x00,0x00,0x00,0x00,0x00,0x00,
        0x00,0x00,0x00,0x00,0x00,0x00,0x00,0x00,0x00,0x00,0x00,0x00,0x00,
        0x00,0x00,0x00,0x10,0x18,0x18,0x1C,0x1E,0x07,0x03,0x01,0x00,0x00,
        0x00,0x00,0x00,0x00,0x00,0x00,0x00,0x00,0x00,0x00,0x00,0x00,0x00,
        0x00,0x00,0x00,0x00,0x00,0x00,0x00,0x00,0x00,0x00,0x00,0x00,0x00,
        0x00,0x00,0x00,0x00,0x00,0x00,0x00,0x00,0x00,0x00,0x00,0x00,0x00,
        0x00,0x00,0x00,0x00,0x00,0x00,0x00,0x00,0x00,0x00,0x00,0x00,0x00,
        0x00,0x00,0x00,0x00,0x00,0x00,0x00,0x00,0x00,0x00
};
  void delay(uchar t )
{
    uchar i,j;
    for(i=0;i<t;i++);
    for(j=0;j<10;j++);
}
void CheckBusy()
{
    uchar dat;
    RS=0;
    RW=1;
    do
    {
        P0=0x00;
        EN=1;
        delay(2);
        dat=P0;
        EN=0;
        dat=0x80&dat;
    }
    while(!(dat==0x00));
}
void write_com(uchar cmdcode)
{
    CheckBusy();
    RS=0;
```

```
        RW=0;
        P0=cmdcode;
        delay(2);
        EN=1;
        delay(2);
        EN=0;
    }
    void init_lcd()
    {
        delay(100);
        CS1=1;                          //刚开始关闭两屏
        CS2=1;
        delay(100);
        write_com(Disp_Off);            //写初始化命令
        write_com(Page_Add+0);
        write_com(Start_Line+0);
        write_com(Col_Add+0);
        write_com(Disp_On);
    }
    void write_data(uchar dispdata)
    {
        CheckBusy();
        RS=1;
        RW=0;
        P0=dispdata;
        delay(2);
        EN=1;
        delay(2);
        EN=0;
    }
    void Clr_Scr()
    {
        uchar j,k;
        CS1=0;
        CS2=0;
        write_com(Page_Add+0);
        write_com(Col_Add+0);
        for(k=0;k<8;k++)
        {
            write_com(Page_Add+k);
            write_com(Col_Add);
            for(j=0;j<64;j++)
            write_data(0x00);
        }
    }
```

```c
    void hz_Disp16(uchar page,uchar column,uchar code *hzk)
{
    uchar j=0,i=0;
    for(j=0;j<2;j++)
    {
        write_com(Page_Add+page+j);
        write_com(Col_Add+column);
        for(i=0;i<16;i++)
            write_data(hzk[16*j+i]);
    }
}
void Bmp_Left_Disp(uchar page,uchar column, uchar code *Bmp)
{
    uchar j=0,i=0;
    for(j=0;j<2;j++)
    {
        write_com(Page_Add+page+j);
        write_com(Col_Add+column);
        for(i=0;i<64;i++)
            write_data(Bmp[128*j+i]);
    }
}
void Bmp_Right_Disp(uchar page,uchar column, uchar code *Bmp)
{
    uchar j=0,i=0;
    for(j=0;j<2;j++)
    {
        write_com(Page_Add+page+j);
        write_com(Col_Add+column);
        for(i=64;i<128;i++)
            write_data(Bmp[128*j+i]);
    }
}
void Bmp_Left_DispTu(uchar page,uchar column, uchar code *Bmp)
{
    uchar j=0,i=0;
    for(j=0;j<8;j++)
    {
        write_com(Page_Add+page+j);
        write_com(Col_Add+column);
        for(i=0;i<64;i++)
            write_data(Bmp[128*j+i]);
    }
}
void Bmp_Right_DispTu(uchar page,uchar column, uchar code *Bmp)
```

```
    {
        uchar j=0,i=0;
        for(j=0;j<8;j++)
        {
            write_com(Page_Add+page+j);
            write_com(Col_Add+column);
            for(i=64;i<128;i++)
                write_data(Bmp[128*j+i]);
        }
    }
void main()
{
    IT0=1;
    EX0=1;
    EA=1;
    init_lcd();
    Clr_Scr();
    while(1)
    {
    if(flag==1)
    {
    CS1=0; //左屏开显示
    CS2=1;
    Bmp_Left_Disp(0,0,Bmp1);//Bmp1 为某个汉字的首地址
    Bmp_Left_Disp(2,0,Bmp2);
    Bmp_Left_Disp(4,0,Bmp3);
    Bmp_Left_Disp(6,0,Bmp4);
    CS1=1; //右屏开显示
    CS2=0;
    Bmp_Right_Disp(0,0,Bmp1);
    Bmp_Right_Disp(2,0,Bmp2);
    Bmp_Right_Disp(4,0,Bmp3);
    Bmp_Right_Disp(6,0,Bmp4);
    }
    else if(flag==2)
    {
        CS1=0; //左屏开显示
        CS2=1;
        Bmp_Left_DispTu(0,0,Yema);
        CS1=1; //右屏开显示
        CS2=0;
        Bmp_Right_DispTu(0,0,Yema);
    }
    else
    {
```

```
        CS1=0;
        CS2=1;
        hz_Disp16(0,32, hz_ke);
        hz_Disp16(0,48, hz_ji);
        CS1=1;
        CS2=0;
        hz_Disp16(2,0,hz_chu);
        hz_Disp16(2,16,hz_ban);
        hz_Disp16(2,32,hz_she);
    }
  }
}
  void int_0() interrupt 0
  {
     delay(100) ;
     Clr_Scr();
     flag++;
     if(flag>2)
     flag=0;
  }
```

显示效果如图 10.2.9～图 10.2.11 怕示。

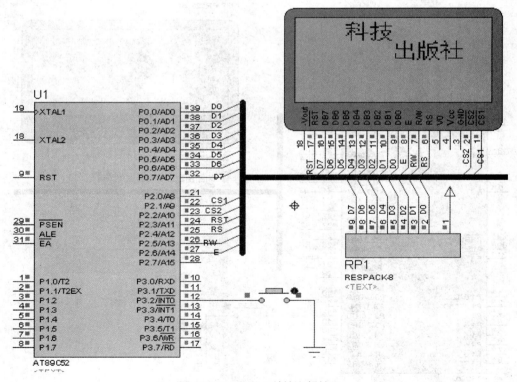

图 10.2.9　显示"科技出版社"

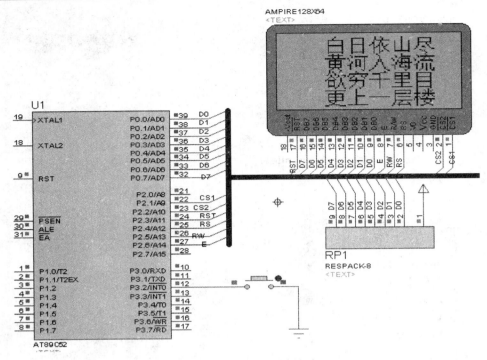

图 10.2.10　显示 20 字古诗

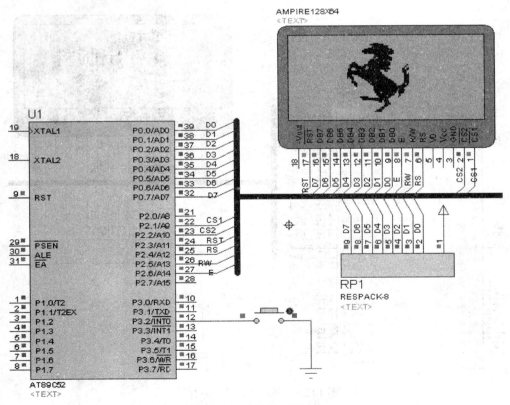

图 10.2.11　显示一幅图片

应知应会

(1)掌握 LCD12864 液晶的初始化方法。

(2)了解芯片的结构地址，页、列、行设置一定清楚。

(3)操作芯片的模块化函数一定要理解并能应用。

(4)掌握控制指令及时序图的应用。

(5)对汉字、图片的取模方法要掌握。

任务三　电子万年历

一、任务目标

本任务使用美国 DALLAS 公司的日历时钟芯片 DS1302。通过按键进行日历时间的设置，显示器采用 LGM12641BS1R 点阵图形液晶模块，要求实现能够用汉字同时显示年月日时分秒及星期的万年历。

二、电路设计

1. 元件清单列表

元件清单列表如表 10.3.1 所示。

表 10.3.1　元件清单

元件名称	所属类	所属子类
AT89C51	Microprocessor ICs	8051 Family
RES	Resistors	0.6w Metal Film
BUTTON	Switches&Relays	Switches
LGM12641BS1R	Optoelectronics	GraphicalLCDs
DS1302	Microprocessor ICs	Peripherals
RESPACK-8	Resistors	ResistorsPacks
CRYSTAL	Mislellaneous	
CAP	Capacitor	Axial lead polystyrene
CAP-ELEC	Capacitor	Electrolytic Alaminum

2. 电路原理图

电路原理图如图 10.3.1 所示。

1)相关知识

(1)DS1302 芯片简介。

DS1302 是美国 DALLAS 公司推出的涓流充电时钟芯片，内含有一个实时时钟/日历和 31 字节静态 RAM，可通过简单的串行接口(三总线 SPI 结构)与单片机进行通信。可提供：①秒分时日期月年的信息；②每月的天数和闰年的天数可自动调整；③可通过 AM/PM 指示决定采用 24 小时或 12 小时格式；④保持数据和时钟信息时功率小于 1mW。

(2)DS1302 引脚功能

DS1302 的引脚如图 10.3.2 所示。

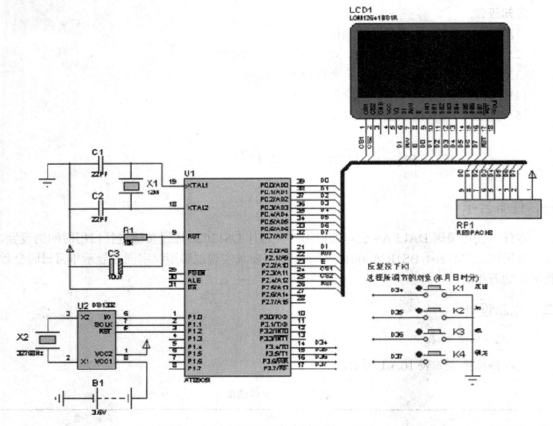

图 10.3.1　电路原理图

DS1302 各引脚功能如下。

X1、X2：32.768kHz 晶振引脚。

GND：地。

CE：复位引脚，输入信号，在读、写数据期间，必须为高电平。该引脚有两个功能：CE 开始控制字访问移位寄存器的控制逻辑；提供结束单字节或多字节数据传输的方法。

I/O：数据输入/输出引脚。

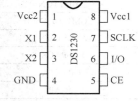

图 10.3.2　DS1302 引脚图

SCLK：串行时钟，输入，控制数据的输入与输出。

Vcc1：主电源。

Vcc2：备用电源。电源供电引脚，当 Vcc2>Vcc1+0.2V 时，Vcc2 向芯片供电，当 Vcc2< Vcc1 时，Vcc1 向芯片供电。

（3）DS1302 内部结构。

① DS1302 的结构框图。

DS1302 的内部结构如图 10.3.3 所示。DS1302 的内部主要组成部分有移位寄存器、控制逻辑、振荡器、实时时钟以及 RAM。虽然数据分成两种，但是对于单片机的程序而言是一样的，就是对特定的地址进行读写操作。

② DS1302 内部控制字如下。

1	RAM/CK	A4	A3	A2	A1	A0	RD/WR

位 7：控制字的最高有效位，必须是逻辑 1。如果为 0，则不能把数据写入 DS1302 中。

位 6：如果为 0，则表示存取日历时钟数据，为 1 表示存取 RAM 数据。

位 5 至位 1（A4～A0）：指示操作单元的地址。

位 0（最低有效位）：若为 0，表示要进行写操作，为 1 表示进行读操作。

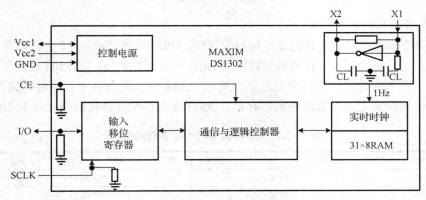

图 10.3.3　DS1302 的结构框图

控制字总是从最低位开始输出。在控制字指令输入后的下一个 SCLK 时钟的上升沿时，数据被写入 DS1302，数据输入从最低位（0 位）开始。同样，在紧跟 8 位的控制字指令后的下一个 SCLK 脉冲的下降沿，读出 DS1302 的数据，读出的数据也是从最低位到最高位。

（4）DS1302 的时序。

① 读数据。读数据时序如图 10.3.4 所示。

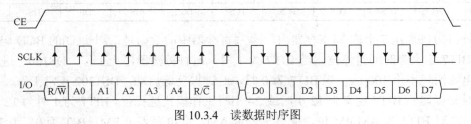

图 10.3.4　读数据时序图

CE 输入驱动高电平启动所有的数据传输。CE 输入有两个功能。首先，CE 打开控制逻辑，允许访问移位寄存器的地址/命令序列。其次，CE 提供了一个终止单字节或多字节数据传输方法。一个时钟周期是由一个下降沿之后的上升沿序列。对于数据传输，数据必须在有效时钟的上升沿输入，在时钟的下降沿输出。如果 CE 为低电平，所有的 I/O 引脚变为高阻抗状态，数据传输终止。对于数据输出，开始的 8 个 SCLK 周期，输入一个读命令字节，数据字节在后 8 个 SCLK 周期的下降沿输出。注意第一个数据字节的第一个下降沿发生后，命令字的最后一位被写入。当 CE 仍为高电平时，如果还有额外的 SCLK 周期，DS1302 将重新发送数据字节，这使 DS1302 具有连续突发读取的能力。

② 写数据。写数据时序图如图 10.3.5 所示。

对于数据输入：开始的 8 个 SCLK 周期，输入写命令字节，数据字节在后 8 个 SCLK 周期的上升沿输入，数据输入从最低起始位开始。

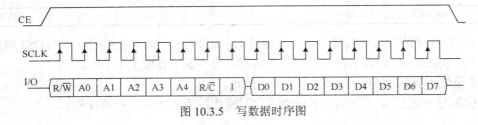

图 10.3.5　写数据时序图

(5) 寄存器和 RAM。

对 DS1302 的操作就是对其内部寄存器的操作，DS1302 内部共有 12 个寄存器，其中有 7 个寄存器与日历、时钟相关，存放的数据位为 BCD 码形式。此外，DS1302 还有年份寄存器、控制寄存器、充电寄存器、时钟突发寄存器及与 RAM 相关的寄存器等。时钟突发寄存器可一次性顺序读写除充电寄存器以外的寄存器。DS1302 数据地址和传输格式如表 10.3.2 所示。

表 10.3.2　DS1302 数据地址和传输格式

READ	WRITE	BIT7	BIT6	BIT5	BIT4	BIT3	BIT2	BIT1	BIT0	RANGE
81H	80H	CH	10 Seconds			Seconds				00～59
83H	82H	10 Minutes			Minutes					00～59
85H	84H	12/$\overline{24}$	0	$\dfrac{10}{\overline{AM}/PM}$	Hour	Hour				1～12/ 0～23
87H	86H	0	0	10 Data		Month				1～31
89H	88H	0	0	0	10 Month	Month				1～12
8BH	8AH	0	0	0	0	0	Day			1～7
8DH	8CH	10 Year				Year					00～99
8FH	8EH	WP	0	0	0	0	0	0	0	—
91H	90H	TCS	TCS	TCS	TCS	DS	DS	DS	DS	—

时钟日历包含在 7 个读/写寄存器内，读/写寄存器中的数据是二-十进制的 BCD 码，秒寄存器的 BIT7 定义为时间暂停位，当 BIT7 为 1 时，时钟振荡器停止工作，DS1302 进入低功模式，电源消耗小于 $100\mu A$，当 BIT7 为 0 时，时钟振荡器启动，DS1302 正常工作。

小时寄存器的 BIT7 定义为 12 小时或 24 小时工作模式选择位。BIT7 为 1 时为 12 小时工作模式，此时 BIT5 为 AM/PM 位，低电平表示 AM，高电平表示 PM。BIT 为 0，为 24 小时模式，BIT5 为第二个 10 小时位标示(20～23 时)。

写保护寄存器的 BIT7：WP 是写保护位，工作时，除 WP 外的其他位都置为 0。对时钟/日历寄存器或 RAM 进行写操作之前，WP 必须为 0，当 WP 为高电平时，不能对任何时钟/日历寄存器或 RAM 进行写操作。

关于突发模式或称多字节传输模式(burst mode)，突发模式可以指定任何的时钟/日历或者 RAM 寄存器为突发模式，和以前一样，第 6 位指定时钟或 RAM，而第 0 位指定读或写。突发模式的实质是指一次传送多个字节的时钟信号和 RAM 数据，如表 10.3.3 所示。

表 10.3.3　突发模式实质

工作寄存器		读寄存器	写寄存器
时钟突发模式寄存器	CLOCK BURST	BFh	BEh
RAM 突发模式寄存器	RAM BURST	FFh	FEh

在时钟/日历寄存器中的 9~31 和在 RAM 寄存器的地址 31 不能存储数据。突发模式的读取或写入从地址的位 0 开始。

有关液晶 LGM12641BS1R 的知识部分参见任务二内容，此处不再重复。

(6)万年历的计算方法。

闰年的计算，用来确定一年的天数。具体参见 C 语言有关书籍，这里直接给出计算公式。

```
uchar isLeapYear(uint y)
{
    Return  (y%4==0&&y%100!=0)||(y%400==0); //返回值 1 为闰年，0 为非闰年
}
```

星期的计算：以 1999 年 12 月 31 日星期五为起点算起，以终止年年份开始为中间值(闰年 366 天，反之 365 天)。计算到终止年开始的总天数除 7 余数是几，加上原来的 5，即为此时的星期，最后以指定的月日来计算，从本年开始到目前的天数除 7 的余数，加上年初的星期，即为指定日期的星期。

2)本任务知识要点

主要针对 DS1302 部分操作函数，有以下几个，务必掌握，理解含义(参考电路原理图)。

单片机与 DS1302 的三个连线分别是 dS_io=P1^0、ds_sclk=P1^1、ds_rst=P1^2。

(1)向 DS1302 写入一个字节数据。

```
void DS1302Write_Byte(uchar dat)
{
    uchar i;
    ds_sclk =0;              //初始时钟线置为 0
    delayus(2);
    for(i=0;i<8;i++)         //开始传输 8 个字节的数据
    {
        dS_io =dat&0x01;     //取最低位，注意 DS1302 的数据和地址都是从最低位
                             //开始传输的
        delayus(2);
        ds_sclk =1;          //时钟线拉高，制造上升沿，SDA 的数据被传输到 SDA
        delayus(2);
        ds_sclk =0;          //时钟线拉低，为下一个上升沿做准备
    dat>>=1;                 //数据右移一位，准备传输下一位数据
    }
}
```

(2)DS1302 读取一字节。

```
uchar DS1302Read_Byte()
{
    uchar i,b,t;
    for(i=0;i<8;i++)
    {
        b>>=1;
        t=SDA;
        b|=t<<7;
```

```
        CLK=1;
        CLK=0;
    }
    return b/16*10+b%16;           //BCD 码转换
}
```

(3) 读出 DS1302 指定单元一个字节数据。

```
uchar Read_Data (uchar add)
{
    uchar dat;
    ds_rst = 0;                //CE 置 0
    ds_sclk = 0;               //初始时钟线置为 0
    ds_rst = 1;                //CE 置 1
    DS1302Write_Byte(add);     //写地址
    Dat=DS1302Read_Byte();
    ds_rst = 0;                //CE 置 0
    ds_sclk = 1;               //拉高时钟
    return(dat);               //返回数据
}
```

(4) 向 DS1302 指定单元写一个字节数据。

```
void Write_DS1302 (uchar add,uchar dat)
{
    ds_rst = 0;
    ds_sclk = 0;
    ds_rst = 1;
    DS1302Write_Byte (add);
    DS1302Write_Byte (dat);
    ds_rst = 0;
    ds_sclk = 1;
}
```

(5) 时间设置函数。

```
void SET_DS1302()
{
    uchar i;
    Write_time(0x8E,0x00);   //使 WP 为 0，进入写状态
    for(i=0;i<7;i++)         //秒分时日月年依次写入，秒的起始地址 10000000(0x80)
        {                    //后续依次是分、时、日、月、周、年、写入地址每次递增 2
        Write_time(0x80+2*i,(DateTime[i]/10<<4)|(DateTime[i]));
        }                    //把对应的数据转换成 BCD 码存入相应寄存器
    Write_DS1302(0x8E,0x80);   //使 WP 为 1，写保护
}
```

(6) 读取当前日期时间。

```
void GetTime()
{
```

```
uchar i;
for(i=0;i<7;i++)
{
    DateTime[i]=Read_Data(0x81+2*i);
}
}
```

三、程序设计分析

本任务要实现图示电路中利用 DS1302 作为计时器件，LGM12641BS1R 作为显示器件，制作万年历，这是单片机的一个应用实例，首先从硬件电路进行分析。

1. 电路分析

在电路原理图上可以看到，芯片 DS1302 有 3 个引脚(I/O、SCLK、RST)与单片机(P1.0、P1.1、P1.2)相连，通过这 3 个引脚与单片机进行数据交换，主要是单片机通过读写来操作该芯片，即单片机利用按键可以设定时间，并且随时可以读出时间，经过 P0 口输送到液晶显示器来进行显示。LGM12641BS1R 的数据端口接在 P0 口，控制端接在 P2 口，主要作用是显示单片机读出时间信息以及固定字符形成万年历。根据各个芯片的功能与作用，结合 C 语言模块化编程特点，采用多文件方法来编程，最后通过主函数连接在一起。

2. 编程分析

根据硬件电路的特点，首先分出两个芯片文件，即 DS1302.H 与 LCD12864.H。

DS1302.H 的流程图和 LCD12864.H 的流程图如图 10.3.6 所示。这两个文件都是封装文件，它们对外有接口，可以接收外部信息，经过加工后，再向外部输出结果。DS1302.H 可以接收单片机对其时间的设定，也允许单片机读出其时间信息；LCD12864.H 接收单片机传来的时间信息，在给定位置显示，也可以显示一些固定字符信息，主要分为 8×16、16×16 两类信息的显示。还有用于本程序的字符编码表，分别是年、月、日、时、分、秒、星期为一组，是 16×16 固定字符(uchar code DATE_TIME_WORDS[]) ；一、二、三、四、五、六、日为一组也是 16×16

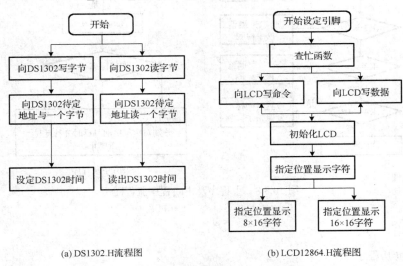

(a) DS1302.H流程图　　　　　　　(b) LCD12864.H流程图

图 10.3.6　DS1302.H 流程图和 LCD12864.H 流程图

固定字符(uchar code WEEKDAY[])；0、1、2、3、4、5、6、7、8、9 为一组是 8×16 的固定字符(uchar code DIGITS[])，把这 3 个固定字符代码组放入一个文件，名字是 MODLE.H。

　　另外，万年历时间的计算也需要几个函数，首先是闰月的判定，可以确定 2 月份的天数，进而确定全年的天数。其次是星期的推算，是依据时间的起点(2000 年 1 月 1 日星期六)，年的终点、月日截止天数来确定的。还有时间调整函数依据按键 K1～K4 来确定，中断函数每隔 0.1s 刷新显示一次动态时间信息，以及主函数固定字符显示、中断开启、按键的判断等。本程序包含模块如图 10.3.7 所示。

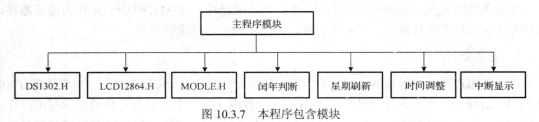

图 10.3.7　本程序包含模块

主程序及中断程序流程图如图 10.3.8 所示。

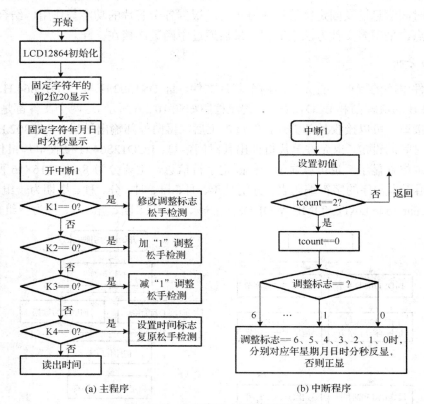

(a) 主程序　　　　　　　　　　(b) 中断程序

图 10.3.8　主程序及中断程序流程图

四、源程序

```
/*万年历程序*/
#include<reg51.h>
```

```
#include<intrins.h>
#include<string.h>
#include"ds1302.h"
#include"lcd12864.h"
#include"modle.h"
#define uchar unsigned char
#define uint unsigned int
void LCD_Initialize();
void Display_A_Char(uchar P,uchar L,uchar *M)reentrant;
void Display_A_WORD(uchar P,uchar L,uchar *M)reentrant;
sbit K1=P3^4;              //选择
sbit K2=P3^5;              //加
sbit K3=P3^6;              //减
sbit K4=P3^7;              //确定
uchar tCount=0;            //0.1s 计时标志
uchar MonthsDays[]={0,31,0,31,30,31,30,31,31,30,31,30,31};
                          //一年中每月的天数，2 月份的天数由年份决定
uchar DateTime[7]; //所读取的日期时间当前调整的时间对象：秒、分、时、日、月、年
                //(0，1，2，3，4，6) 5 对应星期，星期调节由年月日调整自动完成
char Adjust_Index=-1;    //调整选择
uchar H_Offset=10,V_Page_Offset=0; //水平与垂直偏移
//判断是否为闰年
uchar isLeapYear(uint y)
{
  return(y%4==0&&y%100!=0)||(y%400==0);
}
//星期的刷新  起点是 2000 年 1 月 1 日，星期六
void RefreshWeekDay()
{
 uint i,d,w=6;
 for(i=2000;i<2000+DateTime[6];i++)
 {
 d=isLeapYear(i)?366:365;
 w=(w+d)%7;
 }
 d=0;
 for (i=1;i<DateTime[4];i++)
  d+=MonthsDays[i];
  d+=DateTime[3];
  DateTime[5]=(w+d)%7;
}
//年月日时分秒调整
void DateTime_Adjust(char x)
{
 switch(Adjust_Index)
 {
 case 6://年 00～99
     if(x==1&&DateTime[6]<99) DateTime[6]++;
     if(x==-1&&DateTime[6]>0) DateTime[6]--;
    //获取 2 月份天数
    MonthsDays[2]=isLeapYear(2000+DateTime[6])?29:28;
    //如果年份变化后当前月份的天数大于上限则设为上限
    if(DateTime[3]>MonthsDays[DateTime[4]])
```

```
        DateTime[3]=MonthsDays[DateTime[4]];
        RefreshWeekDay();
        break;
case 4://月 01～12
    if(x==1&&DateTime[4]<12)DateTime[4]++;
    if(x==-1&&DateTime[4]>1)DateTime[4]--;
    //获取 2 月份天数
    MonthsDays[2]=isLeapYear(2000+DateTime[6])?29:28;
    //如果年份变化后当前月份的天数大于上限则设为上限
    if(DateTime[3]>MonthsDays[DateTime[4]])
    DateTime[3]=MonthsDays[DateTime[4]];
    RefreshWeekDay();
     break;
case 3://日 00～28/29/30/31;调节前首先根据年份得出该年中 2 月份的天数
    MonthsDays[2]=isLeapYear(2000+DateTime[6])?29:28;
    if(x==1&&DateTime[3]<MonthsDays[DateTime[4]])DateTime[3]++;
     if(x==-1&&DateTime[3]>0)DateTime[3]--;
    RefreshWeekDay();
    break;
case 2://时
    if(x==1&&DateTime[2]<23)DateTime[2]++;
    if(x==-1&&DateTime[2]>0)DateTime[2]--;
    break;
case 1://分
    if(x==1&&DateTime[1]<59)DateTime[1]++;
    if(x==-1&&DateTime[1]>0)DateTime[1]--;
    break;
case 0://秒
    if(x==1&&DateTime[0] <59)  DateTime[0]++;
    if(x==-1&&DateTime[0] >0)  DateTime[0]--;
    break;
  }
}
 void Time0() interrupt 1
{
  TH0=-50000/256;
  TL0=-50000%256;
  ++tCount;
  if(tCount==2)
  {
  tCount=0;
//年(后两位) Adjust_Index 与那个值匹配，则反显，否则正常显示
  if(Adjust_Index==6) Rev_Display=1;
  else   Rev_Display=0;
  Display_A_Char(V_Page_Offset,16+H_Offset,DIGITS+DateTime[6]/10*16);
  Display_A_Char(V_Page_Offset,24+H_Offset,DIGITS+DateTime[6]%10*16);
  //月
  if(Adjust_Index==4) Rev_Display=1;
  else   Rev_Display=0;
  Display_A_Char(V_Page_Offset,48+H_Offset,DIGITS+DateTime[4]/10*16);
  Display_A_Char(V_Page_Offset,56+H_Offset,DIGITS+DateTime[4]%10*16);
//日
  if(Adjust_Index==3) Rev_Display=1;
```

```
    else    Rev_Display=0;
  Display_A_Char(V_Page_Offset,80+H_Offset,DIGITS+DateTime[3]/10*16);
  Display_A_Char(V_Page_Offset,88+H_Offset,DIGITS+DateTime[3]%10*16);
//星期
  if(Adjust_Index==5) Rev_Display=1;
  else    Rev_Display=0;
  Display_A_WORD(V_Page_Offset+3,64+H_Offset,WEEKDAY+DateTime[5]*32-32);
//时
  if(Adjust_Index==2) Rev_Display=1;
  else    Rev_Display=0;
  Display_A_Char(V_Page_Offset+6,16+H_Offset,DIGITS+DateTime[2]/10*16);
  Display_A_Char(V_Page_Offset+6,24+H_Offset,DIGITS+DateTime[2]%10*16);
//分
 if(Adjust_Index==1) Rev_Display=1;
  else    Rev_Display=0;
  Display_A_Char(V_Page_Offset+6,48+H_Offset,DIGITS+DateTime[1]/10*16);
  Display_A_Char(V_Page_Offset+6,56+H_Offset,DIGITS+DateTime[1]%10*16);
//秒
  if(Adjust_Index==0) Rev_Display=1;
  else    Rev_Display=0;
  Display_A_Char(V_Page_Offset+6,80+H_Offset,DIGITS+DateTime[0]/10*16);
  Display_A_Char(V_Page_Offset+6,88+H_Offset,DIGITS+DateTime[0]%10*16);
  }
}
//主函数
void main()
{
    //液晶初始化
LCD_Initialize();
   //显示年的固定前两位20
Display_A_Char(V_Page_Offset,0+H_Offset,DIGITS+2*16);
Display_A_Char(V_Page_Offset,8+H_Offset,DIGITS);
//显示固定汉字：年月日，星期，时分秒
Display_A_WORD(V_Page_Offset,32+H_Offset,DATE_TIME_WORDS+0*32);
Display_A_WORD(V_Page_Offset,64+H_Offset,DATE_TIME_WORDS+1*32);
Display_A_WORD(V_Page_Offset,96+H_Offset,DATE_TIME_WORDS+2*32);
Display_A_WORD(V_Page_Offset+3,32+H_Offset,DATE_TIME_WORDS+3*32);
Display_A_WORD(V_Page_Offset+3,48+H_Offset,DATE_TIME_WORDS+4*32);
Display_A_WORD(V_Page_Offset+6,32+H_Offset,DATE_TIME_WORDS+5*32);
Display_A_WORD(V_Page_Offset+6,64+H_Offset,DATE_TIME_WORDS+6*32);
Display_A_WORD(V_Page_Offset+6,96+H_Offset,DATE_TIME_WORDS+7*32);
//允许T0中断
IE=0x82;
IP=0x01;
TH0=-50000/256;
TL0=-50000%256;
TR0=1;
  while(1)
  {
        if (K1==0)    //选择调整对象
```

```
        {
            if (Adjust_Index==-1||Adjust_Index==0) Adjust_Index=7;
             Adjust_Index--;
            if (Adjust_Index==5) Adjust_Index=4;  //跳过对星期的调整
            while(!K1);
        }
        else if (K2==0)
         {
            DateTime_Adjust(1);  //加
            while(!K2);
         }
        else if (K3==0)
         {
            DateTime_Adjust(-1);     //减
             while(!K3);
         }
        else if (K4==0)             //确定
         {
            SET_DS1302();
            Adjust_Index=-1;
             while(!K4);
         }
      //如果未执行调整操作则正常读取当前时间
      if(Adjust_Index==-1)
         GetTime();
      }
   }
```

DS1302 头文件函数如下。

```
#ifndef __ds1302_h__
#define __ds1302_h__
#define uchar unsigned char
#define uint unsigned int
extern uchar DateTime[7];
sbit SDA =P1^0;           //DS1302 数据线
sbit CLK =P1^1;           //DS1302 时钟线
sbit RST =P1^2;           //DS1302 复位线
                          //向 DS1302 写入一字节
void DS1302Write_Byte(uchar x)
{
  uchar i;
  for (i=0;i<8;i++)
  {
   SDA=x&1;
   CLK=1;
   CLK=0;
   x>>=1;
  }
}
//从 DS1302 读取一字节
uchar DS1302Read_Byte()
```

```
{
 uchar i,b,t;
 for(i=0;i<8;i++)
 {
  b>>=1;
  t=SDA;
  b|=t<<7;
  CLK=1;
  CLK=0;
 }
//BCD码转换
return b/16*10+b%16;
}
 //DS1302指定位置读数据
uchar Read_Data(uchar addr)
{
 uchar dat;
 RST=0;
 CLK=0;
 RST=1;
 DS1302Write_Byte(addr);
 dat=DS1302Read_Byte();
 CLK=1;
 RST=0;
 return dat;
}
//向DS1302指定地址写入数据
void Write_DS1302(uchar addr,uchar dat)
{
 CLK=0;
 RST=1;
 DS1302Write_Byte(addr);
 DS1302Write_Byte(dat);
 CLK=0;
 RST=0;
}
//设置时间
void SET_DS1302()
{
 uchar i;
 Write_DS1302(0x8E,0x00);
 //秒分时日月年依次写入
 for(i=0;i<7;i++)
 {//秒的起始地址10000000(0x80),
  //后续依次是分，时，日，月，周，年，写入地址每次递增2
  Write_DS1302(0x80+2*i,(DateTime[i]/10<<4)|(DateTime[i]%10));
 }
 Write_DS1302(0x8E,0x80);
}
//读取当前日期时间
void GetTime()
```

```
    {
        uchar i;
        for(i=0;i<7;i++)
        {
        DateTime[i]=Read_Data(0x81+2*i);
        }
    }
    #endif
```

LCD12864 头文件如下。

```
    #ifndef __lcd12864_H__
    #define __lcd12864_H__
    #include <reg51.h>
    #include <intrins.h>
    #define DB_PORT  P0              //液晶 DB0～DB7
    #define START_ROW  0xC0          //起始行
    #define PAGE     0xB8            //页指令
    #define COL   0x40              //列指令
    //液晶引脚定义
    sbit  DI=P2^0  ;
    sbit  RW=P2^1  ;
    sbit  E=P2^2  ;
    sbit  CS1=P2^3  ;
    sbit  CS2=P2^4  ;
    sbit  rst=P2^5  ;
    bit  Rev_Display=0;  //反显选择(0 正常、1 反显)
    /*------------------------------------------------------------
        检查 LCD 是否忙
    /*------------------------------------------------------------
    bit  Check_Busy ()
    {
        DB_PORT=0xFF;
        RW=1;
        _nop_();
        DI=0;
        E=1;
        _nop_();
        E=0;
        return (bit) (P0 & 0x80);
    }
    /*------------------------------------------------------------
        向 LCD 发送命令
    /*------------------------------------------------------------
    void Write_Command( uchar  c)
    {
        while (Check_Busy ());
        DB_PORT=0xFF;
        RW=0;
        _nop_();
        DI=0;
        DB_PORT=c;
```

```c
  E=1;
  _nop_();
  E=0;
}
/*------------------------------------------------------------
  向 LCD 发送数据
/*------------------------------------------------------------
//向 LCD 发送数据
void Write_Data(uchar d )
{
  while(Check_Busy());
  DB_PORT=0xFF;
  RW=0;
  _nop_();
  DI=1;
  //根据 Reverse_Display 决定是否反相显示
 if (!Rev_Display) DB_PORT=d;
 else DB_PORT=~d;
    E=1 ;
 _nop_();
 E=0;
}

//初始化 LCD
void LCD_Initialize()
{
    CS1=1;
    CS2=1;
    Write_Command(0x38);
    Write_Command(0x0F);
    Write_Command(0x01);
    Write_Command(0x06);
    Write_Command(START_ROW);}
void Common_Show(uchar P,uchar L,uchar W,uchar *r)reentrant
{
  uchar i;
  if(L<64)        //显示在左半屏或左右半屏 W 表示字宽度
{
  CS1=1;
  CS2=0;
 Write_Command(PAGE+P);
 Write_Command(COL+L);
  if(L+W<64)
{
  for(i=0;i<W;i++) Write_Data(r[i]);
}
  Else          //如果 L+W>64 则跨越左右半屏显示
{
  for(i=0;i<64-L;i++) Write_Data(r[i]);
   CS1=0;CS2=1;
 Write_Command(PAGE+P);
```

```
    Write_Command(COL);
     for(i=64-L;i<W;i++) Write_Data(r[i]);
   }
  }
  else          //全屏显示在右半屏
  {
    CS1=0;
    CS2=1;
   Write_Command(PAGE + P);
   Write_Command(COL+L-64);
    for(i=0;i<W;i++)
   Write_Data(r[i]);
  }
 }
//显示一个 8×16 点阵字符
void Display_A_Char(uchar P,uchar L,uchar *M)reentrant
{
   Common_Show(P,L,8,M );
   Common_Show(P+1,L,8, M+8);
}
//显示一个 16×16 点阵汉字
void Display_A_WORD(uchar P,uchar L,uchar *M) reentrant
{
   Common_Show(P,L,16,M);                //显示汉字上半部分
   Common_Show(P+1,L,16,M+16);           //显示汉字下半部分
}
#endif
```

MODLE.H 头文件如下。

```
#ifndef __modle_H__
#define __modle_H__
 uchar .code DATE_TIME_WORDS[]=
{ //年月日星期时分秒
   0x40,0x20,0x10,0x0C,0xE3,0x22,0x22,0x22,0xFE,0x22,0x22,0x22,0x22,
   0x02,0x00,0x00,0x04,0x04,0x04,0x04,0x07,0x04,0x04,0x04,0xFF,0x04,
   0x04,0x04,0x04,0x04,0x04,0x00,0x00,0x00,0x00,0x00,0x00,0xFF,0x11,
   0x11,0x11,0x11,0x11,0xFF,0x00,0x00,0x00,0x00,0x00,0x40,0x20,0x10,
   0x0C,0x03,0x01,0x01,0x01,0x21,0x41,0x3F,0x00,0x00,0x00,0x00,0x00,
   0x00,0x00,0xFE,0x42,0x42,0x42,0x42,0x42,0x42,0x42,0xFE,0x00,0x00,
   0x00,0x00,0x00,0x00,0x00,0x3F,0x10,0x10,0x10,0x10,0x10,0x10,0x10,
   0x3F,0x00,0x00,0x00,0x00,0x00,0x00,0x00,0xBE,0x2A,0x2A,0x2A,0xEA,
   0x2A,0x2A,0x2A,0x2A,0x3E,0x00,0x00,0x00,0x00,0x48,0x46,0x41,0x49,
   0x49,0x49,0x7F,0x49,0x49,0x49,0x49,0x49,0x41,0x40,0x00,0x00,0x04,
   0xFF,0x54,0x54,0x54,0xFF,0x04,0x00,0xFE,0x22,0x22,0x22,0xFE,0x00,
   0x00,0x42,0x22,0x1B,0x02,0x02,0x0A,0x33,0x62,0x18,0x07,0x02,0x22,
   0x42,0x3F,0x00,0x00,0x00,0xFC,0x44,0x44,0x44,0xFC,0x10,0x90,0x10,
   0x10,0x10,0xFF,0x10,0x10,0x10,0x00,0x00,0x07,0x04,0x04,0x04,0x07,
   0x00,0x00,0x03,0x40,0x80,0x7F,0x00,0x00,0x00,0x00,0x80,0x40,0x20,
   0x98,0x87,0x82,0x80,0x80,0x83,0x84,0x98,0x30,0x60,0xC0,0x40,0x00,
   0x00,0x80,0x40,0x20,0x10,0x0F,0x00,0x00,0x20,0x40,0x3F,0x00,0x00,
   0x00,0x00,0x00,0x12,0x12,0xD2,0xFE,0x91,0x11,0xC0,0x38,0x10,0x00,
```

```
        0xFF,0x00,0x08,0x10,0x60,0x00,0x04,0x03,0x00,0xFF,0x00,0x83,0x80,
        0x40,0x40,0x20,0x23,0x10,0x08,0x04,0x03,0x00,
};
//星期日～六的汉字字模(16×16)
uchar code WEEKDAY[]=
{
        0x00,0x00,0x00,0xFE,0x82,0x82,0x82,0x82,0x82,0x82,0x82,0xFE,0x00,
        0x00,0x00,0x00,0x00,0x00,0x00,0xFF,0x40,0x40,0x40,0x40,0x40,0x40,
        0x40,0xFF,0x00,0x00,0x00,0x00,0x80,0x80,0x80,0x80,0x80,0x80,0x80,
        0x80,0x80,0x80,0x80,0x80,0x80,0x80,0x80,0x00,0x00,0x00,0x00,0x00,
        0x00,0x00,0x00,0x00,0x00,0x00,0x00,0x00,0x00,0x00,0x00,0x00,0x00,
        0x00,0x08,0x08,0x08,0x08,0x08,0x08,0x08,0x08,0x08,0x08,0x08,0x00,
        0x00,0x00,0x10,0x10,0x10,0x10,0x10,0x10,0x10,0x10,0x10,0x10,0x10,
        0x10,0x10,0x10,0x10,0x00,0x00,0x04,0x84,0x84,0x84,0x84,0x84,0x84,
        0x84,0x84,0x84,0x84,0x84,0x04,0x00,0x00,0x20,0x20,0x20,0x20,0x20,
        0x20,0x20,0x20,0x20,0x20,0x20,0x20,0x20,0x20,0x00,0x00,0xFC,
        0x04,0x04,0x04,0xFC,0x04,0x04,0x04,0xFC,0x04,0x04,0x04,0xFC,0x00,
        0x00,0x00,0x7F,0x28,0x24,0x23,0x20,0x20,0x20,0x20,0x21,0x22,0x22,
        0x22,0x7F,0x00,0x00,0x00,0x02,0x42,0x42,0x42,0xC2,0x7E,0x42,0x42,
        0x42,0x42,0xC2,0x02,0x02,0x00,0x00,0x40,0x40,0x40,0x40,0x78,0x47,
        0x40,0x40,0x40,0x40,0x40,0x7F,0x40,0x40,0x40,0x00,0x20,0x20,0x20,
        0x20,0x20,0x20,0x21,0x22,0x2C,0x20,0x20,0x20,0x20,0x20,0x20,0x00,
        0x00,0x40,0x20,0x10,0x0C,0x03,0x00,0x00,0x00,0x01,0x02,0x04,0x18,
        0x60,0x00,0x00,
};
//半角数字0～9点阵(8×16)
uchar code DIGITS[]=
{
        0x00,0xE0,0x10,0x08,0x08,0x10,0xE0,0x00,0x00,0x0F,0x10,0x20,0x20,
        0x10,0x0F,0x00,0x00,0x10,0x10,0xF8,0x00,0x00,0x00,0x00,0x00,0x20,
        0x20,0x3F,0x20,0x20,0x00,0x00,0x00,0x70,0x08,0x08,0x08,0x88,0x70,
        0x00,0x00,0x30,0x28,0x24,0x22,0x21,0x30,0x00,0x00,0x30,0x08,0x88,
        0x88,0x48,0x30,0x00,0x00,0x18,0x20,0x20,0x20,0x11,0x0E,0x00,0x00,
        0x00,0xC0,0x20,0x10,0xF8,0x00,0x00,0x00,0x07,0x04,0x24,0x24,0x3F,
        0x24,0x00,0x00,0xF8,0x08,0x88,0x88,0x08,0x08,0x00,0x00,0x19,0x21,
        0x20,0x20,0x11,0x0E,0x00,0x00,0xE0,0x10,0x88,0x88,0x18,0x00,0x00,
        0x00,0x0F,0x11,0x20,0x20,0x11,0x0E,0x00,0x00,0x38,0x08,0x08,0xC8,
        0x38,0x08,0x00,0x00,0x00,0x00,0x3F,0x00,0x00,0x00,0x00,0x00,0x70,
        0x88,0x08,0x08,0x88,0x70,0x00,0x00,0x1C,0x22,0x21,0x21,0x22,0x1C,
        0x00,0x00,0xE0,0x10,0x08,0x08,0x10,0xE0,0x00,0x00,0x00,0x31,0x22,
        0x22,0x11,0x0F,0x00,
};
#endif
```

设计实际效果如图 10.3.9 所示。

应知应会

(1)理解万年历中闰月、星期的推算方法。

(2)掌握 LCD12864 全屏定位显示方法。

(3)理解 DS1302 中存储时间时 BCD 码的转换问题。

(4)理解多文件函数的书写方法，理解文件与函数的不同。

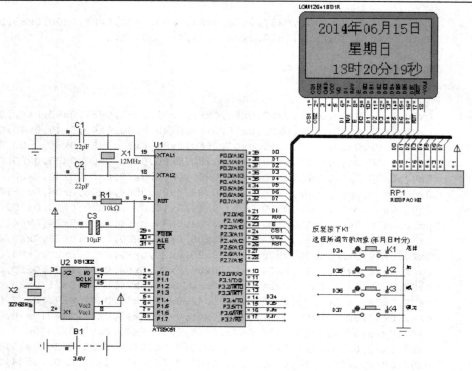

图 10.3.9　设计实际显示效果

思考题与习题

1. 简述液晶 LM016L 显示器的工作原理。

2. LCD 液晶显示器(1602)要在第一行，第五列显示字母"Y"应该如何做？

3. 什么是字模？如何编写一个自定义的字模？在显示程序中如何读取字模？

4. 采用直接接口方式，设计一个液晶 LM016L 与 AT8925 单片机接口电路，显示两行，第一行显示"I　love　MUC"，第二行显示"上、中、下、＊"，画出原理电路图，编写显示程序。

5. 汉字字模与字符字模有什么区别？取模的一般方法是什么？

6. "页"的含义是什么？与行的关系如何？

7. 在指定位置显示一个汉字需要什么条件？流程图是怎样的？

8. 显示一幅图片需要什么条件？如果按上、下屏来显示如何写显示函数(参考图 10.2.11)？

9. 清屏函数与关显示函数有什么不同？

10. 用字符定位显示法，在第二页第 32 列开始显示"我爱单片机"参考图 10.2.9，写出源程序。

11. 根据 DS1302 的指令格式和时序图，写出其设定时间函数、读出时间函数。

12. 写出 LCD12864 跨屏显示函数及全屏定位显示函数。

13. 写出计算 2016 年 6 月 30 日是星期几的函数(参考时间 2000 年 1 月 1 日，星期六)。